新时代
上海工匠精神研究

上海社会科学院中国马克思主义研究所　编

上海社会科学院出版社
SHANGHAI ACADEMY OF SOCIAL SCIENCES PRESS

前　言

新时代工匠精神的再认识

近年来，各种示范人格的遴选、展示、颁奖活动令人印象深刻，"感动中国""最美奋斗者""大国工匠""共和国勋章"等使我们感受到一个个鲜活生动、可亲可近可学的人物形象，使时代精神、中国品格有了具体的载体和标识。而新时代工匠精神也随着各个行业多元业态的发展而实现其内涵的传承、弘扬和拓展。

一、"匠人"与"匠心"

传统工匠精神多与手工业、工业的经济形态和生产组织方式相关，做好活，守行规，师徒传承是匠人本分。"匠气"在中国古代审美活动中还是一个品位层级尚待提升的鉴赏用语，而今，工匠精神可能更加强调匠心独运，强调技术创新，有新时代的技艺审美。当突破一定年龄、行业、地域、职位的限制，需要改变传统匠人在士、农、工、商排序中的位置，兼具实用与审美，拓宽工匠兼创造者的视野和身份，这个意义上的工匠不再局限于产业工人，也包括非遗传承人、工艺美术大师、高科技行业专才等更深广的人群共同体。总之，现代意义上的工匠不仅仅是技艺精湛的手艺人。掌握现代先进技术，或者在某个行当将某项活计做到极致的人都可以是工匠。

工匠专注于产品本身，尊重产品打造的基本规律，对技术及细节的雕琢精益求精，让产品本身成为专业精神的一次物质性呈现，这是古典的、不变的匠人内核。新时代工匠及其作品呈现的方式，借由新技术、新事物达到新的工艺流程和标准。新匠人的人格化标识度被放到一个相当重要的位置。技艺—创新—格局—境界,成为新时代工匠精神渐次升华的阶梯。匠人精神一定包含对精湛技艺的完美性追求,这是技术指标层面的约定,与伦理道德并无天然联系。当然,人人都干一行进而爱一行,自觉为这一行的声誉和发展尽责,那就越出技术性层面,进入道德境界。有自然而然水到渠成,也有企业或社会倡导引领之功,不可一概而论。

二、敬业、精业、勤业、乐业

一般意义上的"工匠精神",作为价值观,作为一种职业操守和精神状态,主要包括敬业、精业、勤业、乐业。其中,爱岗敬业的职业精神是根本,精益求精的品质追求是核心,勤业是基础,乐业是价值目标。

敬业:敬业是从业者基于对职业的敬畏和热爱而产生的一种全身心投入的认认真真、尽职尽责的职业精神状态。中华民族历来有"敬业乐群""忠于职守"的传统,敬业是中国人的传统美德,也是培育和践行社会主义核心价值观的基本要求之一。"执事敬""事思敬""修己以敬"都与此相关。古人、先贤所说的"执事敬"(指行事要严肃认真不怠慢)、"事思敬"(临事要专心致志不懈怠)、"修己以敬"(加强自身修养保持恭敬谦逊的态度)、"专心致志,以事其业",都在说明敬业的态度和要求。

精业:精业就是精益求精,是从业者对每件产品、每道工序都凝神聚力、精益求精、追求极致的职业品质(把活做好),"即使做一颗螺丝钉也要做到最好""天下大事,必作于细"。能基业长青的企业,无不是精益求精才获得成功的。瑞士手表得以誉满天下、畅销世界,成为经典,靠的就是制表匠们对每一个零件、每一道工序、每一块手表都精心打磨、专心雕琢的精业精神。

勤业:"业精于勤荒于嬉",强调的正是勤奋的工作状态,体现耐心、执着、坚持的精神。从中外实践经验来看,工匠精神离不开勤奋。"术业有专攻"得益于勤奋,一旦选定行业,就一门心思扎根下去,心无旁骛,在一个细分产品上不断积累优势,在各自领域成为"领头羊"。"艺痴者技必良"。《庄子》中记载的游刃有余的"庖丁解牛"、《核舟记》中记载的奇巧人王叔远等故事都与无数次的历练有关。

乐业：乐业意味着干一行爱一行并获得职业成就感和幸福感。"工匠精神"强调坚持、专注，甚至是陶醉、痴迷，孜孜不倦，乐在其中。如此这般，不是简单的知足。谋生进而乐生，职业进而事业，工匠精神的内涵和目标在乐业处得以归位和落实。

三、新时代新内涵

习近平总书记在党的十九大报告中明确提出中国特色社会主义建设进入新时代。以信息技术革命为特征的新时代对工匠精神提出新要求。大数据、云计算、人工智能、万物互联所带来的不仅是对产业、行业和职业结构的冲击、颠覆、重组和更新，而且也是对职业精神、工作精神的变革、更新和重塑。因此，信息时代和智能时代的工匠精神不仅要传承敬业、精业、勤业、乐业的相对稳定的基本内涵，而且还要在诸如知识学习、交往合作、变革创新等方面体现新的时代要求。

创新是新时代工匠精神的内核。所谓创新，当然不是无源之水、无本之木，而是推陈出新、执着专注、精益求精和追求极致，最终达到对既有格局或程式的突破。因此，新时代真正的工匠精神不是因循守旧、墨守成规的"匠气匠意"，而是在坚守传承中实现突破创新，在追求极致中体现"匠韵匠心"。

创新的一个重要方面是知识和技术的创新，这种创新旨在知识和技术的内在转化和推陈出新，人工智能的深度学习对创新的介入使得人类从"全过程"参与转化为"环节式"或"节点式"参与，深刻改变创新的传统路径。但创新在本质上是社会化的，是未知领域的逐步认知和开拓创造。从这个意义上讲，智能化时代的工匠精神对创新提出了更高的、更具探索性的要求。

新时代，以可上手、可重复、可操作、可控制的劳动和生产为基础的传统职业遭遇巨大挑战，与信息化和智能化的社会生产方式相适应的、更具创造性、非结构性、强社交性的职业有着愈益深广的发展空间。我们需要重视从这种职业和工作中孕育或提炼的、符合信息革命和智能革命时代要求的工匠精神。

如今的工匠不仅仅是每天工作很长时间重复制作一个作品，还要具有创意、创新、研发、交往合作、知识学习、人文性等，形式更加多样丰富。不为外物所惑，充满毅力和勇气面对信息革命带来的新职业要求，沉下心适应挑战，与时俱进，正是当代和未来的工匠精神。

整个社会的开放包容、科技创新的发展要求、政府相关政策的支持保障、人才培养上的精准定位都会对新工匠精神的养成有重要作用。上海的人才优势、知识优势、文化融合优势,可以长时间持续不断地释放活力。脚踏实地,一步有一步的进展,有利于新时代工匠精神的培育和践行。说到底,新时代的工匠精神本质上是一种价值观,而不仅仅是一种技术性的工作方式。

只要我们能够超越短视和功利心,时时保持创新意识,点滴成涓,将事情做到极致,实际上就已经很好地把握了新时代工匠精神的要义。

四、工匠精神与上海品格

"一座城市有一座城市的品格。上海背靠长江水,面向太平洋,长期领中国开放风气之先。开放、创新、包容已成为上海最鲜明的品格。这种品格是新时代中国发展进步的生动写照。"习近平总书记在首届中国国际进口博览会开幕式上的这一番讲话,既是对上海城市品格的现代表达,也贴切反映了改革开放以来广大民众日用而不知的自我意识。

上海城市品格的自我意识与现代表达实际上经历了一个认识逐步深化的过程。2003年上海召开精神文明建设工作会议,正式将"海纳百川""追求卓越"8个字作为上海城市精神。2007年5月在市第九次党代会上,时任上海市委书记的习近平在代表第八届上海市委所做的工作报告中提出"与时俱进地培育城市精神",新增了"开明睿智""大气谦和"的表述。至此,上海城市精神16字表达正式出台。2011年11月,市委九届十六次全会上提出,要结合上海历史文化积淀和现阶段发展实际,积极倡导"公正""包容""责任""诚信"的价值取向,结合城市精神,把握价值取向,培育和践行社会主义核心价值观。2018年4月,上海市委、市政府召开全力打响"四大品牌"推进大会,强调文化是提升城市能级和核心竞争力的重要支撑,要以习近平新时代中国特色社会主义思想为指导,用好红色文化、海派文化、江南文化资源,充分激发上海文化的创新创造活力,加快建成更加开放包容、更具时代魅力的国际文化大都市,努力使"上海文化"品牌成为上海的金字招牌。

今天,上海的发展站在了一个新起点上,我们需要进一步提升认知、凝聚共识,从上海在新时代中国特色社会主义文化建设中当好排头兵和先行者的高度,深刻领会习近平总书记在上海调研时系列讲话精神,把开放、包容、创新的城市品格转化为行动和实践。

在此过程中,上海工匠的贡献功不可没,在产品、作品、人品三者之中,人品为重,要认真、科学树立先进榜样,发挥人格示范的引领作用,尤其要重视先进榜样的多样化、团队化、年轻化,改进宣传方式,扎实树立上海的"人品",而工匠精神正是人品的具体体现和重要载体。

目 录

前　言　新时代工匠精神的再认识 …………………………………… 1

第一章　多维视野中的工匠精神 ………………………………………… 1
　　一、作为工艺传承的工匠精神 ……………………………………… 1
　　二、作为技术创新的工匠精神 ……………………………………… 4
　　三、作为职业道德的工匠精神 ……………………………………… 5
　　四、作为生命信仰的工匠精神 ……………………………………… 6
　　五、从"匠气"到"匠心" …………………………………………… 7

第二章　信息技术革命时代的工匠精神 ………………………………… 9
　　一、新时代信息技术革命 …………………………………………… 9
　　二、新时代工匠精神新挑战 ………………………………………… 13
　　三、新工匠精神的变与不变 ………………………………………… 17

第三章　工匠精神的当代价值 …………………………………………… 23
　　一、工艺文明传承的基本载体 ……………………………………… 24
　　二、技术更新升级的不竭动力 ……………………………………… 25
　　三、经济竞争能力的精神源泉 ……………………………………… 27
　　四、企业成长壮大的无形资本 ……………………………………… 28
　　五、员工生命价值的自我实现 ……………………………………… 30

第四章　新时代培育工匠精神的载体和途径 ·············· 33
一、培育崇尚新工匠精神的社会文化氛围 ················ 33
二、构建体现新工匠精神的职业教育体系 ················ 35
三、营造融合新工匠文化的现代企业精神 ················ 37
四、打造提升国家经济竞争能力的新工匠制度 ············ 38
五、设计适应技术创新要求的新工匠培养机制 ············ 40

第五章　上海工匠案例 ································ 42
一、科技创新 ·· 43
二、民生服务 ·· 81
三、传统工艺 ·· 122
四、时尚文体 ·· 155
五、先进制造业 ······································ 175

附录 1　上海工匠队伍建设发展情况报告
——以 2016—2018 年上海工匠为例 ················ 193

附录 2　2016—2019 年上海工匠名录 ···················· 207

后　记 ·· 224

第一章　多维视野中的工匠精神

在中国社会5 000多年的发展历程中，人们不难发现很多优秀作品乃至世界奇迹皆出自中国工匠之手。中国不乏能工巧匠，他们为世界优质工艺产品的诞生贡献了力量。而蕴含其中的工匠精神则经过了不同时期的孕育，体现具体的阶段特点，其内涵在历史发展中也得到了丰富和发展。我们很难对中国的"工匠精神"下一个精准的定义，但在生产生活实践中对工匠精神的形成却可以有相对一致的共识，如工匠精神可以解释为对工艺的传承、对技术的创新、爱岗敬业，以及一种崇高的职业信仰等。

一、作为工艺传承的工匠精神

1. 工匠精神的起源和流传

工匠古已有之，"工匠"一词古已有之。《说文解字》解释说："'工'，巧饰也，""'匠'，木工也'。"《考工记》中记载春秋战国时期国家就设有"百工"的官职。百工的主要职责是"审曲、面埶、以饬五材，以辨民器……烁金以为刃，凝土以为器，作车以行陆，作舟以行水"，就是说百工的职责主要是考察选择制作器物的材料，加工金、木、皮、玉、土等材料，备办各种器物。百工之中掌握各种专业技艺的人员各有分工，即《墨子·节用中》所云："凡天下群百工，轮、车、鞼、匏、陶、冶、梓、匠，使各从事其所能。"在《考工记》中记载的有木工、金工、皮革工、染色工、玉工、陶工等六大类、30个工种。这里的"百工"虽属官方性质,带有一定的管理职能,但其实主要还是代指各种工匠,是指掌握和从事专门技艺的手工业劳动者。

中国古代不同行业的能工巧匠辈出,在建筑方面有李春修建的赵州桥、在天文地理方面有张衡制造的地动仪,以及秦始皇兵马俑、唐三彩、景德镇瓷器,更有中国古代四大发明等,这些都体现了古代工匠对职业的忠诚、对作品的精益求精。各类相关著作如《天工开物》《梦溪笔谈》《水经注》《本草纲目》《黄帝内经》《齐民要术》等更是让技艺、技术得到了更好和更完整的记录与传承。

工业革命之后,机器化生产方式的兴盛使得传统手工业发展面临挑战,近代工匠精神发展受到影响,但依然存在并发挥着作用。

第一次工业革命后,以手工劳动为基础的个体手工业由于技术水平不发达,规模较小,抵挡不住西方廉价商品的冲击和机器大生产的进攻,以手工业生产为主的工匠群体有所减少。而这些工匠依旧兢兢业业做事,用精湛的技艺打造产品。无论是散落在民间的理发师、修鞋匠,还是个体工商业、民营企业中的工匠,他们都在不断提高技艺水平,用自己的手艺创造与发展着品牌。近代工匠精神在企业发展中具有重要作用,中华老字号和百年老店在今天依旧存在并展现出强大的企业生命力就是有力的证明。

当代工匠精神在中国经济社会发展中的重要性愈益凸显。要推动更高经济发展形态、更优化的分工、更合理的结构,要改变我国传统制造业大而不强、技术含量度低、附加值低的状况,必须大力弘扬追求极致、尽善尽美的工匠精神,这是提高创新设计能力和工艺生产水平、提升产品质量和制造水准的良方,也承载制造业大国向制造业强国转变所急需的文化基因。2015年,国务院印发《中国制造2025》,要求我们必须由中国制造走向中国创造,由重视速度转为注重质量,建立属于自己的"中国品牌"。在2016年《政府工作报告》与2017年党的十九大报告中均强调要弘扬劳模精神和工匠精神,营造劳动光荣的社会风尚和精益求精的敬业风气。

2. 作为工艺传承的工匠精神

恩格斯在《劳动在从猿到人的转变中的作用》一文中提出的"劳动创造人本

身"观点已是经典。手工业生产在传统社会的劳动中占据主导地位,传统技艺极大地推动着人类生产的发展、科技的发展和文明进步;手工劳作过程中手的运用、必要的语言交流甚至促使着人自身机体的改变,我们由此可看到手工技艺的作用。手工技艺的发展和传承离不开工匠精神的支撑。工匠精神不但是手工技艺发展强大的精神动力,也是现代新型工匠、现代工业技术和现代科技发展应该重视、学习并借鉴的。

传统技艺的传承方式一般是"家族制"或"师徒制",靠家庭或师徒代代心口相传、现场示范加以实践指导。《荀子·儒效》中有"工匠之子莫不继事"[1]的说法,这种工匠一般身份和职业固定、职业世袭,地位比较低下,有的甚至依附于官方或地主,没有人身自由。当时工匠的工作一般很辛苦,收入微薄,仅能糊口,文化水平较低,有的甚至目不识丁。传统技艺一般比较精细、复杂,很多技艺属于独门绝技,并没有书籍图样可以参考,只能靠师傅手把手言传身教,日复一日勤学苦练,学习周期比较长,少则数月,多则数年,甚至更久,耗时久又难以速成,还需要一丝不苟、精细认真的工作态度才能生产出符合标准的优秀作品。如果没有工匠精神的激励和鼓舞,传统手工艺很难一代代传承下来,也很难有所发展和创新。

人类社会由手工业时代发展到机器工业时代,继而发展到电气化时代,再发展到今天的信息化和智能化时代,如今机器工业大行其道,智能机器人的出现甚至可直接代替人类的劳动,人类在某些制造行业操作机器的机会已被取代,很多传统的手工艺品逐渐被大规模机器批量制造的产品所取代。而传统的手工艺品生产流程慢,生产成本高,许多产品设计跟不上时尚,一定程度上难以适应受众需求,出现市场萎缩、生产量下降的情况。传统手工艺的生存空间被挤压得越来越小,很多行业靠师徒相袭的手艺已无法维持生计,一般工匠地位依然不高。传统技艺之所以没有断绝,得益于工匠精神的坚守,老手工艺人不计得失,不离不弃,承担起文化传承的角色。

留住技艺、传承工匠精神,是每一代工匠的情怀和责任,也需要政府和社会的扶持与肯定。只有优秀的技艺与工匠精神实现一代又一代的生产性保护和活

---

[1] 方勇、李波译注:《荀子》,中华书局2015年版,第51页。

态传承,精益求精,尽善尽美的工匠文化基因才能历久弥新。

二、作为技术创新的工匠精神

"'工匠精神'所倡导的专注、尚巧,在本质上体现了创造的本质,需要人们不拘泥于当下,敢于打破常规。所以说,被人们称为'能工巧匠'们,他们勇于创新的精神成就了伟大作品的诞生。"[①]创新是工匠在所从事的工作中实现的新突破,包括他们精简了工作流程、打破技术壁垒等。不同行业工匠的创新之处都是不同的,创新是他们充分发挥主观能动性的体现。

工匠在工作中勇于创新,不断挑战自我。在"互联网+"与"大众创业、万众创新"及创新是稳增长保就业的社会背景下,全社会正在推动形成各类创新要素融合的氛围。工匠将创新品质作为职业发展追求,才能更好地践行职业道德,激发各个行业乃至全社会的创造活力。工匠对职业不仅有热爱、钻研之情,还要有敢于质疑、勇于创新的精神。这不仅是工匠实现自身职业理想的途径,也是社会发展前进的重要动力。

工匠在工作中不断提高创新能力。创新能力的提高有赖于工匠在产品的实际制作过程中注入创新点与创造力,达到推陈出新的目的。工匠自身制作的工艺品是他们手艺的展示,也是时代发展水平的写照。工匠精神为工匠提高创新能力提供了丰厚的土壤,创新能力是对工匠精神的进一步升华。工匠精神提倡的创新与爱岗敬业、精益求精、专注不冲突,而是在这些基础上大胆探索,勇于改革,克服固有思维定式,敢于打破常规,实现对产品与技艺新的突破,对产品性能的进一步提升。

创新不是要推翻以前的标准,而是工匠不断琢磨,遇到困难时探索新方法的一种思维方式。做好"守"才能"破",创新来源于工匠的用心体验以及对细节与关键环节的细致观察并在日常工作中进行创造性活动。适应时代发展的创新精神是培育工匠精神的重要推动力,将创新品质注入工匠精神中,提高行业的创新能力,我国技术行业的发展才能永无止境。

---

① 陈姗姗:《社会主义核心价值观引领下理工科学生'工匠精神'的培育研究与实践》,《高教学刊》2017 年第 22 期。

需要注意的是,工匠在创新的过程中,苦难与失败在所难免,百折不挠是关键。只有具备不畏艰险、攻坚克难的勇气,具备昂扬向上、奋发有为的锐气,才能够在工匠创新的道路上愈行愈远,从而实现工匠技艺的优化升级。

三、作为职业道德的工匠精神

作为职业道德的工匠精神集中体现为爱岗、敬业、乐业、精业。这既表现为工匠对工作热爱的情感,也表现了他们的职业态度,更是必须遵守的职业道德要求。

爱岗即热爱自身岗位,一个岗位、一份职业是一个人更好生存和良好发展的重要保障。同时,一个工作岗位的存在往往也是人类社会存在和发展的需要。岗位种类是多样的,不同的岗位中有不同的职业准则和要求,在工匠的眼中只有职业分工的不同,而没有高低之分。在具体操作过程中他们认同自身的职业角色,对自己所要达到的职业目标有清晰准确的认识与定位。在对产品的深度研究中,工匠加深了对自己职业的认识,践行了劳动光荣的理念,同时奉献精神的培养也是在工作中逐步完成的。

中华民族历来有"敬业""忠于职守"的优良传统,敬业一直是中华民族的传统美德。敬业是指劳动者在实际工作中严守职业道德要求,体现专心致志、脚踏实地的工作态度与价值取向。敬业不仅是一种工作要求、职业要求,更是工匠的一种价值观。敬业精神引导他们在打造产品中努力认真,将责任心放在首位,注重产品质量。工匠精神是一种敬业的职业素养,也就是说工匠怀着一颗敬畏之心去从事工作,充满了恭敬与热爱之情,以认真负责的态度对待它,工匠发自内心地热爱自己的工作。在工匠精神中,敬业的态度远远超过知识与能力,它代表着工匠的匠心。因此,工匠精神在某种程度上就是敬业奉献,强调对产品负责,追求品质而非利益。敬业还体现在工作上的严谨,就是细微谨慎,力求完美,精益求精。在工作中注意到每个细小的环节,哪怕一个细小之处出现了问题,势必会对整个工作进度、环节,甚至产品造成影响。要做到严谨,体现在工匠日常中的"三心",即用心、细心和虚心。用心是指专注工作,在工作中投入自身的全部精力,并且全心全意去完成工作;细心是指认真仔细地对待工作,发现问题,及时找出原因并改正,对于每道工序、环节和步骤都认真对待,绝不允许有侥幸心理;虚心是指脚踏实地的对待工作,认真听取他人对自己提出的有益建议和意见,改正自己的不足,以求工作取得更好的实效。

乐业是指乐于从事本职工作,并能从中感到快乐。一个真正的工匠,一定会妥善处理工作中所遇到的各种挫折和难题,发自内心地想要干好自己所从事的工作。他们在工作中干劲十足,始终保持良好的工作状态,不断增强工作使命感,从而激发他们的内在潜力。具有乐业品质的工匠在实际工作中可以"苦中作乐",把自己从事的工作作为一种乐趣,以饱满的热情投入工作,这就为优质产品的打造奠定了基础。

精业是指工匠在自己的工作中通过认真学习本行业的专业知识与方法,进而掌握过硬的本领来提升技艺水平,并达到精通自身行业的效果。精业是工匠卓有成效开展工作所必不可少的品质。"业精于勤荒于嬉",作为一名工匠,要勤学、善学,不断提高自己的业务能力。在制作、生产每一件产品时都要认真打磨、仔细研究、精益求精。

四、作为生命信仰的工匠精神

古代工匠也重视自己的劳动所得,但功利心并不重。他们日复一日工作,坚守岗位,发挥着自己技艺的优势,同时也坚持道德修养。每一个作品在师徒传承中惟妙惟肖。工匠们聚精会神,不为外界所干扰,一心一意发展技艺特长,修身就在其中。在市场经济条件下,不能简单地认为:我技术好、水平高就可以走遍天下。其实需要用心修炼的不仅仅是技术,同样也包括内在的品德和修养。在名利诱惑面前,依然要追求德艺双馨。艺术至境,德无止境,还是要身心俱往,对每件产品、每道工序都凝神聚力、追求极致。因而,作为一种生命信仰,"工匠精神可以说是匠人实现价值的信念体系,这个价值不仅体现在实现个人人生价值的小我,也体现在中华民族伟大复兴的大我"。[①]

德国社会学家马克斯·韦伯在考察人的行为时提出了著名的"价值理性"

---

① 刘述权、肖华移、陈全宝:《工匠精神》,《大视野》2019年第2期。

与"工具理性"概念。通俗地说,"价值理性"注重的是人的行为本身所具有的意义和价值,如伦理、美学、宗教信仰等范畴;"工具理性"则注重以最有效、最经济、最省力的方法和手段达成目标。马克斯·韦伯认为,产生现代社会种种危机的一个重要原因,就是工具理性胜过了价值理性。从这个意义上说,"工匠精神"的传承也反映出现代社会对价值理性的呼唤,而价值判断的背后则是信仰支撑。一个具有工匠精神的人,往往有着自己的价值标准,这种标准不断驱动他做最好的自己,在种种诱惑面前亦有"任凭风浪起,稳坐钓鱼台"的坚定与从容,体现的是一种信仰的力量。历史上很多具有工匠精神的伟大创造都源于信仰。

《论语·子路》曰:"欲速则不达,见小利则大事不成。"意思是说,我们做事不要太快,不要只贪图眼前的小利。在社会经济飞速发展、科技不断进步的今天,在面对各种利益和诱惑时,静下心来,有耐心、有韧性地做事,对自己的设备、产品、技艺、方法,注入情感,严守本职道德,做出高品质的产品。

"一个真正的创业者,一个具有工匠精神的人,他成功的标准不是外在的、市场的、世俗的,而是一个内在的、自我的标准,'最大的成功就是做最好的自己'。"[①]这就是说要静下心来,有耐性地做事。曾经有一个鞋匠说:"一个好的技工就是世界上最自由的人。"人生的意义在于找到自我、活出自我、提升自我,找到自己的灵魂,并将它延续下去。

工匠们在工作中竭尽所能,耐得住寂寞,迎难而上,不断苦练基本功,熟练掌握操作要领,在他们的观念里,"失之毫厘,差之千里",努力将产品质量由99%提升至99.9%,其后都有着对至善至美的信仰追求。

实现中华民族伟大复兴的中国梦,不仅需要大批科学技术专家,同时也需要千千万万的能工巧匠。工匠精神中对极致的品质追求正是一代代匠人自我超越的动力,也是中华文明绵延发展的生机活力。

五、从"匠气"到"匠心"

"匠心"与"匠气"一字之别,却代表了不同的层次境界。两者都有"匠"字,说

[①] 许纪霖:《把事情做到极致就是工匠精神》,《新华日报》2016年7月8日。

明都是踏实认真的"手艺人",差就差在"心"和"气"上了。匠气,是针对某种产品制作上的一种感观效果的描述,即工匠们对工艺器具及楼宇建筑上进行的雕琢、堆砌,所显示出来的视觉效果;匠心,则指巧妙的心思,是用心后的灵动与精巧。

弘扬"工匠精神",成为"巨匠",或曰"大师",则必须追求"匠心",因为"匠心"可贵,"匠心"孕育着责任感、进取心、创造力,"匠心"的高低决定了"工匠精神"的强弱。培植"匠心",先须"静心"。"匠心"拒绝热闹,拒绝名利,拒绝诱惑,拒绝来自外界的一切干扰。有"匠心"的"匠人",深知自己一旦陷入名缰利锁,就会浮躁起来,而浮躁的结果,就必然走向"匠心"的反面。

对工匠来说,谦虚的品质不仅是一种内在的修养,更是一种品质,源自其对技术的不断追求、对产品的严谨要求,更源自对自身的一种定位。这种谦逊的态度是一种德,是一种对自身的内在提醒和激励,可以使其在利益面前保持初心。

传承和提升工匠精神,需要落实顶层设计、对接市场需求、缓解传承危机、明确工匠精神定位、发动全社会群策群力,但同样需要更多具有"匠心"的大师率先垂范,因为失却了"匠心",工匠精神的培育就会成为无本之木、无源之水。

第二章 信息技术革命时代的工匠精神

工匠精神,首先是一种职业精神,是职业道德、职业能力、职业品质和职业境界的体现,它包含了诸如敬业、精益、专注、创新等方面的内容。众所周知,现代社会是一个讲求分工、专业化和创新的社会,因而与职业化和专业化相契合的工匠精神就永远也不会过时。不仅如此,以大数据、云计算、人工智能、万物互联为标志的信息技术革命时代也将会呼唤与这一时代相适应的新的工匠精神。

一、新时代信息技术革命

"工匠精神"是一种"执事以敬"的职业境界,是一种"文工技良"的工作理念,是一种"精益求精"的执着追求,是一种"突破陈规"的创新精神。当今世界,工匠精神视野中的新时代则是体现了新一轮技术创新或产业革命的时代,或者被称为"第四次工业革命"的时代。这一新时代的标志就是以大数据、云计算、人工智能、万物互联为标志的信息技术革命。

1. 大数据、云计算

按照麦肯锡全球研究所的定义,"大数据(Big Data & Large Data)"是一种规模大到在获取、存储、管理、分析方面大大超出了传统数据库软件工具能力范围的数据集合,具有海量的数据规模、快速的数据流转、多样的数据类型、高效的数字处理和价值密度低与商用价值高这几大特征。① 它以前所未有的方式,通过对海量数据进行分析,从而获取巨大价值的产品和服务,让庞大的数字信息变为具有广泛应用价值的数字资产。所以,大数据的战略意义不在于掌握庞大的数据信息,而在于对这些含有意义的数据进行专业化处理,广泛应用于经济社会的各个方面。

从技术上看,从浩瀚的数据海洋中处理数据信息、发掘数据价值的"核心动力"就是"云计算(Cloud Computing & Iaas,PaaS,SaaS)"。大数据与云计算的关系就像一枚硬币的正反两面。云计算是指通过网络"云"将巨大的数据计算处理程序分解成无数个小程序,然后通过多部服务器组成的系统进行处理和分析这些小程序,从而得到结果并返回给用户。所以,云计算又称为网络计算,通过这项技术,可以在很短的时间内完成对超量数据的计算处理,从而达到强大的网络服务。云计算发展到今天,已经不单单是一种分布式计算,而是分布计算、效用计算、负载均衡、并行计算、网络存储、热备份冗杂和虚拟化等计算机技术混合演进并跃升的结果。② 简言之,云计算是硬件资源的虚拟使用,大数据是海量数据的高效处理。大数据必须依托云计算的分布式处理、分布式数据库和云存储、虚拟化技术。

当下社会高速发展,科技发达,信息畅通,人们之间的交流越来越密切,生活也越来越方便。随着数字网络技术全面融入社会生活,互联网所带来的信息爆炸已经积累到了一个开始引发质的变革的程度,以云计算为技术支撑的大数据就是这个时代技术变革的产物。在大数据与云计算之间,大数据是海量数据的高效处理,云计算则是硬件资源的虚拟化;云计算将计算资源作为服务支撑大数据的挖掘,而大数据的发展趋势是对实时交互的海量数据查询、分析提供了各自需要的价值信息。如今,数据应用已经扩展到人类发展的几乎所有领域。随着技术的发展,大数据、云计算将逐渐成为现代社会基础设施的一部分,就像公路、铁路、港口、水电和通信网络一样不可或缺,伴随着信息数据的需求方、供给方、管理方和监管方的产生,大数据的交叉重复使用和云计算的网络信息处理将成为社会经济运行不可或缺的一大产业。就其价值特性来说,大数据却和这些物

---

① 易壮:《从数据库视角解读大数据的研究进展与趋势》,《电子技术与软件工程》2014年第17期。
② 许子明、田杨锋:《云计算的发展历史及其应用》,《信息记录材料》2018年第8期。

理性的基础设施或基础产业不同,不会因为人们的使用而磨损、折旧和贬值,而是随着(日益增长、扩张和更新的)数据信息的再处理、再分析和再计算而重新呈现出数字资产的价值。

2. 人工智能

在大数据和云计算的基础上,网络技术信息系统的有序化应用呼唤着人工智能(Artificial Intelligence)的产生。人工智能是研究、开发用于模拟、延伸和扩展人的智能的理论、方法、技术及应用系统的一门新的技术科学。

大数据和云计算作为人工智能发展的两个重要基础,本身与人工智能有着密切的关联。它们虽然各自关注点并不相同,却有着密切的联系:一方面,人工智能需要大数据和云计算作为"思考"和"决策"的过程或基础;另一方面,大数据也需要人工智能技术进行数据的价值化操作。一是大数据分析体系,从技术角度看,大数据分析与人工智能结合的一个重要方面就是机器学习,并在学习中进行自我进化;二是人工智能物联网(AI of Things,简称 AIoT)体系,这一技术体系的核心就是人工智能与物联网的整合,而这两者之间还有重要的一层,这就是"大数据层";三是云计算体系,随着云计算向"全栈云"和"智能云"的方向发展,使得人工智能成为大数据的重要出口。所以,大数据的价值和应用的主要渠道之一就是智能体(人工智能产品),提供给智能体的数据量越大,云计算的基础越好,集成数据计算的智能体的运行效果就越好。

从这个意义上说,人工智能的底层架构是大数据和基于对大数据的云计算。简言之,大数据云计算是人工智能的基础,人工智能是大数据云计算的执行端。不论是无人驾驶,还是图像识别、语音识别,人工智能的终端系统必须先存储海量的数据信息,比如路况信息、人脸数据、语音数据等,终端智能体根据大数据和云计算,继而编码成智能程序,以执行使用者的想法。

正是大数据和云计算相关数据计算技术的发展,人工智能才能在算法、能力和数据等方面取得了关键性的突破,使得人工智能能够立足深度(多层)神经网络,进行深度机器学习,其前提恰恰是大数据和云计算,以提高智能模型优化能力。海量的数据、优化的算法和高速并行分布式的计算,共同促成了人工智能的发展和跃升。进入 21 世纪以来,人工智能的创新和运用已渗透到几乎一切领域。人工智能的创新生态包括：纵向的数据平台、开源算法、计算芯片、基础软件、图形处理器等信息或技术生态系统，以及横向的智能制造、智能医疗、智能安防、智能零售、智能家居等商业或应用生态系统。随着人工智能技术的进一步成熟以及政府、产业界和社会界投入的日益增长，人工智能应用的云端化将不断加速，同时，"人工智能＋X"的创新模式将随着技术和产业的发展而日趋成熟，从而推动人工智能技术与社会各行各业日益融合。这将对技术结构、产业结构、经济和社会结构产生革命性的影响，将会推动人类进入低成本、高效益、广范围的普惠型智能社会。[1]

3. 万物互联

万物互联是人们基于数字网络技术对互联网的力量（实质上是网络的网络）呈指数增长的一种展望，其基本图景就是在现有互联网（Internet）的基础上，借由先进的网络信息技术、大数据技术、人工智能技术等开发出的一种物联网（Internet of things），并通过5G或超5G技术的加入而将"人—事—物"广泛连接起来，构成一个比现有互联网更具综合化、高速化、多功能、广覆盖特征的综合网络系统，又称"万联网"或"泛联网"。

按照互联网的惯性思维，人类社会网络的发展大致分为四个阶段，即人联时代、信联时代、即将到来的万联时代和以后的脑联时代。而万联时代则是基于更加先进的信息化、数字化、网络化、大数据、云计算和智能化技术而实现的由信联网而扩充的物联网的万物互联的时代。

在万物互联时代，社会网络形态大概呈现出三个层次，即信息互联网、价值互联网和万物互联网。信息互联网（或称信联网）主要是通过数字化技术让信息以高效复制的方式在互联网上流通、传播和分享，打破了信息传递的障碍，让人类进入了信息自由传递的信联网时代，这个时代的典型特征就是"信息或知识大爆炸"；同时，由于信息网络技术而形成的虚拟化的网络社会或网络社区，为人们开启了全新的"另类生活空间"，深刻地改变了人类社会的交往形态。价值互联网主要是通过区块链，基于开放透明、不可篡改、对等互联、易于追溯、"分布式账

---

[1] 谭铁牛：《人工智能的历史、现状和未来》，《中国科技奖励》2019年第3期。

本"等技术,来构建基于信任机制的基础设施,让互联网上信息的流通和传播变成价值的流通和传递;随着价值互联网或区块链技术的出现,人类的价值交换形式,以及与此相关的经济、金融、信用和社会生活将会发生深刻的变革。万物互联网(或称物联网)就是把网络及其延伸技术运用于万物,将各种信息传感设备与互联网结合起来,其用户端可以延伸和扩展到任何物品与物品之间,进行信息交换和通信,从而形成一个"人—机—物"互联互通的巨大网络,这一网络面向实体世界,因而是虚实交融的实体经济,对各行各业的冲击远远超出互联网时代。

囊括信息互联网、价值互联网和物联网的万联时代,虽非对人联时代和信联时代的取代,但体现了社会交往形态因网络化、大数据、云计算和智能化等技术的全面升级而发生的巨变,因而将会塑造出一种全新的产业、经济和社会形态。用贝尔(Daniel Bell)的话来说,万联时代的"中轴原理(axial principle)"应当是信息网络技术进步原理,因而这一时代将会体现"理论知识的中心地位",职业分布则表现为"专业与技术人员阶级处于主导地位"的新的社会分层结构,决策的制定和执行的集中表现乃是"创造'新的智能技术'"。①

二、新时代工匠精神新挑战

以大数据、云计算、人工智能、万物互联为标志的信息技术革命同时又被称为"第四次工业革命"。② "第四次工业革命"的时代是利用信息化、智能化技术促进产业化革命的时代,亦即人工智能万物互联的时代。同时,这一时代的技术和产业革命也酝酿着巨大的挑战和危机,这一挑战和危机必然会对传统的产业、经济和社会结构会带来颠覆性的冲击,因而对那种根植于传统的职业、行业和产业结构的传统工匠精神的挑战和冲击也是颠覆性的。

---

① 丹尼尔·贝尔:《后工业社会的来临——对社会预测的一项探索》,高铦等译,新华出版社1997年版,第14页。
② 所谓"第四次工业革命",是继蒸汽技术革命(第一次工业革命)、电力技术革命(第二次工业革命)、计算机及信息技术革命(第三次工业革命)的又一次科技革命。有专家指出,与之前的几次工业革命不同,第四次工业革命并不是由新兴技术的出现决定的,而是由向与数字革命相关的新系统的过渡决定的,它是由大数据、自主学习、人工智能、物联网、云计算、生命科学、新能源、智能制造等一系列创新所带来的物理空间、网络空间和生物空间三者的融合。"第四次工业革命"将会给人类的生产和生活带来深刻的变化。

1. 信息技术革命对传统职业结构的挑战和冲击

信息技术革命对当前社会的巨大挑战之一,就是对当前社会的职业结构和工作结构的冲击,它很可能彻底改造传统行业,导致越来越多的工作被自动化和智能化所取代,从而会引起前所未有的技术性和结构性失业,或者至少可以说会导致社会产业、职业或行业结构经历深刻的淘汰、改造和转型。

当然,那些关于技术的乐观主义者认为,对建立在大数据、云计算基础上的智能化物联网系统引起的技术性失业无须恐惧,并将这种恐惧视为一种"卢德谬误(Luddite Fallacy)"。[①] 因为历史表明,每一次新的技术革命或产业革命,既会导致一些传统行业或职业的消失,又会导致一些新的行业或职业的产生。所以,技术或产业革命对社会的行业或职业结构的冲击,不仅会带来技术性失业(趋于消逝的传统行业),而且还会带来技术性就业(新近产生的新兴行业)。而且技术创新和产业革命可以推动生产力的发展,带来生产、消费和市场容量的扩张和升级,从而推动社会消费力的提升,最终会带来与之相适应的产业、行业或职业结构的调整、转换、扩张和升级。因而从长期看,技术的发展和进步并未引起工作岗位的实质减少和失业人口的显著上升。

尽管如此,诸如此类的技术乐观派仍然不得不承认以大数据、云计算、人工智能和万物互联为标志的新一轮信息技术革命会对传统行业形成颠覆性的冲击,甚至会从根本上改变产业、经济和社会结构。在经济学家看来,这种能够引起产业、经济和社会结构根本性变革的技术被称为"通用技术"或GPTs(General Purpose Technologies)。而人工智能及其相关信息网络技术已经被公认为下一轮"通用技术"或GPTs。建立在信息技术革命基础上的智能化物联网会以远超人类的速度和力量替代多种类型的体力或脑力劳动,极大地提升交通运输、能源、制造、医疗卫生、资讯等各方面的生产能力。一般来说,智能化和自动化会取代那些重复性、低技能、结构化和弱社交的职业,遗留给人类的将会是那些创造性、高技能、非结构化和强社交的工作。人工智能和人类相比,在自动化作业、自

[①] 该词来源于卢德派(the Luddites)——19世纪英国工业革命期间工人捣毁机器运动的参加者。他们认为工业革命带来的机器生产会剥夺他们的工作,摧毁他们的生计,于是砸毁纺织机和剪毛机表示抗议。但接下来两个世纪,英国工业化依然全速前进,工作岗位和生活质量都稳步提高。

动驾驶、合成智能、执行程序等诸多方面具有明显的优势,因此它可以不断地取代现有人类的工作,让由人从事的相关职位逐渐消失,从而在重复性、低技能、强结构、弱社交的领域,不再需要人类的劳动。这就意味着,在这些领域,人类将会沦为失去岗位或工作,从而成为不被机器化生产所需要的"无用阶级(Useless Class)"。① 人工智能不仅可能取代体力劳动,或者技术含量低、机械性强和重复性高的低端工作,而且还可以在金融投资、医疗诊断、企业经营、舆论宣传、战略咨询方面进行高水平的分析预测和决策参考,从而更为高效地完成工作。

在人类的工作和职业可能被自动化和智能化所取代的传统领域,人类失去的不仅是工作和职业,而且还会失去这些岗位或职业所能孕育的职业精神、工作精神乃至生活精神。我们所说的工匠精神正是在人们所从事的这些岗位或职业中孕育的。自工业革命以来的数个世纪里,工作不仅是一种谋生手段,而且还是一种赢得社会承认和自我认同的基础,是个人生活的意义来源。当我们在人际关系中需要自我介绍或介绍他人时,首先想到的是工作或职业,以此来赢得相应的身份认同,这使得我们在与他人的关系中形成了一种基于职业分工的社会关联或社会纽带。既定的工作岗位,以及由此给予的工资或薪水,代表了个人对于社会的价值贡献,表明个人是社会的不可或缺的必要成员。既然在很多领域人类曾经能做的,以大数据、云计算为依托的人工智能都能做,那么,人类的劳动或工作在这些领域还有存在的必要吗?如果人类的工作和劳动被自动化或智能化所取代,从而失去了这些领域的岗位或职业,那么,人类在这些领域的存在还有什么意义或价值呢?所以,自动化和智能化在这些领域对人类的劳动、工作和职业的取代,它所影响的不止是个人的生计,而且还有他们的社会性的存在感、价值感和认同感。

2. 信息技术革命会对传统工匠精神的挑战和冲击

新一轮信息技术革命所带来的不只是自动化和智能化对重复性、机械性和弱社交的职业和工作的取代,而且还是一种对根植于这些领域的传统的职业精

---

① "无用阶级(useless class)"是以色列历史学家尤瓦尔·赫拉利(Yuval Noah Harari)2018 年的新作《今日简史》中给出的观点,作者在该书中指出,进入人工智能时代(亦即信息时代的高级阶段),随着自动化和智能化对人类劳动的取代,致使人类在绝大多数领域失去工作而沦为"无用阶级"。

神或工作精神的挑战和冲击,从而引发人类的职业精神和工作精神的深层嬗变。

应当承认,传统工匠精神与那种低技能、可重复、弱社交的劳动和工作方式有着天然的联系,与传统的手工业或手工艺有着天然的联系。在《说文解字》中,"匠"字"从匚从斤",其"斤"乃"所以作器也",因而所谓的"工匠",就是技能熟练却平庸板滞,匮乏独到或独创之处的手艺人或制造者。如《周礼·考工记》言:"知者创物,巧者述之,守之世,谓之工",而"巧者述之,守之世"就是工匠的基本内涵。所以,在古代中国,工匠是指那些具有专业技艺特长的手工业者,他们所从事的是手工业的生产和劳动。从这个意义上说,工匠所追求的不是创造或创新,而是品质和传承,工匠文化或工匠精神则是对工艺的极致把握,对品质的极致追求,是对所从事的工艺或产品精益求精、臻于成熟、力求完美,并在成熟和完美中达到极高的水准,甚至达到艺术人生的境界。即使工匠在精雕细琢、精耕细作中追求产品和工艺的个性化或人格化生产,但其工艺的生产基础仍然是可上手、可重复、可操作和可控制的。在这一点上,"匠气"或"匠意"最能体现那种墨守成规、蹈袭故常的工匠气息,除非是达到了"技近乎道",这种工匠气息才能上升为推陈出新、开拓创新的工匠精神,这就是我们通常所说的"匠心"或"匠韵"。因此,我们可以说,传统的工匠精神很大程度上与那种可以通过可上手性和可重复性(甚至可以达到个性化和人格化生产)的手工业文明关联在一起的。

随着工业革命时代的到来,这种以手工业为基础的工匠作为一种行业或职业,已经被驱逐到现代工业化大生产的边缘。工业文明提供给人的是一种规模化、规范化、标准化、批量化的产品和服务,①是对手工业的个性化和人格化生产的大规模摧毁。即使工业化时代的个性化产品和服务的定制也只是规范化和标准化生产下进一步分类和细化的表现。因而手工艺人也就转变成为熟练工人,与手工艺相关联的工匠作品或匠人产品也就成为现代生活的点缀,与此相关的工匠精神也因此遭受严重冲击,或者退居社会生产的边缘,或者转换成为现代意义的职业精神,即将劳动或工作视为天职,并且赢得了诸如严守岗位纪律、敬奉职业道德等恪尽工作职守一系列基本内涵。

---

① 最具代表性的是工业化时代形成的福特制生产体系,这一体系通过机器让生产工具摆脱了人类器官数量的限制,劳动者从以前"使用手工工具"变为此时"终身侍奉一台机器",从而出现了流程化和规模化的福特制生产组织。

随着信息革命和智能革命时代的到来,那种建立在大数据和云计算基础的自动化和智能化既能满足工业化时代的规范化和标准化生产,又能满足手工业时代的个性化和唯一性生产。这使得传统的工匠技艺赖以存在的手工业基础在智能化的信息文明时代再也无法立身,任何个性化、人格化或唯一性的生产都可能为大数据、云计算所主导的智能化生产所取代。①

如果说以机械化为代表的工业革命是对与手工业相关联的工匠技艺传统的第一次驱逐的话,那么,以智能化为代表的信息革命则是对这一传统的第二次驱逐,而且这次驱逐更加严峻、彻底和无情。所以说,那种以可上手、可重复、可操作和可控制的劳动和生产为基础——不论这种生产是标准化的或批量化的,还是个性化或人格化的——的传统工匠的职业道德、自我意识、身份认同和精神内涵,在万物都可以转化为数据和计算的智能化的信息时代,已经不可能成建制或成规模地存在下去了。这一新的时代所呼唤的是那种自动化和智能化难以覆盖和取代的,并且为其所需要的职业或工作,而且适应这种岗位或职业将会是那种更具创造性的劳动或工作;不仅如此,在这一时代,人们的生活和消费本身(作为数据的来源或不断生成)就是一种数据化的工作或生产,而且这种生产或工作(因为与消费或生活有着直接的同一性)是无法转化为数据计算的对象,因而也无法为自动化和智能化所取代。因此,这一时代将会孕育一种符合信息革命和智能革命时代要求的具有更高的创造性、社会性和生活性的职业道德、工作伦理和工匠精神。

三、新工匠精神的变与不变

尽管工匠传统诞生于前工业革命时代的农业手工业时代,但自从这一传统诞生之后就绵延不绝,一直延续到信息时代或智能时代的今天,而且已经或正在历经两次深刻的精神嬗变,第一次是在机械化的工业时代,嬗变为与之相适应的现代职业精神,第二次是在智能化的信息时代,将会嬗变为与这一时代相适应的

---

① 其中最为典型的例证莫过于3D打印,它是一种以数字模型文件为基础,运用原材料来逐层打印的方式构造物体的技术,这是自动化和智能化在工业制造领域的集中表现之一,它使得任何一种个性化或唯一性的工作或劳动在数据和算法相集成的人工智能时代都有可能实现自动化的生产和定制。

更具创造性、社会性和生活性的劳动、职业或工作精神。这正是孕育新的符合信息化和智能化时代的工匠精神现实的历史基础。

1. 工匠精神不变的价值和内涵

任何一个社会的生产和再生产都会有人类劳动的参与,都会孕育与该社会的产业、经济和行业结构相适应的职业结构,都呼唤着与之相适应的职业道德、职业伦理和职业精神。所以,作为一种劳动意识、职业道德或工作伦理,工匠精神在任何时代都是需要的,都有着永恒的价值和相对不变的基本内涵。

第一是敬业。这是工匠精神作为职业精神的集中表现。敬业是从业者对职业的热爱、敬畏和虔敬而产生的一种职业信仰,在这种信仰状态下,从业者全身心投入职业和工作的是一种认认真真、兢兢业业的精神状态。诸如"执事敬""事思敬""信仰上帝一样信仰职业""热爱生命一样热爱工作""工作是一场修行""职业是一种信仰"等,说的就是这个道理。作为一种职业信仰,敬业是一项基本的职业道德和职业精神,因而也是工匠精神不可或缺的基本内涵之一。

第二是精益。这是工匠精神作为工作精神的典型表现。所谓精益,就是精益求精,即对自己所从事的工作和职业凝心聚力、追求卓越、追求完美、追求极致。精益求精是一种能力和素养,是一种品质和要求,是一种一丝不苟、一以贯之的态度和精神,它不仅体现在具体产品的生产和制造之中,而且还体现在各行各业的管理和服务之中。"天下大事,必作于细",任何一种岗位、工作或职业只有专了、精了,才能谈得上循序渐进、触类旁通、不断拓展、变革创新。

第三是专注。这是工匠精神作为专业精神的特殊表现。所谓专注精神,就是内心笃定而执着坚持的精神。专注是精益精通的基本要求。所谓"精则有所专注,多则散乱无纪",就是一旦选定职业或行业,便一门心思扎根下去,专心致志,以事其业,从而抵达事业的顶点和人生的顶峰。"术业有专攻",专注不是盲目的偏执,而是善于深度的思考,是扎根某一领域,心无旁骛,持之以恒,最终必有收获,必有成就。所谓工匠精神,就是专注于一件事从而做到极致的精神。

第四是创新。这是工匠精神的核心和生命力。所谓创新,就是在所专注的领域内执着专注、追求极致、精益求精,最终达到对既有格局或程式的突破与革新。从表面看,这种创新精神与工匠所追求的传承精神似乎是相互矛盾和相互抵触的，其实，任何一种创新都不是无源之水、无本之木，都是在传承中实现推陈出新、革故鼎新。因而真正的工匠精神不是因循守旧、墨守成规、蹈袭故常的匠气匠意，而是在坚守传承中和追求极致与卓越中寻求突破、变革和创新的匠韵匠心。

当然，在不同的职业和行业，工匠精神的表现形式是不尽相同的。例如，工匠精神落在劳动者身上，就是专注精神、敬业精神、追求极致和卓越的职业精神；落在企业家身上，就是追求产品、技术、市场、组织创新的企业家精神；落在科学家身上，就是谨守理性、不懈追求、勇于探索的科学家精神；落在政治家身上，就是能做清庙之器，可为栋梁之材的"治大国若烹小鲜"的政治家精神。

2. 信息技术革命时代的劳动、工作和职业

在智能化为标志的新一轮信息技术革命时代，数据计算、深度学习和人工智能作为人类智慧和能力的延伸，作为劳动的替代，对职业的冲击、影响和塑造已不再仅仅是一种理论前景，而是已经成为正在现实中发生的基本事实和趋势。

一般来说，智能化或自动化所取代的是那些重复性高、技能低下、结构性强和社交性弱的工作或职业，其所需要或所造就的岗位或职业是那些创造性高、技能复杂、非结构化和社交性强的领域。在这些不确定的、非程式的或非线性的领域，那种以数据和算法为基础的人工智能仍然是不可取代的。事实证明，自动化和智能化生产对传统行业和职业的冲击是巨大的。"机器换人"现象对普通工人的大面积排挤，全自动智能化的"无人车间"或"黑灯工厂"也在逐渐蔓延，这使得世界范围内的产业升级迫使技术工人要全面升级或转型自己的专业和技能，必须适应新工艺的变革，适应信息化、数据化和智能化的工作环境。

第一，智能化时代的生产在取代一些传统的岗位或工作的同时，也呼唤着更高知识含量和知识储备的技术。在生产领域保留下来的工作和岗位，更多的是围绕智能化产业体系而形成的技术研发、机器维修、机器操控、灵活制造，以及应对复杂或突发情况的人工切换等职业。这对生产体系中的作业人员的知识、素质和技能都提出了全面的更高要求，新型工人也需要掌握数字信息技术和网络数据思维以应对新的工作环境。

第二，智能化时代的生产体系在与社会体系的对接时，还创造出以团队协

作、供求链管理、协同创新为典型特征的新的工作岗位或职业环节,以适应信息化和数据化的万联世界。产品和服务来自生产、生活和消费信息的数据化,同时,信息数据的处理又反馈给智能生产体系,从而提供更加符合社会和人文需要的产品和服务,在这种数据化的反馈和循环中,不可或缺的是人类的社会化、生活化或交往化的劳动和工作。

第三,智能化时代的产业呈现"智能数据—智能生产—智能产品—智能消费"的循环和流转,其生产系统也因此变得更加灵活、个性、自主和优化,工艺和流程更加复杂,同质化的竞争终将会被个性化的供给所取代。因此,自我突破和变革创新将成为企业竞争力的常态。这必然呼唤人类的劳动和工作要建立大数据观念和智能化意识,不断改进自动化生产的工艺、产品和服务,以此来培养富有钻研、变革和创新能力的职业道德和职业精神。

第四,智能化时代的生产并不是取消专业和分工,而是社会分工和专业在这一时代的深化、发展和转型。专业化即终身职业化。在人工智能时代,岗位技能的复合性、灵活性、创新性和在新的分工合作基础上的协同性,对专业化提出了更高要求。新型的脑力劳动与体力劳动的结合、技能的专业化和全面化的结合,智能机器和人之间的自由沟通及无缝对接,都需要构建一个人机融合的共生系统,从而催生出适应这一要求的新的职业、工作和岗位。

3. 信息技术革命时代的工匠精神

大数据、云计算、人工智能、万物互联所带来的不仅是对经济社会的产业、行业和职业结构的冲击、颠覆、重组和革新,而且还是对职业精神、工作精神的变革、更新和重塑。因此,作为一种职业、劳动或工作精神,信息化和智能化时代的工匠精神不仅要传承诸如精益求精、专注执着、追求极致等不变内核,而且还要在诸如知识学习、交往合作、变革创新等方面体现出新的时代特征。

一是知识学习。在人类社会中,知识的传递与分享一直是人类习得技能、获得生存空间、适应自然社会环境的重要途径。人与知识的关系是学习和被学习的关系,在这一人类学习的过程中,知识呈现为"传承—积累—创新"的发展模式,人也因为知识和技术的学习而成长为专业领域的行家里手,从而孕育出我们所熟知的职业精神或工匠精神。但随着信息化和智能化时代的到来,人工智能技术很可能凭借数据和算法,以深度学习等自主的方式介入知识的生成过程。① 因而在这一时代,那种确定性、程式化、结构性或规范化的知识学习过程,很大程度上可以为智能化体系所取代,遗留给人类的学习领域的很可能是那种不确定性、非程式化、非结构性、创造性或创新性的知识或技能,而这必然孕育着一种新的符合智能化时代的工匠精神。

二是交往合作。协同合作分为两个方面:一是协同,即充分发挥各主体的优势以形成合力;二是合作,即各主体相互合作,完成同一任务或达成同一目标。在信息化和智能化时代,那种社会性、人际性或交往性强的岗位和工作很难为自动化和智能化所取代,而且这种类型的工作是自动化和智能化的生产服务体系与多样性和多变性的社会生活需求之间实现无缝对接的桥梁和中介。因而这一时代的社会生产模式的变革使得自动化与非自动化之间、智能化和非智能化之间、生产性工作和交往性工作之间,以及产业体系的各部分环节之间、生产或服务与生活或消费之间形成更加紧密的关联。智能互联时代的职业体系和岗位工作体系正是在这种情况下形成的,因而这一时代的工匠精神必然会增添一种善于人际交往、懂得协同合作的新的社会化内涵。②

三是变革创新。随着信息化和智能化时代的到来,自动化生产在各行各业的普遍应用使得所有岗位的工作必须保持一种创新的态度。这种创新是一种发展方式的改变,同时也是生产要素以及驱动方式的改变,进而使得整个社会在追求变革与创新的过程中将创造与创新作为自身的行为习惯与价值追求。③ 创新的一个重要方面是知识和技术的创新,这种创新是在理性反思的前提下知识和技术的内在转化和推陈出新,人工智能的深度学习对创新的介入使得人类在创新进程中的地位从"全过程"参与转化为"环节式"或"节点式"参与,从而深刻改变了创新的传统路径。然而创新在本质上社会化的,是未知领域的逐步认知,并在此基础上进行的再创造。这一点是自动化和智能化所不具备的,从这个意义上讲,信息时代和智能时代的工匠精神对创新精神提出了更高的、更具探索性的

---

① 李建中:《人工智能时代的知识学习与创新教育的转向》,《中国电化教育》2019 年第 4 期。
② 韩英丽、马超群:《论应用型人才培养中的工匠精神培育》,《湖北第二师范学院学报》2016 第 6 期。
③ 匡瑛:《智能化背景下"工匠精神"的时代意涵与培育路径》,《教育发展研究》2018 年第 1 期。

要求。

总之,人工智能万物互联作为互联网大数据云计算发展的高级阶段,智能时代作为信息时代的高级阶段。在这一时代,工匠精神的现实基础不再是那种可上手、可重复、可控制和可操作的生产或劳动,而是那种具有创造性、社会化、生活性和交往性的生产或劳动,以及以此为基础的产业、行业或职业结构。因而智能化时代的信息技术革命对工匠精神,以及与此相关的职业精神或工作精神将会带来迄今为止人类历史上最为深刻的改造或改写。

第三章 工匠精神的当代价值

工匠精神的发育程度同一个社会的物质文明、精神文明的进步程度直接关联。从精神文明来看,工匠精神作为一种职业精神,在本质上同社会主义核心价值观,特别是同其中的"敬业""诚信"要求高度契合。从物质文明来看,工匠精神在后工业时代科学技术的创新发展中依然是重要的精神支撑。在满足人民群众美好生活向往的新时代,工匠精神依然是工艺文明传承的基本载体。

经过改革开放40余年的发展,我国早已成为世界第一制造业大国。贴着"MADE IN CHINA"标签的产品在世界随处可见,大到汽车、电器制造,小到制笔、制鞋,国内许多产业的规模居于世界前列,但依然缺少真正中国创造的东西,中国企业的形象标识度还不够鲜明。要成功实现中国制造2025战略目标,建设社会主义现代化强国,就必须在全社会大力弘扬以工匠精神为核心的职业道德。只有当敬业、精业、勤业、乐业的工匠精神融入生产、设计、经营的每一个环节,实现由"重量"到"重质"的突围,中国制造才能赢得未来。

随着信息技术革命的到来,作为知识资本形态的品牌形象已成为一种可经营的企业资本,塑造良好的品牌形象,有效开发、经营品牌资本,是企业参与市场竞争、占领市场制高点的重要手段。事实上,工匠精神在企业品牌形象塑造和品牌资本创造过程中具有十分重要的作用。工匠精神也是企业品牌内涵的重要体现,是企业品牌知名度、美誉度以及顾客忠诚度培育的有效途径,更是企业品牌资本价值增值的重要来源。

尊重员工的价值、启迪员工的智慧、实现员工的发展,不仅是员工个人成长的强烈需求，同时也是现代企业的责任和使命。而工匠精神作为一种职业精神，是企业员工提升个人精神追求、完善个人职业素养、实现个人成长进步的重要道德指引。

一、工艺文明传承的基本载体

中国特色社会主义进入新时代，整个社会的主要矛盾也转变为人民群众对美好生活的向往与发展不平衡不充分之间的关系。新时代为何还要留住手艺，发扬工艺文明中体现的工匠精神，并通过活态传承、技术创新和品牌营销等方式实现传统工艺文明的现代转化？传统工艺在中华民族形成、发展和中国物质文明与精神文明建设中，曾发挥了巨大作用。中国是世所公认的手工艺大国，手工艺中所蕴含的工匠精神品格是文化自信的生动体现。

中国的传统工艺可分为工具器械制作、农畜矿产品加工、雕塑、营造、织染绣及服饰制作、陶瓷烧造、金属采冶和加工、编织扎制、髹饰、家具制作、造纸、印刷、剪刻印绘、特种工艺及其他，共有14个大类。无不与人民群众的衣食住行、日常起居、民俗民风，以及社会经济文化发展、国力消长紧密联系、息息相关。中国科学院自然科学史研究所研究员华觉明在《手工艺的再认识》一文中曾指出：传统工艺具有实用、理性、审美的品格，决定其民生价值、经济价值、学术价值、艺术价值、人文价值、历史价值和现代价值，相应地，传统手工艺产品制作过程中所包含的工匠精神可以满足人民群众多元多样的审美文化需求。作为手工艺文明载体的工匠精神曾被误以为可有可无、不合时宜，只能在博物馆束之高阁，这种观点是不了解中国人当下活生生的现实。红茶绿茶、黄酒白酒、竹编藤编、木雕玉雕、泥塑面塑、扎染蜡染、云锦苏绣、金铂银饰、青瓷紫砂、剪纸年画、油盐酱醋、衣裳鞋帽、烟花爆竹、笔墨纸砚，这些浸润一代代工匠的工艺品一直伴随着我们的春夏秋冬，而今更具人文意义，是生活美学的价值凝结。随着生活水平不断提高，人们对高品质手工制品的审美要求也日益提升，作为工匠精神基本载体的传统工艺品将越来越被善待、欣赏，为生活艺术化锦上添花。几乎所有发达国家经济转型和工业化过程中都会面临是否要留住手艺以及如何施策的问题，珍贵工艺文明传承发展濒临失传的困局也时有发生。我国政府近年来出台多项振兴传统工艺、传承保护非物质文化遗产的政策,对传承文脉、保持民族精神特质,弘扬工匠精神,具有十分重要的意义。

二、技术更新升级的不竭动力

精益求精、质量至上是工匠精神所不可或缺的重要品质。虽然手工艺文明是工匠精神的基本载体,但并不意味着新的技术形态和经济形态不需要工匠精神。新时代技术更新升级同样需要工匠精神。不可否认,在资本逻辑运行的过程中,挣快钱、快挣钱的功利主义价值观,"重数量、轻质量""顾眼前、忽长远"的利益导向导致一些人把"聪明劲"用在"灵活性"上,有时对应该遵守的程序和规则采取变通处理方法,甚至出现为短期利益或非法利益做出伪造、偷工减料、损人利己等违规违法行为,这些行为不利于社会主义市场经济健康发展,不利于技术提升创新,更与工匠精神的价值目标背道而驰。

如今,提到"日本制造",人们很自然地认为品质有保障,中国游客曾在日本抢购护肤品、电饭煲、保温壶,甚至是马桶盖,令人尴尬的是,这其中不少物品是"MADE IN CHINA"。其实,日本产品并非从一开始就受到消费者的认可。20世纪50年代,日本工业也曾经被世界所诟病,"MADE IN JAPAN"曾一度成为"山寨""质量差""杂牌"的代名词。"二战"后,日本政府痛定思痛,将制造业作为重振国民经济的起点,从模仿欧美中发展"日本制造"。经过20余年的追赶,日本成功逆袭,成长为世界经济巨人,"日本制造"开始进入黄金时代。而这一切的背后都有日本的工匠精神在支撑,这也是日本工业文化的精神支柱。失去了工匠精神的"日本制造",就无以为继。如今,日本企业更加明确了制造业升级对工匠精神中的传统劳动观、价值观、自然观与体制基础的诉求,从而成功发挥了工匠精神在现代制造业中应有的作用。

与日本的逆袭成功相比,我们则是在发展中求变革,在学习中不断完善。我国在中华人民共和国成立以来尤其是改革开放后,逐渐形成了门类齐全、独立完整的,具有中国特色的工业体系。2010年,我国制造业规模已跃居世界第一,综合实力不断增强。"中国制造"成为支撑我国经济社会发展的重要基石和推动世界经济发展的重要力量。制造业是国民经济的主体,是立国之本、兴国之器、强国之基。而随着劳动力成本的增加,我国制造业的传统优势正在丧失。与世界制造强国相比,我国制造业在品牌、质量和创新等方面还有很大差距。经济转型期我们面临如何从仿制成功走向制造和创造的成功,这是事关国家与民族可持续发展的大问题,正需要弘扬工匠精神。回望过去,我们本不缺乏工匠精神,但如何延续和发展工匠精神,事关我们民族未来性格的打造。[①]

强国必先强质。追求精益求精、质量至上的工匠精神是制造业的灵魂,必须把工匠精神和创新精神作为强国战略的两大支柱。唯有如此,才能实现中国制造向中国创造的转变、中国速度向中国质量的转变、中国产品向中国品牌的转变,才能完成中国制造由大变强的战略任务。

工匠精神是工业革命的伟大推动力量。产业革命历史表明,工匠群体是各行各业的探索家和发明家,是传统技艺和机器生产的嫁接者,是科学技术和工业制造结合的传动轮,是专利制度、公司制度发展的促进者。他们不仅生产了产品,也创新了精神,创造了文明。在新的工业革命浪潮中,工匠精神的作用再一次凸显出来。信息技术革命时代,科技转化为生产力的速度更快。为在新一轮科技革命和产业竞争中占领先机,美国提出了"回归制造业",德国提出了工业4.0。制造业版本不管如何升级,最终还是要靠有工匠精神的人去实现(也包括人对智能生产和"算法"的驾驭)。

建设世界科技强国,需要标志性科技成就。要强化战略导向和目标引导,强化科技创新体系能力,加快构筑支撑高端引领的先发优势,加强对关系根本和全局的科学问题的研究部署,在关键领域、"卡脖子"的地方下大功夫,集合精锐力量,作出战略性安排,尽早取得突破,力争实现我国整体科技水平从跟跑向并行、领跑的战略性转变,在重要科技领域成为领跑者,在新兴前沿交叉领域成为开拓者,创造更多竞争优势。实践反复向我们证明,关键核心技术是要不来、买不来、讨不来的。只有把关键核心技术掌握在自己手中,才能从根本上保障国家经济安全、国防安全和其他安全。要以关键共性技术、前沿引领技术、现代工程技术、颠覆性技术创新为突破口,敢于走前人所没走过的路,努力实现关键核心技术自主可控,把创新主动权、发展主动权牢牢掌握在自己手中。

---

① 齐善鸿:《创新的时代呼唤"工匠精神"》,《道德与文明》2016年第5期。

纵观世界发展的历史,成为制造业强国的路径和条件虽各不相同,但具有追求卓越、严谨执着的工匠精神却是一个共性因素。德国、日本等之所以能成为制造强国,不仅源于其制造技术的先进,更源于其社会所具有的对工作执着、对所做事情和产品精益求精、精雕细琢的普遍价值。①

产业技术的发展可以借鉴、学习与积累,从而实现跨越。但技术背后的文化与精神,却难有捷径可循,唯有代代相承、逐步习得。精益求精,不断挑战自我的工匠精神是推动科技创新的不竭动力。

三、经济竞争能力的精神源泉

我国经济体量跃居世界第二,人均收入也在稳步提升,但也应实事求是地看到,总体的竞争力、产业发展的能级、质量与欧美发达国家相比还有不小差距。

为实现中国从全球制造大国到制造强国的跨越,2015年5月8日国务院正式印发《中国制造2025》,提出了中国政府实施制造强国战略第一个十年的行动纲领。中国要迎头赶上世界制造强国,成功实现中国制造2025战略目标,就必须在全社会大力弘扬以"工匠精神"为核心的职业精神。只有当敬业、精益、专注、创新的工匠精神融入生产、设计、经营的每一个环节,实现由"重量"到"重质"的突围,中国制造才能赢得未来。

国家之间的竞争,不只是经济、军事与科技等硬实力的竞争,更是文化、价值观等层面的较量。尤其是在由制造大国向制造强国转型的当下,对中华文化语境中工匠精神的强调,有助于增强我们的产品能级,增强文化自信,有助于我们从模仿崇拜西方的老路中走出来,探索适合中国历史与国情的产业发展之路。新时代工匠精神也是我们在国际竞争中的重要思想资源。

新时代工匠精神有相对稳定的价值内涵,更有信息技术革命所带来的变革和重塑。艰苦创业的精神、千金一诺的精神、敢为人先的精神、合作共赢的精神、变革创新的精神,相辅相成、相互促进、相得益彰。我们要系统地、历史地看待工匠精神,并落实为无数从业者具体而微的行动,成为推动中国制造"品质革命"的

---

① 程宇、樊超:《培育工匠精神:中国职业教育的使命与担当》,《职业技术教育》2016年第3期。

精神动力和力量源泉。我国从"制造大国"向"制造强国"转型,从劳动密集型企业向技术密集型企业转型,需要工匠精神作为支撑。技术可以被复制,但是精神却不能被原样复制。工匠精神是我国经济竞争能力的精神源泉。①

传统工匠的社会历史地位不高,现代科技时代工匠似乎远离我们而去,工匠精神可能会淡出思想家、哲学家的视野。然而,中国从"制造大国"走向"制造强国",不仅需要大批科学技术专家,也需要千千万万能工巧匠。工匠精神所涵括的师道精神、创业精神、创造精神、实践精神仍然是我们当今时代的重要思想资源和强大精神动力。② 在当前开展的培育践行社会主义核心价值观的活动中,应该充分弘扬历史上传承至今的工匠精神。激发劳动者的乐业意识,增强劳动者的文化自信,引导更多人学习新知识、钻研新技术,把个人价值的实现融入辛勤的劳动之中。

四、企业成长壮大的无形资本

企业要壮大发展,必须坚守工匠精神。工匠精神是企业文化建设的重要内容。

技术革新、社会进步正以前所未有的速度发展着,互联网在不知不觉中侵入了我们生活中的各个方面。一家家互联网企业如雨后春笋般迅速诞生,但大浪淘沙,其中的绝大多数在几年甚至更短的时间内,又以惊人的速度消亡。资本促使投机者们一味追逐"投资少、周期短、见效快"昙花一现般的生产方式,或许可以带来一时的增长速度与回报,但绝不是长久之计,而且还极大地沙漠化了工匠精神成长成熟的土壤。这也给了我们在人才培养方面新的启示,应该摒弃浮躁,安心做学问、传技能;教师应该心无旁骛,彻底改变"快餐式"教学、"教"与"学"两张皮的不良现状,和学生一起学在教室、走进车间,专心育技、耐心育人。教师对学生要有积极的期待,尊重学生的学习,尊重学生的专业和职业,尊重学生的发展。

2017年10月18日,习近平总书记在党的十九大报告中指出,要培育和践行社会主义核心价值观。要以培养担当民族复兴大任的时代新人为着眼点,强

---

① 张颖:《校企合作模式下高校营销人才的培养》,《教育与职业》2015年第11期。
② 肖群忠、刘永春:《工匠精神及其当代价值》,《湖南社会科学》2015年第6期。

化教育引导、实践养成、制度保障,发挥社会主义核心价值观对国民教育、精神文明创建、精神文化产品创作生产传播的引领作用,把社会主义核心价值观融入社会发展各方面,转化为人们的情感认同和行为习惯。

为此,企业在发展过程中,要把坚持培育工匠精神与社会主义核心价值观统一起来。工匠精神是指工匠对自己的产品精雕细琢、精益求精的精神理念。社会主义核心价值观是我们党倡导的以公平正义为理想的最根本的理念。社会主义核心价值观是在传承、创新和发展工匠精神等中华优秀传统文化的基础上形成的,培育和践行社会主义核心价值观,为培育和塑造具有中国风格、中国气派的工匠精神指明了方向。新时代要培育的工匠精神蕴含爱国主义情感和勤劳勇敢、自强不息的民族精神,蕴含改革创新、精益求精的时代精神。高度认同社会主义核心价值观的新时代工匠精神,是培育和践行社会主义核心价值观的题中应有之义。在实现中华民族伟大复兴中国梦的新时代,培育和践行社会主义核心价值观,有利于培育工匠精神;培育工匠精神,就是培育和践行社会主义核心价值观的具体途径。

"苹果"的创始人乔布斯就是工匠精神的坚守者,被誉为"当代最伟大的工匠"。他对工作精益求精的追求接近苛刻的程度,被称为"残酷的完美主义者"。在产品的整个设计过程中,他不断反复雕琢,始终在致力于追求完美与极致,甚至不惜付出高昂的成本。比如,他要求电脑内部的所有螺丝要用昂贵的镀层。为了清理机箱底盘留下的细纹,而直接飞往加工厂,要求铸模工人重做。一些产品的设计方案常常被他否定。这种对细节的"锱铢必较"贯穿于整个苹果设计团队之中。即便乔布斯离世,他所坚持的理念也早已植入苹果公司的企业DNA中,后继者们在这种理念的指引下继续研究,苹果公司因此还是领域内的龙头。

对于产品极致的追求,对工作精益求精的态度,在一些当代中国企业家身上也有所体现。经历了各种失败的尝试后,2006年中国AI产业化发展推动者袁辉和他的团队寻求另一条发展之路:开发为企业服务的智能机器人。他们为上海市科委研发"海德先生"成为中国第一个政府领域的智能客服机器人。"海德先生"上线后反响良好,智能的虚拟客户助理为科委节省了人力资源。"海德先生"也给了袁辉启发,他认为,人工智能应当"在商业领域发挥更大的作用"。因为对不少企业来说,消费者用手机、iPad咨询订购产品,仅靠人工服务显得捉襟见肘,小i这一智能客服变成了企业的刚需。一时间,各大客户纷至沓来。如今,小i机器人在中国智能语音领域占据垄断地位,成为世界上最大的机器人应用商之一,小i的名气越来越大。有效开发、经营品牌资本,是企业参与市场竞争、占领市场制高点的重要手段。事实上,工匠精神在企业品牌形象塑造和品牌资本创造过程中价值不菲。工匠精神本身也是企业品牌内涵的重要体现,是培育企业品牌知名度、美誉度以及顾客忠诚度的有效途径。如今人工智能成了互联网行业的新宠。自动驾驶技术不再新鲜,语音识别被应用于手机,人脸识别被应用于数码相机、门禁系统中。袁辉及其团队更坚定了投入研发智能机器人领域的决心。他坚信,未来若干年,随着人工智能、互联网等产业的发展,持续的创新能力才能让小i变得更加强大。国家相关产业和服务的发展也不仅仅是纯粹的技术问题,还有技术背后的精神传承与文化建设。信息技术革命时代,与时俱进的工匠精神将大有作为。

五、员工生命价值的自我实现

早在先秦时候,匠人就会把自己的名字刻在青铜器上,这是一种匠人的担当,也是匠人自我价值的体现。随着社会分工越来越细致,工作与工作结果日渐分离,很多时候我们的工作只是复杂体系中的一部分。每个人都在忙忙碌碌完成"流水线"上的某一个环节,统一的考核标准,重量而不重质,同样的工作周而复始。流水线作业客观上阻碍工作者"向内发展",使得以前那些具有一技之长兼具艺术气息的工匠被"肢解"成一个个只会进行简单操作的会说话的机器,工作者自身的价值因为自动化而被贬低。在这种"无我"的生产方式中,普通工作者是被动的、消极的,其创造性是被压抑的。

为了改变这种工业化带来的负面效应,实现员工生命的价值,淘汰粗放式经营,提升效率与效益的同时,最小化对生态的破坏变得尤为重要。

在德国,工厂里的技工和工程师都是十分受人尊敬的职业。职业介绍和就业代理机构Stepstone的一份2016年德国工资报告表明,德国工程师是所有工种中收入最高的职业之一,仅排在医生和律师之后,位列第三。即使是没有接受过高等教育的技师,其收入同全国平均工资相比也并不低。德国的工匠们是德国制造的辉煌的螺丝钉,也使得德国制造可以持续辉煌下去。我们需要转变重学历轻技艺的观念,同时也通过制度设计帮助工匠们找到自己的定位,认同自我价值,从而在岗位上发挥更大的作用。

首先,工匠精神有助于工作者自我价值的实现。对于一个具有工匠精神的人而言,产品是工作者技术和心意的表达。工作者对工作过程具有完全的控制权利,渗透在作品中的内涵是自我想法的表露,体现了自我对世界的理解与认识,自我通过工作精神获得了客观化的表达。以工匠的态度来做事,工作就不再是一件不得不做的痛苦事情,而变成了一种忘我的投入,是生命的外在表达。自我的价值存在于自己双手所能控制的作品中,不依赖于其他外力,因此,在工作过程中能够获得真正的满足感。全球第一大代工厂商富士康可能是一个反例,旗下超过百万的员工中,绝大部分是一线生产工人,这些员工被分配到了不同的流水线,他们的工作难度不大,多为拧螺丝、拔插头、组装的活。在过去数年间,尽管富士康公司有着无数的光环,但这些并不能转化为员工的自豪感、归属感、价值感。员工流动性较大,热点事件时有发生。员工自我价值的丧失,也许是许多劳动密集型企业当下急需要解决的问题。

其次,工匠精神有助于产生情感共鸣。在现代化的工业生产模式中,工人被分割在不同的车间,固定在不同的时空范围之内,同事间不允许自由交流,只有竞争,缺乏温情。师傅向学徒传授手艺的过程中,在一起朝夕相处,耳提面命,不仅传授的是技艺,还传授了做人的道理和坚韧、耐心、专注、精益求精的工匠精神。匠人的工作过程就是人与人之间的情感交流与行为感染的过程,在这一过程中,建立起了深厚的师生情谊,这是现代化的组织模式所无法替代的。与此同时,现代化的工业大生产为人们提供了丰富的产品,但是都是以标准化、单一化的形式存在,缺乏商品的独特性、人情味,就像是一块冰冷而缺乏个性的石头,感受不到制造物所带来的亲切感。在传统社会中,产品与匠人是自然贴近的。对于匠人而言,在从产品的构思到完成的整个过程中,留有自己双手的痕迹,渗透着绞尽脑汁的思虑。产品不仅是商品,更是艺术品,它的好坏代表着自己的声誉、尊严与道德品格。对于消费者而言,通过触摸产品能够真切地感受到手艺的痕迹,通过观看产品的技巧可以想象到匠人的专注与坚守,每个产品都是独一无二的,展现着匠人的个性,精雕细琢展现的是人性的温暖。生产模式上如何实现传统的现代转化需要深入思考。

尊重员工的价值、启迪员工的智慧、实现员工的发展,不仅是员工个人成长的强烈需求,同时也是现代企业的责任和使命。人是在被需要、被欣赏、被认同的过程中体现自我价值,释放出内在的激情和快乐。每个人在自己擅长的领域都会眉飞色舞。只有员工认为"组织需要我,我很重要",他们的成就感才是真实的。而工匠精神作为一种职业精神,是企业员工提升个人精神追求、完善个人职业素养、实现个人成长进步的重要价值导向。工匠精神的引入,有助于人专注于工作的过程,引导人认真、严肃地对待工作中的每一分钟,将过程视为成果本身,在过程中体验和获得情感的满足。长此以往,因工作与成果之间的分离而造成的挫败感,可以在一定程度上得到弥补。[①]

[①] 肖群忠、刘永春:《工匠精神及其当代价值》,《湖南社会科学》2015年第6期。

第四章　新时代培育工匠精神的载体和途径

一、培育崇尚新工匠精神的社会文化氛围

1. 尊重工匠价值

工匠精神的精髓在于精益求精、追求卓越,在于创新创造、持之以恒。我国历史上从来就不乏能工巧匠,木工鼻祖鲁班、游刃有余的庖丁、从钱孔中沥油的卖油翁等就是其中的代表。技术达到一定层次,便成了艺术;坚守积淀到一定厚度,便升华为精神。千百年来,这种精益求精的工匠精神,是创造灿烂多姿的中华文明所不可或缺的力量。市场经济带来生产力巨大发展的同时也导致世俗化功利化的负面效应,工匠精神一度有所失落。"十年磨一剑"的执着难敌短期"利益最大化"的诱惑;追求短平快利润的急功近利思想损害了企业长远发展的目标。

新时代对工匠精神的认同需要良好的社会文化氛围。社会多元群体对工匠精神所体现的价值观有发自内心的赞赏,才能形成普遍认同的基本态度。内化于心,外化于行。否则,仅凭工作内容的趣味、操作守则的细化,工匠精神很难持久发挥作用。急于求成的政绩观、一夜暴富的发展观显然不利于工匠精神的传承和发展。随着精神文化产品的优质、个性化、审美附加值越来越受重视,随着柔性流水线、智能制造等新生产方式带来高质量、相对稳定的消费群,相信工匠精神生长成熟所需要的土壤会慢慢变好。说到底,新时代的工匠精神本质上是一种价值观,而不仅仅是一种技术性的工作方式。

2014年,国务院《关于加快发展现代职业教育的决定》提出,要引导全社会尊重劳动、尊重知识、尊重技术、尊重创新,促进形成"崇尚一技之长、不凭学历凭能力"的人才观念。2018年,中共中央办公厅、国务院办公厅印发《关于提高技术工人待遇的意见》,围绕技术工人培养、使用、评价、激励和保障等环节提出意见,目的正是增强技术工人的职业荣誉感、自豪感和获得感,激发工人的积极性、主动性和创造性。

整个社会对工匠精神的尊重和理解、政府相关政策的支持保障、人才培养上的精准定位都是新时代传承、弘扬、拓展工匠精神的优质文化土壤。

2. "匠心"营造,扩大对工匠精神的正能量传播

当前,全媒体发展大格局的出现有利于提高工匠精神宣传的覆盖面和到达率。近年来,国人在日本商场疯狂抢购中国制造的马桶盖、大量海外代购制假贩假,"中国制造"面临信任危机。有关部门可组织、引导融媒体、智媒体对时下匠人精神、实体经济发展、制造业升级、信息技术革命带来的从业领域新变化等问题进行选题策划、内容生产、信息传播、内容监管,牢牢占据舆论引导、思想引领、文化传承、服务人民的传播制高点,有效提升正面报道的点击率。

2016年,CCTV制作推出纪录片《匠人精神》,以各行业中的精英企业为拍摄蓝本,由编导挖掘企业发展历程、企业家奋斗故事、行业升级变迁经历等素材,通过创作加工来传递工匠精神在企业发展中的核心意义。节目一经播出,在社会各界引起广泛影响,匠人精神再次走进公众视野。新时代工匠精神的多元多样传播需要更广泛持久的社会关注和媒体支持。

3. 树立杰出匠人榜样,引领工匠精神示范

2016—2019年上海选树各行各业工匠的做法和经验表明:平常而不平凡的匠人匠心就在我们身边,可亲可敬可学。工匠精神培养要取得实实在在的效果,就不能在纯粹观念的叙述逻辑上兜圈子,而要发现好的形象和载体,以人格魅力和实际行为长久濡染。倡导示范人格的引领作用显得尤为重要。官有官德,商有商德,学高为师,身正为范。各行各业的优秀工匠是我们体会、感悟和学习的榜样。我们要用好具有传统优势的传播手段,积极搭建新的人格示范的各类平

台、健行致远、修身立德、见贤思齐。要注重培养年轻人对于传统技艺、现代技术的热爱，让那些能催人上进、激发热情的事迹感召和吸引更多人。当然，精神鼓励和荣誉颁发之外，也需要进一步提高各行各业工匠的社会经济地位，使那些乐于传承、肯于钻研的大师和技师真正成为年轻人所乐于学习、效仿的榜样。

二、构建体现新工匠精神的职业教育体系

1. 以职业教育已有成果为基础，探索建立与新时代相适应的新观念新方法

中华人民共和国成立70年来，我们建成了世界最大规模的职业教育，具备了每年培养数以千万计技术技能人才的能力，建成了世界上最完整的工业门类，19大类1 000多个专业覆盖了国民经济所有产业和行业，实现全国31个省333个市2 846县职业教育和培训全覆盖，中高职专任教师总数达到133.2万人。据不完全统计，2014—2018年就业于轨道交通、先进制造、现代农业、电子商务、旅游服务、航空服务等新经济、新业态、新模式岗位的中高职毕业生人数约1 750万人。总体来说，职业教育有效支撑了国家不同阶段产业发展的目标，也尽力跟上技术迭代的步伐。

针对新时代工匠精神培育的职业教育，还需要在生源、师资、资金、技术、政策等多个方面进一步统筹谋划。尤其是要面向新时代信息技术革命所带来的产业结构、行业结构、劳动理念、人际交往新变化新要求，实现与高等院校、研究机构、企业、智库和政府相关部门的联动，坚持产教科深度融合，在课程内容设计、培养流程再造、教学方式革新等方面确立新观念，探索新办法，协力培养科技成果转化人才、转化成果行业应用人才、一线操作技术技能人才，深化系统培养技术技能人才的制度、体系和模式研究，尤其要关注新兴行业技能人才供需、面向智能制造的职业技术教育、数字经济社会高水平应用型人才培养。

2. 以职业就业为导向，加强职业资格认证

发达国家职业教育领域的历史经验和现实做法值得借鉴。以19世纪的德

国为例，当时除了建立和扶持一大批技术学校开展职业教育外，德国还变革了工匠认证制度，并从法律的高度确立和保障了技术教育的顺利开展。1849年，普鲁士修订职业条例，规定工匠考试、师傅考试和学徒修业年限。1885年符腾堡实行商业学徒结业考试，1892年德国药商工所实行学徒结业考试。第一次世界大战后，德国职业教育举行国家考试，使全国的职业培训标准统一，有效地制止有关机构滥发文凭，提高职工培训的质量。对于我国而言，除了要加强现行职业教育法的修订工作和执法力度、尊重2005年以来行业协会和相关专业机构所参与的职业资格认证工作外，还要逐步推进新兴、边缘、跨界的职业资格认证制度，提高职业资格水准和职业荣誉感。

3. 加强职业技术学校的师资力量，改革职业技术学校的教育

我国职业教育虽然取得了不少成绩，但总体而言，专业教师师资不足、教师队伍的质量有待提高、师资队伍结构不合理，"双师型"教师普遍缺乏，已成为职业教育发展的瓶颈。培养方式和待遇方面的原因不可忽视。在高职院校授课的教师理论基础扎实，但是缺乏实战锻炼。进一步加强"双师型"教师队伍建设尤为关键。高职院校应该完善教师培训制度，制定相关规定和激励措施，对技能比武成绩优异的教师重点奖励，对"双师型"教师的晋级、待遇进行适当倾斜。对上岗教师进行岗前培训和在职深造，创造条件安排新上岗或缺乏实践经验的教师到企业生产、管理第一线"摸爬滚打"，掌握新知识新技能。有计划地派一些专业教师到企业调查、学习，或与企业合作开发项目，把学科的前沿知识应用到实际教学中去，提高专业技术水平。聘请行业精英、大国工匠到高职院校做讲座、兼职、任职，促进"双师型"教师不断在理论与应用的结合处发现教学生长点。

4. 打造校企合作教育新阵地

党的十九大报告明确提出要完善职业教育和培训体系，深化校企合作。2018年2月，教育部等六部门印发关于《职业学校校企合作促进办法》的通知，提出产教融合、校企合作是职业教育的基本办学模式，是办好职业教育的关键所在。2019年4月，教育部等四部门印发《关于在院校实施"学历证书＋若干职业技能等级证书"制度试点方案》的通知，重点强调职业技能证书在高等职业教育

中的作用,将校内的职业教育和校外的职业培训结合起来,形成一种新的技术技能人才培养模式,并且以探索建立职业教育国家"学分银行"为重要目标,推进以校企合作为重点的现代职业学校制度改革。

新时代工匠精神培育与践行特别需要校企合作的职业教育模式。探索建立符合我国国情的职业教育校企合作模式,可以充分发挥职业院校和企业各自的优势,形成促进我国职业教育跨越式发展和推动产业转型升级的合力。要加快推进中国特色现代学徒制的探索,有利于形成符合我国职业教育发展要求的工学交替模式。要发挥各级政府在促进职业教育校企合作方面的主导作用,制定和完善职业教育校企合作的相关法规,为职业教育校企合作提供法律保障。要加快形成促进职业教育校企合作的多元化经费保障机制,鼓励和引导社会资金进入职业教育校企合作领域。

三、营造融合新工匠文化的现代企业精神

1. 践行工匠精神,坚定职业理想

2019年5月,国务委员王勇在第三个中国品牌日上指出,要以习近平新时代中国特色社会主义思想为指导,落实李克强总理重要批示要求,坚持以供给侧结构性改革为主线,将品牌建设作为改善供给结构、促进企业提质增效升级的重要抓手。要大力弘扬工匠精神、专业精神和企业家精神,开展质量提升行动,以匠心铸精品,以质量树品牌,让高品质成为中国制造的"金字招牌"。

弘扬工匠精神首要任务是引导员工理解工匠精神的核心理念。企业培育至善至美的工匠精神,潜移默化中传播我国核心价值观,并在文化软实力竞争中赢得话语权和影响力。为此,企业要做有心人,随时积累典型、生动的案例,把工匠精神寓于历史故事和社会现实中,用古今中外的生动案例影响人、教育人,培育体现新工匠精神的"命运共同体"。创新宣传方式,运用好企业微信、视频、抖音等网络新媒体,讲好研发故事,挖掘企业匠人,着力塑造以新时代工匠精神为重要内容的企业文化。

2. 以创新为核心，建立新工匠精神企业文化制度

企业文化是思想政治工作的新载体，易被员工群体感知、体验、接受和传播。要发挥好企业文化建设对于工匠精神传播的独特作用，使工匠精神落地生根，开花结果。要把新工匠精神作为企业文化成长成熟的题中应有之义，推动企业实现创新发展。一是把工匠精神纳入研发企业的价值体系，把精益、严谨、执着等核心理念纳入专业开发、品牌建设、质量管理等具体理念中，使工匠精神成为企业行为规范。二是创造性地开展工匠精神主题文化活动。企业文化活动是企业文化建设的重要手段，因其形式新颖、灵活生动，往往比传统的思想政治工作更具有吸引力。可以围绕工匠精神的核心理念开展拓展训练、文化分享、文化论坛、设计文体比赛，加深员工对工匠精神的理解。三是把工匠精神与员工队伍职业道德建设相结合，纳入员工行为标准，使工匠精神成为工程师队伍普遍具有的职业素养和价值追求。

3. 完善政策引导，为技能人才锻造工匠素质建立保障

在企业内实施一系列的管理培训和制度激励，让更多的产业工人和管理者通过系统的学习，把质量至上和产品创新作为企业发展的内生动力。围绕践行新工匠精神建立一套员工精神成长的价值体系，巩固信心，赢得认同。完善人事制度，设立梯级领军技能人才库，创建技能人才发展空间和上升通道，为他们开展技术攻关、技术革新、发明创造等提供有效保障，以实际工作成果或形成的产品作为晋升技术等级、薪酬待遇、物质奖励和劳模评选等的依据，为技能人才施展才干提供舞台。

四、打造提升国家经济竞争能力的新工匠制度

1. 出台支持制造业人才培养体系建设的相应政策

《国家中长期人才发展规划纲要（2010—2020）》提出，要适应发展现代产业体系和构建社会主义和谐社会的需要，加大重点领域急需紧缺专门人才开发力

度。近年来相关职能部门发布年度或两年一度重点领域紧缺人才目录,但相关培养项目实施办法还有待推进。

2013年,国务院提出统筹考虑技能培训、职业教育和高等教育,建立职业资格与相应的职称、学历可比照认定制度;完善职业资格与职业教育学历"双证书"制度;研究制定高技能人才与工程技术人才的职业发展贯通办法。不久前,故宫博物院联合北京高校启动了文物保护与修复专业高端技术技能人才贯通培养试验项目,拟从初中毕业开始进行为期7年的职业教育,同时取得本科学历,为这一特殊行业培养专业人才探索新路,也完善了高技能人才培养评价机制。今后还要逐步完善科学合理的新工匠制度,以大国工匠支撑大国发展。

2. 提高工匠收入待遇

2018年,中央全面深化改革领导小组第二次会议审议通过了《关于提高技术工人待遇的意见》,充分发挥政府、企业和社会的协同作用,进一步完善技术工人的培养、评价、使用、激励、保障等一系列措施,进一步营造技能人才发展的浓厚氛围。政策支持也是对工匠收入普遍不高的回应。在德国,技校毕业生的工资普遍高于大学毕业生。在澳大利亚,矿工的年薪约合100万元人民币,与大学教授相当。央视"大国工匠"系列节目介绍了中国商飞大飞机制造首席钳工胡双钱。在35年里,他加工过数十万个飞机零件,竟然没有出现过一个次品!但直到节目播出一年多前,才从住了十几年的30平方米的老房子搬了出来,贷款买了上海宝山区的70平方米的新房。所谓"两耳不闻窗外事,一心只钻技术活"。精神鼓舞人、荣誉激励人、适当的待遇留住人,只有切实提高工匠待遇,给予相应的物质保障,工匠们才能安心做好本职工作。

3. 切实打通工匠职业上升通道

我国产业工人队伍的结构尚需完善。由于缺乏通畅的职业上升空间,没有形成对工匠技师的可持续性激励,很多人因前途无望而被迫转行,造成了大量技能人才流失。针对工匠技师的职业教育和职业资格认证制度还不完善,普遍存在重考试、轻实践的问题。很多并不需要太高学历而重在实际操作的岗位,没有建立起与之相适应的职业培养和评价体系。很多技术领域都适合采用传统的学徒制,通过师傅的言传身教才能更好地掌握实际技能,并没有普遍可操作的统一指标。在日本,很多企业建立了自己的职业培养模式,一家名为"秋山木工"的企业,建立了一套八年制的培养机制,学员1年上预科,4年做学徒,3年做工匠,8年后方能出师。培养过程极其严格,40余年来也仅培养出60余名工匠。企业发展中实际发生的职业成长案例为我们不拘一格探索评价新路径提出了新课题。

五、设计适应技术创新要求的新工匠培养机制

1. 坚持价值引领,将工匠精神贯穿立德树人的全过程

在治学、办学培育工匠精神的过程中坚持正确的价值立场,始终保持清醒的头脑。在新时代背景下,有效地实现新工匠办学培养目的,最根本的就是要确立社会主义核心价值观,我们要塑造的是德才兼备的"大国工匠",明确"为谁培育人"的第一要义。通过学校教学内容、教育教材和师资队伍的建设,帮助学生树立"学一门技能,会一个本领"的成才观和就业观。将工匠精神贯穿立德树人的全过程,这也是新时代职业道德建设的需要。坚持价值引领,是全面打造、培育工匠精神的能动因素。

2. 保护工匠、技师合法利益,借用现代手段拓展技艺传承

继承传统师徒制的优势所在,注重"手把手""一对一"的言传身教,在动手实践中感悟技艺、提高技能、养育精神。针对传统工匠技艺传习"传内不传外""传儿不传女""传人不传小"等排他性和单一性问题,加强与工匠相关的知识产权、技术专利的保护工作,通过运用法律、制度等形式对工匠的技艺进行专利注册,最大程度保护传统工匠的合法权益不受侵害。2017年,文化部等三部委联合印发《中国传统工艺振兴计划》,2018年5月公布第一批中国传统工艺振兴目录,这是国家层面的保护和支持。有关部门也在抢救性保护那些濒临失传的民间手工业技艺,通过影像、走访、录音等形式保全匠人技艺的相关资料。今后要在注重知识技术产业保护的同时提高工匠技艺传习的效率,扩大他们的市场影响力

和辐射力。

3. 传统与现代相结合，以"双元制""双导师制"培养工匠技师

传统师徒制传习技术是通过行会认定从业资格的传统教育模式，其优势在于切身性、实践性，弊端在于其经验性、封闭性和单一性。双元制是源于德国的一种职业培训模式，它规避传统师徒制与现代教育不足，将两者各自的优势和强项有机结合。所谓双元，是指职业培训要求参加培训的人员必须经过两个场所的培训，一元是指职业学校，其主要职能是传授与职业有关的专业知识；另一元是企业或公共事业单位等校外实训场所，其主要职能是让学生在企业里接受职业技能方面的专业培训。所谓双导师制，就是学生既有其在学校的基础课老师，也有其在联合办学的企业实习单位导师。双导师制既有师徒制经验优势，也有现代教育的效率优势，是理论与实践相结合较快培养工匠、技师的有效路径。

4. 打造实践平台，将工匠精神纳入创新驱动发展战略的大工程

在实践教育活动中引导新工匠们走进劳动现场、了解劳动过程，在劳动创新中不断感悟，逐渐积累自己同他人、社会的交往经验，形成自己的劳动观念和劳动价值标准。在亲身的劳动实践中培养自己踏实肯干、严谨求实的作风。在创新实践中要充分挖掘工匠潜能，大力推进创新驱动发展战略，将创新作为工匠精神培育的主要生成点。2016年5月，《国家创新驱动发展战略纲要》发布，着重强调创新驱动在国家发展中的重要地位。工匠是推进工匠精神创新发展的灵魂，要想系统地提升创新人才的培养，加强学科建设并提高科技研发的整体水平，只有着力打造实践平台，将工匠精神纳入创新驱动发展战略的大工程，提高工匠的劳动意识和创新意识，培育具备工匠精神的高素质人才，使他们在产业革命中发挥应有的作用。

第五章　上海工匠案例

上海是近代工业的发祥地和集聚地,也是产业工人的摇篮。中华人民共和国成立以来,上海产业工人秉承"精于工、匠于心、品于行"的职业操守,创造了我国现代工业无数个第一:如20世纪50年代,上海汽轮机厂、上海电机厂、上海锅炉厂等通力合作,成功制造了我国第一台6 000千瓦汽轮发电机组;1960年代,上海江南造船厂自主研制了我国第一台1.2万吨水压机;1970年代,上海机床厂研制成功我国第一台超大型齿轮磨床,等等。这一时期,上海产业工人中涌现出以"钻头革新家"著称的倪志福、"蚂蚁啃骨头"精神攻克难关的刘海珊、"智多星"朱恒、"电光源专家"蔡祖泉等一批杰出的上海发明家代表。上海产业工人展现出了"精诚合作、刻苦钻研、攻坚克难、创造发明"的工匠精神。

改革开放后,上海产业工人在科技革命和产业变革的浪潮中,继续传承和弘扬工匠精神,涌现出以"抓斗大王"包起帆、"知识型工人楷模"李斌等为代表的新一代产业工人和技能人才,他们用勤劳双手和匠心精神,创造了一个又一个先进制造的奇迹。上海制造在全国人民心中曾是优质免检信得过产品的代名词,上海宏大的技能人才队伍为国家的工业建设和技术进步作出了突出的历史性贡献。该时期新一代上海产业工人充分展现了"爱岗敬业、善于学习,精益求精、崇尚创新"的工匠精神。

党的十八大以来,随着新技术、新产业、新业态、新模式"四新"经济的发展,"互联网+"时代的到来,"创新"在工匠精神中的分量越来越重,特别是"中国制造2025"战略的实施,在上海的建设和发展中不断涌现各行各业的"匠心智造"

的工匠们:"汽车心脏"的守护神徐小平;30余年从未出现次品的国产大飞机首席钳工胡双钱;掌握100多种焊材焊接技术的"焊神"张翼飞;"太空之吻"缔造者、中国航天特级技师王曙群;接待过60余批外国元首和国宾要人的"中华精师"陆亚明;上海职务发明第一人、获授权专利430余项的工人发明家孔利明;宝钢蓝领科学家、创新导师王军;大型陶艺装置设计艺术大师蒋国兴等,各行各业的领军人才,在各自的行业中发挥了极大的示范效应和引领作用。他们集中展现出"严谨专注、精益求精、爱岗敬业、乐于传承、创造极致、创新超越"的新时代工匠精神,已成为上海"海纳百川、追求卓越、开明睿智、大气谦和"城市精神的重要组成部分,生动体现了开放、包容、创新的文化品格。

虽经历史变迁,工匠精神的核心要义变中有常。新时代的工匠精神,就是大力倡导和弘扬精益求精的专注精神、久久为功的敬业精神、追求卓越的创新精神、精诚合作的团队精神。

上海市总工会在《上海工匠队伍建设发展情况报告(2019)》中对上海工匠精神的上述回顾和总结与我们团队理论研究的基本观点是一致的。传承和弘扬工匠精神,应彰显上海文化的魅力和活力,让全体劳动者立足本职岗位,发挥聪明才智,建设美好上海。让劳动光荣、创造伟大成为新时代主旋律。

2015年12月,上海市总工会印发《关于在本市开展上海工匠培育选树千人计划的实施意见》,2016年,首批上海工匠选树活动正式启动,至今已完成4批上海工匠的选树、公示工作(具体名单见附录)。

我们从中选择了一批代表,又补充了一些选树工作没有涉及的文体艺术领域和代表性人物,分为5个行业大类,以期集中具体反映近年来上海工匠的精神风貌。

一、科技创新

1. 袁辉   上海智臻网络科技有限公司

他是小i机器人的缔造者和创始人之一。作为人工智能领域的顶级专家,他几十年的守望,让小i机器人已经成长为全球领先的智能机器人技术提供和平台运营商，为几百家大中型企业和政府，以及几十万小企业及开发者提供平台级服务，覆盖 100 多个国家，全球用户已超过 8 亿，并且建立了全球最大的智能机器人云服务平台。在 Gartner 的报告中，小 i 机器人与苹果 Siri、微软 Contana、亚马逊 Echo 一起，被作为人工智能应用典范向全球推荐。

十几年守望，为的是让智能走进生活

28 岁那年，袁辉放弃了软件公司的高薪岗位，展开艰难的创业之路。那时，DOS 操作系统很时髦，互联网还没有真正兴起，人工智能对公众来说只在科幻电影中出现。创业初期成立软件公司，他和 8 名员工挤在 20 多平方米的办公场所，业务进展并不顺利，碰到过差点发不出工资的窘境。

2001 年，国外兴起一股智能设备的浪潮。微软公司推出一款掌上智能设备，袁辉公司就在研究这些移动设备和软件，那时，国内也在讨论移动时代。"我们以为 3G 很快就会到来"，回首这段往事，袁辉不无感慨，"结果谁想到过了六七年，3G 才缓缓而至"。不仅手机上网遥遥无期，国内移动设备的出货量更是奇低无比，使得系统在国内难以推广。袁辉曾在各大高校 BBS 上发布招聘启事，前来应聘的应届生看到企业破旧、狭小的出租屋工作室后，愤然离去，甚至在 BBS 上发帖告诫校友：千万不要来这个"皮包公司"应聘。

进入 21 世纪，QQ、MSN 等社交应用红火，互联网的发展给袁辉带来了希望。2003 年的一个夏日，袁辉加班到深夜，身心疲惫的他准备找朋友聊天放松，便登录 MSN。很可惜，他的好友们状态不是"脱机"，就是"忙碌"。一个念头从袁辉脑海闪过："要是有个机器人'陪聊'就好了。"他迅速行动，带领团队用一天时间设计出一个可以自动问答的聊天程序，最早的 300 条问答全是袁辉冥思苦想出来的。

2004 年，小 i 机器人诞生。作为人机对话的新事物，腾讯 QQ、一些创投基金等纷纷找上门来谈合作。2004—2006 年是小 i 辉煌的两年。和 QQ 合作后，用户以百万乃至千万递增。袁辉说，那时候自己彻底"膨胀了"，"马化腾、丁磊这样的互联网大牛都来找我谈合作，谈投资。天天有公司请我做讲座，谈人机交互的未来。国内那时还没有一个可和小 i 媲美的智能机器人，所有的聚光灯都对准你，谁还会考虑商业模式？大家都觉得有流量，肯定能赚钱。"让袁辉没想到的是,互联网的世界转变太快,一两年时间,不少人从 MSN 转移了,卸下新鲜感,小 i 机器人渐渐"失宠"。袁辉说,曾经以为自己培养了一个天才,却发现"人机对话"的智能机器人道路仍然很"窄"。"陪聊机器人走不远,只有对生活有价值,人工智能才能在限定的商业领域发挥更大的作用。"毕竟这种人机对话并不是刚需,用户只把小 i 当作有意思的机器人,可有可无,远远谈不上为了使用它而付费。

转机出现在 2006 年,袁辉团队尝试另一条道路,开发为企业服务的智能机器人。他们为市科委研发"海德先生",这是中国第一个政府领域的智能客服机器人。"海德先生"上线后反响良好,智能的虚拟客户助理为科委节省了人力资源。"海德先生"也给了袁辉启发,他认为,人工智能应当"在商业领域发挥更大的作用"。因为对于企业商务活动来说,对不少企业来说,消费者用手机、iPad 咨询订购产品,仅靠人工服务显得捉襟见肘,小 i 这一智能客服变成了企业的刚需。一时间,各大客户纷至沓来。如今,小 i 机器人在中国智能语音领域占据垄断地位,成为世界上最大的机器人应用商之一。

今天的人工智能,成了互联网行业的新宠。自动驾驶技术不再新鲜,语音识别被应用于手机,人脸识别被应用于数码相机、门禁系统中。袁辉及其团队更坚定了投入研发智能机器人领域的决心。他坚信,未来若干年,随着人工智能、互联网等产业的发展,持续的创新能力才能让小 i 变得更加强大。

一切服务的核心皆智能

袁辉创办的小 i 机器人拥有最先进的中文智能机器人技术以及多项发明专利,被微软官方向全球开发者推荐为机器人开发工具。其创新产品和服务体系涉及通信、金融、航空、汽车、电子政务、电子商务、智能终端、智能家居等行业,在智能人机交互(文本、语音等)的全渠道(IM、SMS、WEB、WAP、微信、App、微博等)整合应用上已成为中国智能机器人第一品牌。

袁辉在谈到小 i 机器人的关键技术时指出,"语义技术组成人工智能系统(智能机器人)的核心部分",主要包括自然语言处理技术、本体理论和语义网络等多种技术。但光有这些技术也是不足的,还需要配合知识管理、智能推理、短期和长期记忆以及数据挖掘等多种技术,以及大量的知识填充和海量语料进行训练,才能让整个系统智能地运转起来。智能机器人就是将接收到的自然语言配合后端强大的数据库,通过一系列的语言分析、场景关联、语音匹配、逻辑推理等过程,才让一部机器像人一样做出反应。

小 i 机器人拥有全球最先进的中文智能对话引擎。在通信、金融、政务、商务等多个行业和领域沉淀了全球最大的行业知识库、百科知识库。"智能机器人所提供的一切服务的核心皆智能",袁辉指出,小 i 机器人的核心就是智能,根据不同企业的不同需求,为其提供不同的解决方案,"每当有一个新的渠道出现时,我们根本不用去考虑什么模式,而是考虑怎样将我们的核心能力与其结合",为其提供智能化的服务。

数字化互联网技术的出现,总是以一种席卷一切的趋势突然降临,任何一个产业或行业在面对它时都不能掉以轻心。智能机器人,作为人机交互的技术提供者,用到了大量国际前沿技术,如人工智能技术、语音识别技术、知识管理和人机交互技术等,其最终目的就是利用智能知识库系统的特点,配合企业自有业务支撑系统,全方位支撑智能服务控制平台和传统人工处理层的交互,打造全渠道、全业务、全客户、全地域的用户服务,推动传统服务系统智能化。

未来人工智能像空气和水一样没有边界

"虽然人工智能已经有 70 多年的历史,但是还只是在产业的初级阶段"。随着云计算、大数据、智能芯片的发展,人工智能重新崛起。这些技术为人工智能的发展提供了非常好的基础。

随着信息技术革命的到来,我们的生活基本上被人工智能所包围,已经无所不在,在多个领域中,有价值的人工智能已经在改变我们的生活。袁辉表示,"未来机器人将不再是一个行业,而是一个产业"。

曾有报道预测,到 2020 年,基本上机器人将会无处不在。这里的机器人既是指那种看得见摸得着的实体机器人,又是指那种虚拟机器人,即通过数字网络信息技术,在新闻、股票、证券市场、客服市场、销售等领域迅速改变了我们的生活。另有权威机构 Gartner 的预测,到 2020 年,人和移动设备之间的对话,会有接近 40% 是产生在人与机器设备之间。

感知、思考、运动三部分构成了人工智能,其中最核心的是拥有思考力的"大脑",也就是认知智能,它决定着人工智能的水平高度。当机器的认知能力获得重大突破,AI的应用度和渗透力会更强。所以,以自然语言理解为基础的认知智能是人工智能未来竞争的核心。在谈及人工智能的未来前景时,袁辉指出,"AI+"会远超"互联网+"。"AI+"不仅"+"互联网,而且还"+"物联网。AI像空气和水一样没有边界,历史上还没有一个技术的形态会超越AI。从个人计算机到互联网,到移动互联网,再到物联网,未来所有的一切都会变成AI的技术,AI无所不包。所以,整个人工智能市场是一片巨大的蓝海,而且才刚刚开始,充满想象力和空间。

2. 吉朋松　　安翰光电技术有限公司

吉朋松,曾经的清华大学最年轻的物理学副教授,1986年下海,从未停止创业。他做过清华同方技术公司的早期创始人,做过上市公司的董事长和总经理,还研究过糖尿病的食疗。现在,他已经成为安翰光电技术有限公司的创始人和董事长。这家2009年成立的公司,专注于高端医疗器械的研发、生产和销售,于2013年当选克莱斯勒杯黑马大赛总冠军,2015年被评为安永中国最具潜力企业之一。他的安翰研发的胶囊机器人"至少领先世界5年"。纵观吉朋松的人生成长史,可谓是一部矢志创业和不断创业的历史。

一个老创业者的心路历程

作为一个老创业者,吉朋松经历过多次行业变换。他有一个本事对创业者来说肯定很要紧,30多年他换了不少行业,而且做一个成一个。早在20世纪80年代,中国石油开采亟须解决大深度井下探测油水界面的技术难题,于是他搞起石油装备;90年代,随着国际贸易上升,国家最担心走私问题,于是他利用X光搞起大型集装箱物件检查;2000年后,国家要加强雷达性能,提升我国电子战能力,他开始转行做高温超导滤波器;2010年后随着民技军用、军技民用一体化成为潮流,他又向医疗产业方面转移。

这四个项目,他的团队都做出了惊艳的成就,不但技术做到世界一流,还开拓了产业化市场。说到每次成功的原因,他经常打一个比方:"厨师有三宝,锅、灶台、菜刀,这决定了厨师的手艺,但要上什么菜,还要看客人点什么。"

吉朋松谈及创业的感受时不无感慨地指出:"创业不是口号,也不是概念,更不是逼上梁山,而是知识、能力。"知识要靠学习,能力则靠锻炼,但创业中还有一些东西是最重要却最难传递的,那就是运营企业的经验。对于一个团队来说,则应该相对踏实、有担当、有足够的能力;对于团队的领导或灵魂人物来说,他要做一面镜子,善于发现自己和别人的优缺点;做一根绳子,善于将团队成员捆绑起来,拧成一股绳;要做一架梯子,搭建团队成员的上升渠道。尤其是在创业团队的价值发生变化、经营方向重新选择时,团队的核心领导或灵魂人物一定要有担当、有决断。"在一个范围内,由他们自己说了算,但在面临重大选择的时候,需要自己做主。"

对于这次转战医疗器械领域的创业转型,吉朋松说,"医疗产业目前处于恶性刚需状态"。每年中国新增 100 万消化道病人,耗费 2 000 多亿元医保资金。他指出:"早期胃癌治疗只需要 3 天、1 万元即可痊愈,晚期胃癌治疗周期则是 4 个月、30 万元还搞不定。你算算,如果早预防早治疗,可以省多少?"

消化道疾病预防还有一个问题,许多人惧怕胃镜检查过程中的疼痛,"我们做过一个统计,1/3 的消化科大夫,自己都没有做过消化道检查。这说明社会需要新技术"。他们发明的机器人,不过一个胶囊大小,被检查者用水吞服,只需 15 分钟就可无痛检查。

当然,要做这些事,都需要技术支撑。现在不再是一个人可以发明灯泡的年代了,创新是多种技术元素的多次组合。创业者应当在社会中找到他需要的技术门类,继而考虑如何让技术通过有机组合产生新活力。单单对于一个胃镜胶囊机器人来说,就涉及材料、微电子、控制、成像等诸多技术,这些技术的积累,都和吉朋松过去在石油、集装箱监测、高温超导等方面有密不可分的关系,通过不断的技术二次集成,他完成了一次又一次创新,具备了"好厨艺"。而每次吉朋松都瞄准国家和社会最紧迫的需要,与时代合拍,准确记下了客人点的菜。

5 g"胶囊机器人"如何引领全球胃镜?

吉朋松从不否认自己对创业的执念。靠着这股狠劲儿,他带领安翰医疗团队经过 8 年自主研发,凭借小巧、可控、安全、精准、可变焦等多个技术专利,使胶囊胃镜通过了临床验证,如今在中国乃至世界消化道领域掀起了一场"MADE

IN CHINA"的狂潮。

2016年9月,国际权威学术杂志 Clinical Gastroenterology and Hepatology(简称CGH)正式报道了安翰NaviCam磁控胶囊胃镜临床研究成果,并被日本行业权威杂志《日本消化器内视镜学会杂志》转载。日本国立医院机构函馆医院加藤元嗣教授给予了高度评价,"从侵袭性来看,磁控胶囊内镜作为胃病筛查方法具有更重大的意义"。能够获得消化内镜开山鼻祖国家的点头认可,吉朋松除了对市场前景乐观外,更多了一份身为中国人的自豪。

其实,这枚胶囊机器人的标准名称应该是"安翰磁控胶囊内窥镜",是一款联合巡航控制系统,全面检查食管、胃部、小肠整个消化系统的机器人系统。吞一颗胶囊,平躺20分钟,医护人员便可控制其在胃部"自由行走"。

世界上第一颗胶囊内镜可以追溯到20世纪80年代,灵感来自以色列国防部智能导弹上的遥控摄像装置。2001年,以色列的Given Imaging公司生产了名为M2A的胶囊式内窥镜,并率先进入临床使用,在全世界引起了巨大反响。而我国也在2001年展开"胶囊内镜"的研发,并在2004年6月实现了第一代产品定型。

相较于之前胶囊小肠镜只是利用自身的重力与肠道蠕动的检查方式,安翰胶囊胃镜的运动直径以毫米为单位,运动角度以三度为单位计算,通过磁场控制,实现在胃部"空箱"内无死角的检查运动。这种精准控制,从根本上解决了传统的胶囊小肠镜随机又不能停留的技术弱点,从而实现对胃部的精准检查。吉朋松自信地表示,"我们目前还没有竞争对手,因为能查小肠的查不了胃"。在弱磁场大引导下,安翰胶囊胃镜能够精确完成三维空间的毫米级控制,这是业内公认最具难度,也是国际上大医疗器械公司解剖和仿制的核心技术。

安全、健康、科学的严谨是从事医疗保健行业最基础和最重要的前提,也是安翰团队达成的共识。为此,他们在产品推向市场后仍然拿出大量的产品用于全国十几家权威消化道三甲医院进行临床实验,积累临床数据,其中就包括第二军医大学长海医院消化内科副主任廖专教授根据临床实验发布在CGH杂志的研究成果。"这可能确实与我们是一群科研人员出身背景有关,这是一种有着高度职业操守的工匠精神,也是对技术高度负责的科学精神。"

在展望胶囊内镜的未来时,吉朋松和他的安翰的基本定位是产品的细分化、系列化而不是多功能化。因为那种"有手有脚"的智能胶囊，或者既能检查又能治疗的机器人，虽然概念酷炫但价格势必就贵，对于那些仅仅需要检查的人是一种资源浪费。所以，在后续研发的十几款新产品中，安翰将不断更新和打破人类的想象力，比如解决便秘的振动胶囊机器人、用于治疗的定点释药胶囊机器人、用于手术的微创胶囊机器人，等等。

人工智能助力，医疗将更精准更系统

"通过人工智能技术，医疗检查和治疗将更加精准、更加系统"，吉朋松表示。目前，在医疗应用领域，人工智能已经落地医疗影像，并且参与医药研发、医疗器械、健康管理多个领域。相对于人而言，人工智能更精准、更系统，这都是人工智能在医疗器械领域尚待应用发展的方向。

但在人工智能的医疗应用中，往往出现"数据孤岛"现象与数据标准不统一，这成为AI医疗发展的掣肘因素，也是人工智能应用到医疗过程中的一个不可避免现象。对此，吉朋松认为，要解决这样的现象，需要多条途径。一方面，需要将大数据分类，可按照区域、科室来分类，然后各自完善；另一方面，也需要制定法规鼓励大数据协作。他指出，既然大数据的价值为大家所知，就涉及商业利益。未来可能出现"数据银行"，出现大数据的定价机制、交换平台。当然也要配套相应的协作机制。比如，为了公众健康的科学研究，实施大数据互通共享。人工智能应用到医疗中，最终是要为公众健康发挥作用，商业在其中要发挥推力作用，更好地优化、系统化这个过程。

当然，大数据一定要有标准。没有标准、没有结构化的数据支持，大数据的作用是微弱的。吉朋松指出，以胃镜检查为例，需要建一套完备的消化道检查体系，既要有非常严格的认证过程，也要有权威专家的背书，还需要有应用指南和质量控制。让每个乡村、每个县级医院、每个体检中心比较方便用这项技术。人工智能将大数据应用于健康管理是业界的一个主要方向，这其中就需要技术要素，具体包括数据源、数据计算模型、数据服务对象等几个方面。人工智能大数据的使用，使得人体综合健康指标被更加合理地、系统地考量。综合考量得到的结果也更精确。

吉朋松认为，医学发展，无论是中医还是西医的发展，临床研究都是其灵魂。

在国际上,对于临床数据的要求非常严格,需要经过相应指标的临床验证后才能使用。临床数据有没有、临床数据是否严谨,是决定一个药品或者器械能否使用的基本前提。从医学研究的严谨性和对百姓健康负责的态度来讲,应该说,临床数据是医疗研究中非常重要的分水岭。所以,无论是药品研发,还是药械研发,都要经过长期的临床研究。

3. 卢秋红　　　2018年上海工匠　　　上海合时智能科技有限公司

中国人工智能协会机器人学会委员、上海人工智能协会机器人学会委员、高级工程师、精密仪器及机械专业博士、控制科学与工程专业博士后、上海五一劳动奖章获得者……这些头衔的背后是卢秋红数十年如一日对人工智能机器人研发的坚持。她创办的上海合时智能科技有限公司是特种机器人行业中的骄子,已经取得50多项专利及软件著作权。上海世博会、G20杭州峰会、上合组织会议、中越边境扫雷等重大场合,都有她和团队研发的机器人在保驾护航。

梦想的驱动:做实用的机器人

卢秋红,毕业于上海交通大学,拥有仪器学和控制工程学两大热门专业的博士学位和博士后研究经历。10年前,一个拥有双专业高学位的理工科女教师应该是多少人仰慕的对象,教书育人,桃李满园,做一个受人爱戴的大学教师,本来就是一件让人感到自豪的事,而且这也是卢秋红人生前30年的梦想。然而当时的卢秋红却毅然选择了创业经商,而且选择的还是技术为王、客户特殊的特种机器人行业。

"最早的时候,我的人生规划就是做一名科学家,读完博士和博士后,当大学老师,做科研",卢秋红说道,"在选择离开学校以前,我都是按照这个规划走的"。基本实现了人生目标的卢秋红却在后来转变了想法,大学校园虽然可以心无旁骛做研究,但几乎没有将想法转变为真实产品的可能。

出于对机器人的热爱,她希望能够创造出实用化的机器人,为更广阔的人群和社会提供便利和服务。卢秋红一直称自己是"梦想的驱动者",实现当大学老师这一梦想后,她离开教书育人的三尺讲台,开始创业,全力以赴她的第二个人生梦想——"做实用的机器人"。

做了一段时间教育机器人以后,卢秋红把主攻方向调整到了排爆机器人。2009年,凭着过硬的技术,她们团队研发的排爆机器人PK掉国内外众多竞争对手,被确定为2010年世博会外围安保的中坚力量。

2015年11月,卢秋红带着排爆机器人出现在中越边境云南段第三次大面积扫雷行动中。由于现存雷区是过去扫雷后遗留下的"硬骨头",雷区情况相比以往更加复杂,扫除难度更大,危险系数更高。而机器人扫雷可以部分替代人工,危险性相对较小,适用于植被较矮、较稀疏、地势平缓的区域。为了了解产品的性能,卢秋红甚至亲赴排雷现场。记者问卢秋红怕不怕。她说:"怕,但还是要去。"因为只有亲自看到效果,才能知道问题所在,才能锁定下一步研发的方向。

十年磨一剑。如今,合时智能科技已经成长为一家专业从事特种机器人、反恐排爆安检类机器人、警用装备产品的研发、生产和销售的高科技企业集团,自主开发了系列化的反恐排爆机器人、侦检机器人、武装机器人、巡检机器人等服务机器人产品。应用到全国24个省和直辖市的公安局、消防局、科研院所、部队,并已经出口到中东和非洲等区域,在国内特种装备行业具有很大影响力。

"从学者转变为创业者,开始全新领域的学习和探索,艰苦卓绝又其乐无穷。人生的道路千万条,每一个选择都有得有失,我选择了没有退路的创业之路,但走在实现梦想的路上。"卢秋红回顾自己的创业历程时很是感慨。历经10多年的创业,卢秋红不仅完成了自己在商场上的角色定位,而且成功地将合时打造成今天的行业骄子。

"机器人+":合时科技的经营理念

对于创新型公司来说,最关键的是技术成果转化和知识产权保护,这也是卢秋红和她的团队一直努力的方向。

对此,卢秋红说一开始就注重核心技术的积累、知识产权的保护以及高新技术的成果转化。现在,她的合时科技在已经拥有50多项知识产权的基础上,仍然以每年10多项的速度增加,每年开发2—3款新产品,快速地将研究成果转化为实用的产品,迅速投入市场使用,接受市场检验。这都跟合时有一支强大的团队分不开,合时的创立人、带头人卢秋红是从事仪器科学、机器人、自动控制、计算机领域的博士及博士后。主要研发人员学历均在本科以上,技术骨干为相关领域的技术专家、博士后、博士及硕士。

作为一个科技创新型公司,产品是最为主要的代表,产品研发、产品类型、产品应用、产品知识产权保护等都至关重要。据介绍,目前合时拥有20多款机器人产品,最主要的产品是排爆机器人和侦检机器人。排爆机器人系列有小型、中型、大型共8种型号的机器人产品,主要应用在公安特警和武警领域,代替人工拆除和转移爆炸物,极大地减少人员伤亡。侦检机器人包括车底侦查机器人、水面侦查机器人、化学侦检机器人等,主要应用在公安、消防、石化等领域,进行危险环境的勘测。

机器人行业涉及十几门学科,包括机械、电子、软件、通讯、传感等。卢秋红的研发团队有着不同的工科背景,跟国内同行1—2年的研发周期相比,合时的研发周期只需要3个月左右。作为未来特种服务机器人行业的领航者,合时努力实现特种机器人实际应用化和产业化。对此,卢秋红也提出了"机器人+"的概念,她表示,可以将机器人与多种行业应用结合,比如军用、安保、消防、核电、电力、矿井农业、医用等领域。

无论何时,合时都立志于自主研发,做民族的品牌,走向世界!"当前,公司的研发重点在人工智能和特种环境适应性方面,而且正在进行机器人自主控制和自主执行任务方向的研究,已经取得一些成果,比如已经实现了机器人的全自主导航",卢秋红透露,"在特种环境适应性上,我们在做电磁辐射、核辐射、高温、爆炸危险等特种环境下的机器人适应性研究"。

作为合时科技的创始人,卢秋红的视野并没有局限在国内,在谈到未来的发展时,她表示,目前国外先进的机器在美国和日本,他们的多足式仿生机器人机动性非常好,而国内的机器人大都还是轮式的行走模式,未来她希望带着团队研发出更先进、更智能的服务机器人。作为公司的董事长兼CEO,卢秋红仍然在不断挑战自己适应新的岗位需求,技术出身的她,为了减少产品研发和市场推广的工作时间,开始专注于企业战略规划和人才培养,用她的原话来说,就是"致力于建立自我健康运营和自我复制的组织体"。

"知行合一,敬严专精"的工匠精神

卢秋红既是科技型的创业者,也是专家型的管理者。创立公司至今,她一直

致力于智能机器人的研发及产业化,凭借多年承担多项国家级项目的研究,积累了公共安全、教育、家用等智能机器人产品研发方面的丰富经验,掌握了机器人国际前沿技术,也主持了数项机器人及关键技术项目研发攻关,先后取得多项技术突破和研发成果。

在谈到对"工匠精神"的理解时,卢秋红说:"工匠要具有开放的思路、创新的精神、卓越的能力和坚韧的毅力。认准一个方向,专注于专业领域,做到细分领域最优。不以利益和名声为导向,而是以精益技术为导向,踏实地做产品和服务。"浓缩成一句话,就是"知行合一,敬严专精"。这也是合时科技的企业口号、公司文化。

"知行合一,敬严专精",唯有如此,才能把梦想变为现实。每个人在面临人生抉择的时候,总要做出各种判断和权衡,对于卢秋红来说当然也不例外,从一名优秀的大学老师到一名默默无闻的创业者,其间的落差她当然知道。对此,卢秋红说道,"我从小第一个梦想就是做一名科学家,拥有博士学位,成为一名大学老师,可以说已经基本实现了我最初的人生目标。然而,工科出身的我早在16年前选择了机器人研究方向,出于对机器人的热爱,我希望能够创造出实用化的机器人,为社会和更多的人提供便利和服务。"正因如此,离开教书育人的岗位去创办实业,或许更能实现她的"另一个人生梦想"。工匠精神就是不畏艰难困苦。创业之初,卢秋红面对的服务机器人行业还鲜为人知,没形成产业。"没钱、没人、没市场"是当时她面临的"三无"处境,为了项目启动,卢秋红思前想后一番,一狠心把房子抵押给了银行。数十年的奋斗转瞬即逝,如今,合时智能已经成为行业骄子。

在资本的驱动下,浮躁的人工智能企业不在少数,也有很多和机器人不太相关的公司找上门来,希望开展商业合作,都被卢秋红婉拒。"哪怕能赚钱,但是跟我们的业务不相关,我就不做。如果这也做那也做,精力一分散就很难做到专业了。"卢秋红指出,日本的机器人主要以家庭机器人为主,在养老、监护等方面有着很高的技术水平,卢秋红的这趟考察之行也让她获益良多。她期待国内机器人行业能早日赶上国外的水平。

未来作为特种服务机器人行业的领航者,合时科技仍然专注于特种机器人领域,以确定公司的经营战略,即以"移动机器人"为基础平台,搭载不同的上装机构,构建适合不同应用领域的特种机器人,以便覆盖更多的应用领域。"自主研发,做民族品牌,走向世界"。而与公司发展并轨的,是卢秋红同样精益求精、探索不停地"工匠"之路。

4. 朱海鸿　　2016年上海工匠　　上海优爱宝机器人技术有限公司

朱海鸿,上海优爱宝机器人技术有限公司总经理、技术总监、总工程师。在国内外相关机构从事机器人领域的研发工作长达20余年。求学期间,着重研究现代机器人控制理论和控制技术方法。创业期间,主要是研发机器人的机构设计、嵌入式控制系统和相应的固件和软件。作为机器人领域的翘楚,朱海鸿掌握目前最先进的机器人设计理念和各类先进技术,精通机械创新设计、现代机器人控制技术和控制理论、计算机理论和编程技术等。

与机器人结下的不解之缘

朱海鸿是一位留美博士,在他的个人履历中,求学、就业、创业……几乎所有的经历都与"机器人"3个字紧密相关。朱海鸿从小喜欢发明创造。少年时期,他是青少年科技站的常客。高中时,他的科技小发明——"螺蛳切尾机"被评为上海市优秀发明专利。

1991年,朱海鸿进入上海交通大学机械工程汽车专业学习,正式接触自动化与机器人专业。研究生期间,他发明的"柔体机器人"荣获第五届"挑战杯"全国大学生科技作品竞赛一等奖、上海市特等奖。1998年,朱海鸿进入新加坡南洋理工大学机器人研究中心,他研发的"蛇形臂"被新加坡国防单位地面战车部采用,并申请为国际专利。2001年,朱海鸿进入美国佐治亚理工大学深造,并先后获得了博士学位与博士后职位,在校期间,他参与了美国"液压驱动灾难救援机器人"项目研发。

由于工业领域注重稳定性和可靠性,一项新的产品或技术经过研发生产后,一般要花上两三年的时间才能被逐渐认可接受。"如果单纯为了赚钱,不会坚持那么久"。朱海鸿说,团队中除了他,还有多位博士,这群志同道合者几乎都是投入了半生的经历从事机器人的研究开发。在朱海鸿看来,目前国内的机器人领域不乏"引进、消化、吸收"的发展模式,但他更希望自己能为这个行业带来根本性的变革。值得一提的是,优爱宝公司自主研发产品比例达到95%。

创业初期,有一次公司接到了一笔订单,对方需要生产一个二十轴的机器人,并且要在3个月内全部完成交付使用。可是当时市面上最常见的轴数也就是四轴的,再加上公司正值初创阶段,人员、设备和产品资源都不如大公司充足。为了保证对客户的承诺,全体人员在朱海鸿的带领下夜以继日地工作。怀着这份拼劲,优爱宝如期完成了订单。即便是现在,这样的情况依然存在。"遇到有重大项目的时候,'连轴转'都是家常便饭。对于优爱宝的全体员工而言,都是如此。"朱海鸿说。

从事机器人研发工作20余年,朱海鸿始终对这项事业充满热情,能耐寂寞,艰苦探索,大胆创新。以浮球矩阵产品为例。浮球灯组的吊线需要具备50亿次的弯折寿命,而当时市场上做得最好的电缆寿命仅能达到约5 000万次。但如果降低使用次数要求,产品后期的更替、维护成本就会增加。在研发过程中,朱海鸿用了9个月的时间跟这根线"较上了劲"。为了跨越这道100倍的坎,朱海鸿带领团队边学边做,查找国外的资料,进行了上百次的实验,合作的电缆加工厂碍于项目难度更换了好几家,但朱海鸿不愿放弃,一面攻坚技术难关,一面四处奔波联络。最终取得了成功。

"在科技创新领域,越往上走,越容易感到无路可走"。朱海鸿表示,有时候一个问题尝试了成百上千次,依然没有头绪和进展,"没路可走的时候,就感觉到非常苦闷。但是一旦突破了难关,就感觉特别高兴,很有成就感"。

机器人领域的一代匠人

对于"工匠精神",朱海鸿认为,"工匠精神"就是专注、踏实地做好一件物品。它的第一要素是乐趣和热情,第二要素是坚持不懈,第三要素是坚强和忍耐。所以,我们一般把那些通过不断的努力超越一般境界的人叫作"匠人"。但我们周围缺少真正的"匠人",因为要成为真正的"匠人",需要经历种种痛苦和挫折。只有勇敢地直面困难,坚强地走出困境时,才能达到匠人的境界。在美国求学工作期间,朱海鸿接触到不少当地的科技研究人员,后者的工作态度令朱海鸿印象深刻,"'工匠精神'不是遥不可及的追求,更是一种习惯和态度"。在朱海鸿看来,所谓工匠精神,是一种可以让枯木逢春、老树发芽的力量,是兢兢业业地从事最底层、最基础的工作,用数十年的基础和经验,把事做到无限高深的境界。

20余年的矢志研发和精心创业让朱海鸿成长为机器人领域的行业翘楚和一代匠人。他掌握目前最先进的机器人设计理念和各类先进技术,参与完成10多个大型项目,个人拥有国际国内发明专利9项,相关学术报告及文章11篇。其中,新加坡工作期间先后完成"液压驱动灾难救援机器人""单电机驱动的超冗余自由度机器蛇形臂"等项目研发和产业化。

正是秉承着这种工匠精神或匠人境界,朱海鸿2005年在美国创办Sentrinsic有限责任公司,组织参与了多个电气类项目。2009年注册成立上海优爱宝机器人技术有限公司,后更名为上海优爱宝智能机器人科技股份有限公司,担任总经理兼技术总监。从最初研发的驱动器开始做起,朱海鸿和他的团队研发出SCARA和Delta工业机器人,浮球矩阵等多个产品,引起业界的广泛关注,完成"模块化组合式机器人及其移动平台""微型步进电机伺服控制器"等项目商品化。目前,正从事"个人工业机器人核心控制模组"研发,该项目将极大降低工业机器臂成本和操作难度,成为首台可由普通人装配维修,使用个人移动终端操控的工业机器臂。

据他介绍,上海优爱宝智能机器人公司是一家研制、销售模块化工业自动控制系统和机器人的高科技企业。公司自主研发的运动控制平台,以模块化的形式,更加便捷、高效、稳定地将所有模块组合在一起。优爱宝的核心专利技术在国际属于首创。国际大部分的机器人都是使用中央式控制,操作起来需要大型的电控箱、控制面板等,操作繁复,还不方便。而优爱宝的模块化工控独辟蹊径,攻克分布式控制的"同步性"难点,让那些从事枯燥工作的工人可以解脱出来,做机器人的操控者甚至是编程者。"简单来讲,传统的中央式控制好比封建时期的作坊,由老板管着一切,因此规模发展不大,局限性也很多;而分布式控制,就好比现代企业制度,每一个模块都是智能的,上层负责协调,更加高效"。更重要的是,这些技术或将为中国机器人在与国际机器人的比拼中实现"弯道超车"创造契机。

人工智能对机器人的"灵魂指引"

有人认为人工智能时代已经来临,我们时常接触的Siri和Android设备上的语音助手就是语音识别的最佳例子,相似的还有图像识别、人脸识别等;深度学习系统 AlphaGo 战胜人类,这是一项令人刮目相看的成功,人们都为之而振奋,是人工智能的一个有效展示;基于人工智能已经开发有无人驾驶汽车和云端机器人,甚至用人工智能制作艺术品。人工智能已经走进产业界,走进为人类服务的阶段。

朱海鸿谈及机器人行业的未来发展时,指出工业机器人引发了社会的重大变革,极大地提高了生产力,但那仅仅是"重大的",并不是"彻底的"或者说"颠覆性的"。真正能够使人类的生产生活发生深刻变革的,只可能是具备"通用智能"的机器人。正是基于这一前瞻性的理念,朱海鸿将"优爱宝机器人"更名为"爱宝智能机器人"。

朱海鸿表示,机器人智能性的体现不应是在代替人从事单一工作时的表现,更应是像人类那样,智能地从事各类工作,并应对多种情况。这当然极具挑战,甚至可能无法实现,但有关机器人智能性的研究正朝着这个目标迈进,而强调机器人的深度学习和自主学习,无疑是一个很好的出发点。对于机器人行业的发展,朱海鸿认为,我们能做的就是着眼于现实需求,致力于制造业对高精度和稳定性的要求,开发出高性能的工业机器人产品,同时展望未来,从深度学习出发,希望未来通过人工智能实现制造智能化,最大程度减少人力,提升制造品质。

在谈到优爱宝智能机器人的设计理念时,朱海鸿突出两点,即机器人的模块化和积木化。具体说来,就是提供工业自动化及机器人的核心控制部件,注重核心控制部件/模组的标准化和易用性,机器人自动化系统全部由一个个独立自主的模块组成,各模块间采用统一的通信协议,不同模块可以灵活拼装,形成不同功能的自动化系统,给用户提供了自动化系统设计的人性化和便捷性。

连续两年参展上交会,优爱宝智能机器人发布的产品都让观众惊艳。尤其是 2016 年上交会展示的"梦幻浮球"深受观展者关注和喜爱。"其实支撑'梦幻浮球'运转的,也正是'工业乐高'系统"。朱海鸿表示,如果不需要具备专业知识,用一个手机客户端就能像拼装乐高玩具一样,拼搭"模块",定制出一个机器人,那么,机器人的实用门槛将会大为降低,应用市场也将会大为拓展。而这份"简单化"的背后,是人工智能在机器人的各个模块及其集成过程中的创造性应用。是突破传统的大胆创新。在谈到公司的愿景时,朱海鸿说,"就是通过自主知识产权的模块化组件与软件,实现机器人的模块化设计与生产,降低用户使用门槛,最终让机器人向家用电脑一样走进千家万户"。

5. 罗清蓝　　上海谋乐网络科技有限公司

罗清蓝,曾被称作传奇黑客,编写过十几种木马程序,作为早年清安网和中国信息安全研究联盟的创始人,曾荣获全国青少年科技创新大赛一等奖、全国青少年科技发明奖。他所创办的上海谋乐网络科技有限公司入列第14届 Info Security PG's Global Excellence Awards榜单,获得年度卓越产品与服务(Product or Service Excellence of the Year)脆弱性评估、修复和管理类铜奖(Vulnerability Assessment, Remediation and Management),其下的漏洞银行获"2018中国网络信息安全最佳服务平台奖"。罗清蓝也由于作为漏洞银行的创始人和CEO,登上"2018中国企服行业榜"的"先锋人物"榜单,他旗下的谋乐科技也位列"德勤2018中国高科技高成长50强"名单第38位。罗清蓝的志向,是要做"中国的IBM"。

一名"白帽"的成长历程

在外人眼里,罗清蓝是一位富有"神童"色彩的人物,其人生经历也颇具传奇色彩。他籍贯上海,从小生活在四川。20世纪90年代互联网刚刚兴起的时候,罗清蓝就对计算机和网络产生了兴趣。在网上,他结识了不少中国第一代黑客。"黑客"一词来源于英文"Hacker",它原本是一个褒义词,指精通计算机技术的专家,然而在汉语中,"黑"字令人望文生义,于是演变成了对专门利用网络技术搞破坏的人的特称,与贬义词"骇客"(Cracker)混为一谈。

"接触黑客技术,源自一次打局域网游戏的经历"。罗清蓝回忆道。那时,还是初中生的他在玩游戏时发现自己的电脑经常蓝屏,研究了老半天后他才知道,自家电脑中了病毒。找到"病因"后,他并没有像很多人那样装个防火墙了事,而是研究起了五花八门的网络攻击技术。

作为黑客圈的一员,罗清蓝还创立了清安网,与众多网络安全爱好者一起研究最新的攻防技术,如分布式拒绝服务技术(DDOS)。它相当于模拟许多用户同时访问一个网站,使网站的服务器超负荷瘫痪。经过研究,小罗发现了一种能绕开硬件防火墙、实现 DDOS 攻击的新方式,并把技术方案发布到了网站上。他还编写了十几种供研究使用的木马程序,结果被专业病毒公司捕获,转化成了一系列以"Qinglan"命名的木马病毒。

由于坚持不懈地学习网络攻击技术,让他在不知不觉中成长为一名计算机高手。2005 年,他运用当时领先的 APIHOOK 和驱动注入技术,开发出了"进程级病毒木马拦截授权技术"软件,在第 20 届全国青少年科技创新大赛上获得一等奖。从那时起,他开始从攻击型黑客向"白帽子"转型。

2006 年,罗清蓝被保送进东华大学计算机科学学院信息安全专业。大学期间,他就开发出了"AIS 多态性分布式引擎",并且组建一个团队,能识别出挂在网页上的木马病毒及其变种。很快,他和他的团队开发的这个引擎引起了政府部门的关注。2010 年,上海世博会开幕前夕,罗清蓝及其团队根据有关部门的部署,对世博局官网进行了病毒扫描,发现并清除"挂马"安全隐患。2013 年,罗清蓝和他的团队自主研发的创新产品 ITS——黑客入侵追踪设备荣获第二届创新创业大赛总决赛团队组全国十强;同年,罗清蓝带领团队在第二届全国 ISG 信息安全技能竞赛中获渗透测试组第一名、综合运维组第二名。

在此期间,罗清蓝意识到,既然政府部门有这样的需求,那么能否把 AIS 多态性分布式引擎打造成产品,进行创业呢?于是他和他的团队于 2011 年创办了上海利物盛网络科技有限公司,踏上了充满梦想的创业之路。

2012 年,创办上海谋乐网络科技有限公司,公司在信息安全领域首次提出 ISTF(Information Security Technical Framework,信息安全技术框架),创造性地阐述了信息安全以人、技术与操作三要素来共同实现组织职能与业务运作的核心思想,为保护客户信息与信息基础设施提供可靠安全保障,并首创了入侵追踪系统(ITS 概念)。谋乐科技在 2015 年和 2017 年分别获得软银中国(SBCVC)的 A 轮和 B 轮融资。漏洞银行(BUGBANK)就是其下的安全品牌,也是国内领先的互联网安全服务 SAAS 平台。

漏洞银行:"公正衡量每个漏洞的价值"

在罗清蓝的眼里,黑和白是最动人的两种颜色。喜欢黑,是因为他曾是一名黑客,编写过十几种木马程序;喜欢白,是因为他"金盆洗手",变身为一名防御黑客攻击的高手，也就是业界俗称的"白帽子"。

IT业界所谓的白帽子是指正面的黑客，是指那些专门研究或者从事网络、计算机技术防御的人，他们是维护网络和计算机安全的主要力量；所谓黑帽子就是反面的黑客，他们研究信息网络攻击技术以谋取利益，其背后通常都有黑色产业链；而灰帽子是指那些懂得技术防御原理，并且有实力突破这些防御的黑客，游走于白帽与黑帽之间。

在作为"白帽子"的成长历程中，罗清蓝经常思考一个问题，如何让灰帽甚至黑帽转为白帽？更好地维护网络信息和计算机安全？2013年年底，他被一家名为乌云（WooYun）的平台所吸引，这一模式为通过白帽提交、公开企业的漏洞。"乌云开漏洞提交之先河"。然而罗清蓝认为，乌云的模式有一个比较致命的弱点：公开企业漏洞。但很多"客户挺反感将漏洞公开"。为此，他创办了漏洞银行（BUGBANK）。这是一个漏洞提交平台，"但是不曝光企业的漏洞，而是对接白帽与企业，让企业尽快修补漏洞"。漏洞银行平台一端连接白帽，一端连接企业。

为了规避种种风险，2015年年初，漏洞银行网站上线。罗清蓝邀请了几十家之前积累的企业用户参与，平台同时入驻了一批圈内知名的白帽，默默地做起内测。首先，内测企业要授权允许平台上的白帽测试查找漏洞；其次，平台对白帽的身份和IP进行备案，建立保护机制；再次，平台自建了由白帽组成的专家团队，确定漏洞的有效性和技术难度；最后，平台把评判结果交给企业，由企业做出业务危害性评判。经过半年内测，罗清蓝觉得这个模式走得通，于是正式运营漏洞银行，其业务流程如下：企业入驻授权检测—白帽找出漏洞后提交—平台给出技术评级—企业给出危害评级，并根据两项评级为该漏洞定价—最后企业通过平台向白帽支付费用。

费用由企业通过平台支付给白帽，白帽不与企业直接沟通。平台从中做沟通，制定标准和规则。如果出现企业故意低价或者不出价的情况，白帽可向平台反馈申诉。如果白帽出现黑色交易、威胁企业等极端行为，平台会直接封号并冻结账号。多种机制促进漏洞提交形成市场定价。正如漏洞银行的口号所提示的——"公正衡量每个漏洞的价值"。

2017年6月，漏洞银行推出SaaS产品，将对接白帽与客户的服务全部自动化处理。在 SaaS 产品中,白帽只是为企业提供服务的一部分,此外,漏洞银行还对接其他信息安全企业入驻平台。"企业登录平台后,经过简单操作,便能有白帽为他监测漏洞,还有其他企业提供安全咨询、修补、防护产品等"。到目前为止,漏洞银行线上月流水超过 50 万元,注册的白帽有 1 万多名(20% 是 95 后),每月发现漏洞超过 2 000 个。企业客户约为 1 000 家。

开放式安全:"安全风险转化为安全收益"

作为网络信息安全领域的顶尖级专家,罗清蓝认为,随着 AI 技术、智能软硬件、大数据、云计算等高新科技的发展,个人、企业、政府等私人或公共机构的信息安全正面临越来越严峻的挑战。

罗清蓝表示,在互联网大数据时代,我们应当正视三大客观事实:一是安全风险无法避免;二是安全风险是安全收益的最佳来源;三是安全事件是安全风险的积极反馈,安全事故则是安全风险的消极反馈。为此,他提出,未来的网络信息安全应当是"将机构内外部的安全风险转化成收益"的开放式安全。

未来的信息安全建设的核心,就是铸造并增强系统的免疫能力。罗清蓝指出,迥异于传统安全的预先部署、硬件堆叠,开放安全从系统的反脆弱性出发,以构建 IT 系统安全免疫能力作为核心手段,对 IT 系统整体进行开放式安全建设。开放安全利用反脆弱的机制原理,使系统在不断经历安全事件时获取风险反馈,并将技术经验成果回馈于反脆弱与动态防护能力的建设上,利用安全事件进行自主系统免疫能力升级,从而实时提高面对未知安全事件的免疫能力,并在后续安全事件中持续将风险转化为收益。

面对瞬息万变、纷繁复杂的数字信息网络技术,罗清蓝强调,未来的信息安全必然是由线下硬件朝向线上软件,由部署式朝向轻量化,由传统式安全朝向开放式安全发展。所以,信息安全建设需要随时依从安全情况进行安全策略、安全产品的调整。罗清蓝表示,作为国内新兴的信息安全力量代表之一,漏洞银行始终将用户安全需求、行业安全需求放在企业发展的首要位置。"开放安全"理念的提出和实施,正是漏洞银行在"创造未知,惠及世界"的价值观引领下,面临新一代网络安全格局转变,基于用户、行业对新安全环境需求,致力于全新的网络安全体系建设所迈出的第一步。

6. 华静　　　2018年上海工匠　　　中国电信上海公司信息网络部

华静,毕业于同济大学计算机专业,在电信行业工作18年。由他带领的攻坚团队,通过聚焦超大城市电子政务云发展需求,围绕政府服务转型和智慧城市建设,潜心研究创新性完成了以"云网融合、云数联动、安全可信、智能运营"为特征的新一代全栈安全智能化电子政务云架构研究及规模化推广应用,基于项目成果建设的上海市电子政务云平台成为全国电子政务标杆,产生了良好的社会效益和经济效益。

智慧城市的弄潮儿

"我碰上了好时代,从IP网络大发展到大数据云计算云数联动,从以网为本到以云为本,信息化技术变革一日千里,我们不能输给这个时代,要持续学习应变"。18年的光阴把华静这个年轻小伙磨砺成能征敢战的技术专家。

华静说,当IP通信给行业带来革命时,他以为自己只会干这一件事,没想到几年后又碰上SDN这一新型网络架构,而随着上海电信宽带内部的调整,华静所在的部门一部分技术人员划到了NOC,华静则继续留在信息网络部,一度有过孤独感。

当云计算悄然降临,华静敏锐地抓住机遇。2010年,上海电信在世博会期间推出了上海第一台云主机,华静便是项目组成员。当时,基于云计算平台的IT基础设施租用服务,通过云计算关键技术动态调配各种资源提供给政企客户的方式还很新鲜。在第一台云主机落地世博会后,2014年,华静又参与了国内第一朵金融云的打造,让台湾一家银行如愿在上海开了第一家分行。

"经历过第一台云主机和第一朵金融云,随后参与市政务云,在成功拿下市政务云之后,各区政府的政务云就纷至沓来。"市政务云在2017年是上海市政府几年以来规模最大的信息化项目,公司专门从信网部、立项公司、NOC抽调人员组成专家团队。此后,华静又带领工作室完成了嘉定区、浦东新区、长宁区、宝山区、黄浦区等电子政务云平台以及浦东新区教育云、崇明区卫生云等项目,在助力上海市和各区政府、教育、医疗等电子政务发展的同时,也为政府部门节约了上亿元政府信息化建设运维成本。

"市政务云项目举公司之力，我们三次集结，三次闭门研讨，最长的一次集结近一个月，最终一举拿下，之后各区局的政务云项目纷纷而至。"技术专家的驾轻就熟，往往要经历上千次的摸爬滚打。对华静而言，工作的意义更重要的是使命的驱使，工匠精神是一种实践积累，通过扎根基层单位接应一线业务部门的需求，在实践中证明方案的可行性。华静带领团队拿下一个又一个项目，拿出实实在在的成果。这两年，华静几乎跑遍了所有区局，坚持在投标一线已成了华静的习惯。近几年，华静成绩斐然，市区两级政务云业务的发展，让公司在信息化竞争格局中确立了龙头优势，始终保持上海地区市场份额第一。全球首个双高可用性政务云、国内最大的省级政务云都有他的身影。

对一名从事信息化工作的建设者来说，"工匠精神"就是一种实践的积淀。通过扎根基层单位，聚焦市场调研、专业研究、技术跟踪形成高品质服务解决方案，有效接应一线业务部门需求，在区域信息化项目拓展工作中做出实实在在的成果。在实践中证明方案的可行性，释放出了技术专家的智慧和力量。

为政务信息化打造"最强大脑"

随着我国经济发展进入新时期，构建服务型政府已经成为电子政务服务新的发展宗旨，如何提供集信息化基础设施、支撑软件、应用系统、信息资源、运行保障和信息安全等为一体的综合云服务平台，提升现代政府治理能力，成为各级政府迫切的需求和急需解决的难题。

作为中国电信上海公司信息网络部一级专家，作为公司行业信息化解决方案专家工作室中政务组的带头人，华静和他的工作室几年来技术攻坚的重点和难点就是推动上海政务云建设，为上海政务打造"最强大脑"，以提升上海这座特大型现代化城市的政务信息化、智能化水平。

政务云是指运用云计算技术，统筹利用已有的机房、计算、存储、网络、安全、应用支撑、信息资源等，发挥云计算虚拟化、高可靠性、高通用性、高可扩展性及快速、按需、弹性服务等特征，为政府行业提供基础设施、支撑软件、应用系统、信息资源、运行保障和信息安全等综合服务平台。

《国家电子政务"十二五"规划》中明确要求"建设完善电子政务公共平台，全面提升电子政务技术服务能力"。工业和信息化部于2012年发布《基于云计算的电子政务公共平台顶层设计指南》开始正式推动政务云相关工作。国发〔2015〕5号文《国务院关于促进云计算创新发展培育信息产业新业态的意见》也指出充分利用公共云计算服务资源开展百项云计算和大数据应用示范工程。

上海政务云建设的基本目标,就是充分运用云计算、大数据等先进理念和技术,按照"集约高效、共享开放、安全可靠、按需服务"的原则,以"云网合一、云数联动"为构架,建成市、区两级电子政务云平台,实现市政府各部门基础设施共建共用、信息系统整体部署、数据资源汇聚共享、业务应用有效协同,开展政务大数据开发利用,为政府管理和公共服务提供有力支持,提高为民服务水平,提升政府现代治理能力。

为了对标上海政府云建设的目标理念,中国电信上海公司政企部政务云团队牵头召集公司相关资源,包括集团云公司、网发部、网运部、总师室、采购部、信网部、NOC等部门成立政务云招标支撑小组,全力支撑项目进展。2017年,中国电信上海公司从一众竞争对手中脱颖而出,中标上海市电子政务云服务项目。自此,上海的市区两级政务云主要是由中国电信上海公司承建运营服务。华静所在的工作室研发的成果在市区各级电子政务云的部署,确保了上海电信在当地信息化竞争格局中的龙头优势,保持了上海地区市场份额第一。华静和他的工作室所支撑区局的14个行业云项目,其中7个支撑项目更是入围2017年上海电信技术创新应用案例征集大赛的20个优秀案例。

用工匠精神把"数据网络+政务服务"做到极致

"互联网+"带来的不只是一次颠覆性的技术革命,更是一场思维方式、行为模式与治理理念的全方位变革。当政务服务遇上"互联网+",也不只是政务服务换场景、上个网那么简单,在技术、物理层面的接入背后,是政府治理与服务理念的革新。事实上,"互联网+政务服务"融合的深度,直接关系到政府职能转变、国家治理现代化的程度。

政府的服务意识强不强、办事效率高不高,直接关系着一个城市的宜居程度、营商环境以及整体竞争力。一个行政审批最简、政务服务最优的城市,往往也是优质资源、高端人才的集散地,以及大众创业、万众创新的集聚地。对于上海这座特大型现代都市来说,城市环境的市场化、法治化、国际化的发展与信政府、数字政府和智能政府的建设是一个同步过程。如今,上海市深入推进"互联网+政务服务",推进政务云建设,是上海提升城市能级的一个重大契机。

当前,大数据、云计算、人工智能等技术与各领域深度融合度越来越高,新技术的诞生必然带来新的业态和新的商机。从政府角度看,政务云是由政府内或政府的某个部门内起主导作用或者掌握关键资源的组织、建立和维护,或保密或公开的方式,向政府内部或相关组织和上海公众提供有偿或无偿服务的云平台。华静表示,他始终把自己和他的团队定位为政府部门信息化和数字化建设的咨询师,结合政策动向、业务变革,让IT技术更好地融入其中,服务并引领信息政府和数字政府建设,在有效的时间内将新技术的红利应用到政府的管理和服务之中。

政务云属于行业云的一种,是面向政府行业,由政府主导,企业建设运营的综合服务平台,一方面可以避免重复建设,节约建设资金,另一方面通过统一标准有效促进政府各部门之间的互联互通、业务协同。此外,还要避免产生"信息或数字孤岛",推进信息数字政府的一体化建设,以便推动政府大数据开发与利用,为大众创业、万众创新奠定物质技术基础。

面对互联网、大数据和人工智能,政府的信息化和数字化有两大使命:一是提高组织效率,二是提高决策水平。因此,政务云建设应当聚焦政务系统的信息化,聚焦政务模式与数字经济相适应,聚焦政务的精细化、知识化、智能化辅助政府部门具备前瞻的预测能力和对当下管理服务的洞见能力。华静正是秉承这一专研精湛的工匠精神,在推进上海市区两级政务云建设时,不断搜集用户新的理念、新的想法,并及时反馈到公司相关部门,作为需求调研的基础;同时,把中国电信上海公司基于云计算、大数据等新技术开发的方案,及时传递给客户,进行产品的优化和升级。

7. 周恩杰　　2017年上海工匠　　上海卫星设备研究所

周恩杰,中国航天科技集团有限公司八院所属上海卫星装备研究所卫星总装班组组长,1998年进入该所,学习从事卫星总体装配工作。20年里,经他总装完成的包括"风云四号"在内的10多颗国家重要卫星型号均发射成功,在轨运行质量可靠。曾获国家科学技术进步一等奖,是上海市五一劳动奖章获得者、上海市工人技术创新能手。坚守航天事业二十载,为我国国防事业作出了突出贡献。

筑梦太空,二十载的"造星"路

作为上海航天局上海卫星装备研究所卫星总装主岗,航天科技集团公司金牌班组卫星总装组班组长,上海航天局卫星精度测量技能大师工作室首席技师,周恩杰先后负责国家多颗重点型号卫星总装工作,为上海航天局卫星发射成功、卫星事业发展作出突出贡献。

1998年初入卫星装备所时,周恩杰心里并不清楚为什么要做这件事,只因成绩优异,毕业后被学校推荐,便接下了这份比较清苦的工作。本以为上岗就可以直接"造卫星",却被师傅安排"踩缝纫机",做卫星的星衣。周恩杰百思不解,"我是来造卫星的,你为什么让我踩缝纫机?"师傅只告诉他,要从小事做起,一点一滴慢慢积累。就这样,周恩杰在懵懵懂懂中实习了近一年的时间,直至1999年5月8日。

那天,以美国为首的北约悍然轰炸了我国驻南联盟大使馆,国人群情激奋、倍感屈辱。两天后的5月10日,由航天八院抓总研制的风云一号C星在山西太原卫星发射中心成功发射升空,这一消息极大地提振了国人的士气,也为迷惘中的周恩杰指明了方向。"那是我第一次感受到自己所从事的行业是何等重要。肩上的担子一下就重了,(我)感觉到一种使命感和责任感。"周恩杰自此暗下决心,一定要扎扎实实工作,为祖国的航天事业作出一点贡献。

1999年以后,师傅开始让周恩杰从事卫星装配工作,但他从不只是让做什么就做什么。周恩杰喜欢主动钻研,发现工作现场不合理、需要改进的地方,然后动脑筋,想办法。

在当时的卫星总装工作中,精度测量数据的采集靠人工报读和记录,容易出现错误,于是周恩杰就想"能不能自己设计软件,令测量的数据可以直接输入电脑中,确保数据的百分百准确,不会因人工失误而造成错误"。为此,周恩杰利用业余时间报考了上海交通大学计算机专业,学习软件编程开发等相关知识。每天白天完成高强度的型号任务,他勤于观察,将工作中的实践内容变为软件开发的"金点子";晚上就从闵行坐2个小时公交车到上海交通大学徐汇校区上课,回到家再拿出一本本厚厚的专业书自己钻研,试着编程;第二天6点再起来上班,这样一坚持就是整整5年。功夫不负有心人，经过反复试验，一套由他独立设计开发的精度测量软件终于完成，开型号卫星测量数据自动化采集之先河。

2015年参与并负责国内最大双载荷卫星平台装配，实现双载荷安装精度误差低于发丝直径的一半，达到国内领先水平。2016年参与并指导"卫星太阳翼水平展开技术攻关"，在国家某重点型号得到在轨验证，该技术属于国内首创、国际领先。2017年开始全程参与并负责我国首次自主火星探测任务中环绕器的总装工作，计划2020年发射。

追求一根头发丝的精度，打磨"飞天"重器

想让卫星在太空"看得清""测得准"，必须"站得稳"，可谓"地面装调失之毫厘，天上观测差之千里"。这就对总装工人的精度测量和调试水平提出了超高要求。而在精测领域"摸爬滚打"近20年的周恩杰，练就了一手"瞄得快、算得准"的精测本领。

2016年11月，周恩杰面临一个棘手的任务：两天内完成5台高精度星敏感器的精度装调。这些仪器对卫星在轨的稳定度影响非常大，安装角度偏差必须小于1/60°。仪器本身存在的误差是多少？调试顺序如何安排？使用怎样的操作手法？这些问题对操作人员的技术和心态都是极大的考验。没有人知道周恩杰的大脑在以怎样的速度运转。他提出通过高精度电子经纬仪和激光跟踪仪联合组建测量系统，三维联动综合装调，在4个小时内完成了2天的工作量。从目前卫星在轨运行情况来看，稳定度非常好，比设计要求整整提高了10倍。

例如，我国新一代静止轨道气象卫星"风云四号"，就被喻为"飞天"重器。3.6万千米高空对地探测精度误差要求控制在1千米之内，相当于在3.6万千米的高度，要看徐家汇的东方商厦，不能看到淮海路的东方商厦，总装工人哪怕是细如头发丝般的装调偏差，也会让这个太空"最牛摄像师""看不准"。看得准不准取决于卫星的"眼睛"——各种载荷装得准不准，恰恰是通过精测来调整和评价的，精测误差越小，"眼睛"看到的就越清晰，天气监测与预报才能测得准。研制到发射，"风云四号"经历了长达7年的时间。在3.6万千米的高度对地球拍摄，"风云四号"必须有足够的稳定性才能保证图像的清晰度，设计师提出精度要求后，周恩杰团队夜以继日攻坚克难，经过数不清的调试和试验，最终将设计指标提升整整3倍,"超额"完成任务。

凭着一手高超的精测技艺,周恩杰被称为上海卫星装备研究所精测"第一人"。一次,设计提出卫星载荷安装面的精度0.1,他最终做到了0.05,发射后在轨测试也表明载荷安装精度高,优于预期。对此,周恩杰不无自豪地说,精度调整方面,平时一般人一到两天完成的工作,自己可以两三个小时完成。

其实,对于精测技术,周恩杰可谓自学成才。当初单位刚刚引进精测设备,大家都只接受了基本培训,他发觉自己对精测很感兴趣,想要深入学习,但设备是英文版。他就查资料,翻译成中文版,先把设备弄清楚。精度测量和精度调整需要计算,他又开始学习相关数学知识,技能方面则不断摸索、训练。他不但自己学习,学会后还教别人。"我们必须任劳任怨。我们的卫星必须要成功,保证100%的成功率是我们必须要做的,我们失败不起。要对得起祖国赋予我们的神圣使命。"周恩杰说。

工匠精神,薪火相传

做工人,他把复杂的事情变简单,把简单的事情做完美;做师傅,他相信"一人进百步,不如百人进一步",技术要传给更多的人才会有价值。这是周恩杰的职业操守和职业信念。"只要肯下功夫,就没有干不成的事儿。"在他看来,工匠得手上有技术、脑中有知识、胸中有一颗"守正创新"的心。"工匠精神就是精益求精、精雕细琢的极致态度。"周恩杰说。

由于业务技术水平高超,周恩杰自2006年起就已经开始带徒弟,2010年对新进组成员进行专业培训,特别是在精度测量方面。对于这份"老师"的工作,周恩杰做得异常认真。他会精心制作授课PPT,对徒弟进行理论教育,同时把握每一次精度测量工作,带着徒弟实践训练。在此期间,共培养徒弟12名,其中1名晋升高级技师,3名晋升技师,培养的多名年轻人已成长为卫星型号的总装主岗。周恩杰告诉记者,"我可以很骄傲地说,他们都可以独当一面"。

2016年,周恩杰正式牵头成立了"八院卫星精度测量技能大师工作室"。工作室成员均是他多年来的老搭档,大家一起攻克过很多技术难关。工作中经常遇到尝试很多方法都解决不了的难题,大家会现场讨论,下班后就各自回家琢磨,周恩杰坐地铁也会思考,有时坐过站了竟也不知,半夜经常失眠,两三点钟就醒,一直牵挂着这件事。第二天上班大家会再讨论,提出自己的方案。"这是一支战斗在卫星总装一线的猎豹突击队。"周恩杰如此从形容。团队成员平均年龄32岁左右,朝气蓬勃,每个人不仅仅是掌握单一技术,技术水平出色,而是综合力非常强。在周恩杰看来,这支团队是战斗力非常强的队伍,可以胜任任何卫星装配的工作;有凝聚力,不怕任何困难,能够战胜一切艰难险阻。

作为上海航天局首批卫星总装操作专家,从业20年来,周恩杰已经主持编写了《卫星总体装配》职业技能鉴定操作题库(一/二/三级)、《卫星精度测量操作规范》等17篇卫星精测培训教材,开展了19次培训。"师傅平时话不多,但一说起技术,他就停不下来了。"他的徒弟说,"师傅还有自己的口诀:四十五度,一环绕一环;一半宽度,后压叠前环……"在上海卫星装备研究所总装中心举办的"工艺讲规范、技师讲操作"培训中,周恩杰作为授课老师之一,结合日常操作中的经验,将这套操作口诀传授给年轻的技能人员。

周恩杰说,师傅曾教会自己成为一个甘于寂寞、专心专注的人,如今他也会这样教导徒弟。中国航天事业成就显著离不开老一辈航天人留下的经验教训,他们身上不懈努力的精神值得我们传承。

如今,周恩杰正从事火星探测环绕器的总装工作,继续着浩瀚太空的探索之路。

8. 王永良　　2018年上海工匠　　中国科学院上海微系统与信息技术研究所

王永良,中国科学院上海微系统与信息技术研究所工程师。2002年6月和2005年3月于西安交通大学电气工程学院分获学士、硕士学位,2007年4月至今在中科院上海微系统与信息技术研究所从事超导量子传感器技术研究及应用系统开发,任工程师(2007年起)和高级工程师(2014年起)。曾获中国科学院"关键技术人才"称号。在国内外核心期刊发表论文20余篇,申请发明专利30余项,获授权发明专利10余项。

"关键技术人才"的成长历程

王永良这位"关键技术人才",求学期间就开始在专业领域崭露头角。早在

2004年,他就在专业期刊的一篇发文中介绍了一种同步测周期计数器的设计,并基于该计数器设计了一个高精度的数字频率计,继而给出了计数器的VHDL编码,对频率计的FPGA实现进行了仿真验证,并给出了测试结果。在另一篇论文中结合模拟脱扣电路,介绍一种脱扣电路的设计,而且这种智能化脱扣器增加了抗干扰的脉宽检测电路。2005年,他和他的合作者撰文介绍了可编程逻辑器件开发工具QuartusⅡ中SingalTapⅡ嵌入式逻辑分析器的使用,并给出一个具体的设计实例,详细介绍使用SignalTapⅡ对FPGA调试的具体方法和步骤。在求学期间,王永良给人的印象是低调、踏实、勤奋,并且对专业问题很敏感。

自2007年起,王永良便进入中国科学院上海微系统与信息技术研究所。一直从事超导量子传感器电路研制工作10余年。制作的电路先后应用于财政部仪器专项、中科院战略先导B类专项及中科院知识创新工程等国家重大科研项目。已申请发明专利60余项,授权发明专利40余项,授权国际发明专利2项,授权实用新型16项,发表学术论文20篇。部分技术已实现成果转化。

在此期间,他和他的团队攻克了超导量子干涉器SQUID大温差低噪声放大技术,与德国研究中心国际合作发明SQUID自举电路,发明了国际上最简化高速单片SQUID读出电路,获授权国际发明专利,解决传感器在恶劣电磁环境下运行的关键技术问题,应用于自主研制超导瞬变电磁接收机,使得国内探测深度首次突破1400米,成像深度首次突破1000米,成果写入了《2017上海科技进步报告》;提高了超导单光子探测器抗干扰能力的读出技术和电路,获授权发明专利,制作的读出电路配套单光子探测系统成功应用于量子通信、量子计算等国际前沿科学研究中。不仅如此,掌握了一体化多通道超导磁传感器电路系统自主研制关键技术,解决了无屏蔽环境下超导量子干涉磁传感器抗干扰、电磁兼容、系统标定等关键技术问题,配套完成了一系列国内领先的先进实用化低温超导弱磁极限探测系统,获得系列授权专利发明,在行业内具有一定的影响力。他的团队研制的自主技术配套完成4通道心磁图仪通过了医疗设备检测,并进入上海徐汇区中心医院和上海第六人民医院开展预临床研究,完成国内首台一次成像心磁图仪。自主制作的12通道电路支撑完成了国际第二套航空超导全张量探测系统,获得了国内首张超导全张量磁测图,并且入选2017中科院"率先行动"成果展。正是以这些高精尖的技术研发成果为基础,王永良还建立了超导量子器件读出研发平台,支撑超导电子学发展,积极开展技术培训和国际交流,为研究生开设《SQUID传感器技术》课程,培养技术支撑人才。

培养"关键技术人才"的摇篮

王永良所在的中国科学院上海微系统与信息技术研究所原名是中国科学院上海冶金研究所,前身是成立于1928年的国立中央研究院工程研究所,是中国最早的工学研究机构之一。中华人民共和国成立后隶属中国科学院,曾命名中国科学院工学实验馆、中国科学院冶金陶瓷研究所、中国科学院冶金研究所。

2001年,根据科研领域和科技发展目标的调整,更名为中国科学院上海微系统与信息技术研究所(简称上海微系统所)。上海微系统所的学科领域为电子科学与技术、信息与通信工程;学科方向为微小卫星、无线传感网络、未来移动通信、微系统技术、信息功能材料与器件,下设所有8个研究室,6个分支机构(共建机构),研究所有国家重点实验室2个(传感技术联合国家重点实验室/微系统技术重点实验室、信息功能材料国家重点实验室),中科院重点实验室2个(中科院无线传感网与通信重点实验室、中科院太赫兹固态技术重点实验室)。

王永良所从事的超导量子传感器电路研制工作从属于超导电子学领域,这一领域是超导物理与电子技术相结合的一门交叉学科,以超导微观理论和多种量子效应为基础,以NB基超导薄膜为主要材料体系,以约瑟夫森结、超导平面微纳结构为主要结构单元,可形成无源器件、微波有源器件、传感器/探测器等多种超导电子学器件和电路,在噪声、速度、功耗、带宽等方面具有传统半导体器件和电路无可比拟的优势,在极高限灵敏度探测、量子信息处理、量子计量、高性能计算和前沿基础研究等领域可发挥不可替代的作用。

鉴于西方发达国家对我们的超导电子学技术和产品长期实行严格的封锁和管控。自2005年以来,中科院上海微系统所便确立了自主发展实用化超导电子学器件与电路设计和电子制作的科研目标,启动超导电子学材料与器件研究,建成具有国际先进水平的超导器件工艺线。2012年,上海微系统所牵头组织实施了中科院B类先导专项"超导电子器件应用基础研究"。而王永良就属于该所的"少数关键技术人才"。王永良和他所在的研究所专项定位于超导电子器件应用基础研究,在综合考量国际超导电子学领域的最新进展和发展趋势,瞄准我国人口健康、信息安全、射电天文、矿产资源探测和国防建设等领域对超导量子器件和电路的急迫需求的基础上,以极高灵敏度低温超导传感器、探测器为突破口,构建材料—器件—应用为一体的研究生态环境,建立高端超导器件和电路研发平台,着眼于培养具有国际水平的研发队伍,实现我国在超导电子学研究和应用领域的国际领先地位和可持续发展能力。

在这样一个培养"关键技术人才"的摇篮里,王永良和他的合作团队在超导量子器件的研发、设计、制作领域攻克了一系列技术难题,取得了一系列研发成果。其中任何一项都足以引以为豪。但王永良面对所取得的成绩,始终不骄不躁,一如既往地坚持他的初心、信念和理想,始终以科研为自己的最高志业。

服从科研使命,坚持自主创新

作为高科技前沿领域的关键人才,王永良始终没有停下前进的脚步,仍然全身心投入在科研工作中。在他看来选择与坚持是他的信念。"服从科研使命,坚持自主创新",是他作为一名工匠的执着追求,也是不断创造新技术的精神动力。

在谈到"工匠精神"时,王永良有他自己的深刻体悟。对此,他谈及四点:一是工作观。以极致为信仰,在平凡工作中自我实现。他表示,所谓工匠精神,就是那种在技术或技艺上追求极致的精神,也许岗位普通,工作平凡,但只要在自己的职业中有着追求纯粹、追求完美的精神,以极致为信仰,那么,他也就把工匠精神注入自己的职业生涯之中。二是使命感。传承技艺文化,追求奉献,服务社会。工匠精神是一种专注于技艺或技术,视技术或技艺为生命和信仰,将他自身的活力和激情注入他所钟情的技术或技艺事业,并且将技术的传承视为自己的职责和使命。三是行动力。持续刻意练习,不断精进,精益求精。在自己的专业领域做到至严专精,尤其在那些前沿的高精尖的科技领域,技术或技艺精湛的基本要求和表现就是坚持不懈地钻研技术,不断地攻坚克难和创新超越,不断将技术的研究、开发和应用提高到新的层次和水平。四是方法论。保持终身学习,与时俱进,迭代创新。保持不断学习、终身学习,唯有如此,才能与时俱进,永远站在技术的最前沿,瞄准技术发展的难题与瓶颈,不断挑战自己,顺学而变,迭代创新。

王永良表示,尤其是在超导电子、量子传感等前沿的高科技领域,技术的突破和创新通常是迭代式的,而非颠覆式的。因此,在高精尖等专业技术领域,要实现技术的研究、开发和应用的突破和创新,首先需要充分的技术积累和成熟的技术酝酿,从这个意义上说,那种追求纯粹、追求完美,视极致为信仰的至研专精的"工匠精神"永远都不会过时。

9. 王曙群　　2016年上海工匠　　上海航天设备制造总厂有限公司

王曙群,作为上海航天设备制造总厂有限公司班组长,是国内目前唯一的载人航天器对接机构总装组组长,中国航天最年轻的特级技师。他从一名技校毕业的普通技工,秉承"拧紧每一颗螺丝、装好每一个产品",坚守一线岗位30年,一路成长为"大国工匠"。从2007年到2018年共计获得了全国、省部级荣誉和表彰20余项,享受国务院津贴。他被命名为上海市技术能手、全国技术能手、上海市十大工人发明家;获得国家科技进步二等奖、中华技能大奖、中国载人航天突出贡献者等荣誉。2016年成功入选第一批"上海工匠"名单,2018年入选"大国工匠"名单。

"航天工匠"的成长历程

2011年11月3日,王曙群带领团队在浩瀚的宇宙书写了中国的一个传奇:神舟八号飞船和天宫一号目标飞行器,在太空上演了一场完美的"太空之吻",顺利完成我国载人航天工程首次空间交会对接试验。这使我国成为继美俄之后,世界上第三个掌握空间交会对接技术的国家,为我国空间站建设打下坚实基础。

回想30多年前,王曙群庆幸自己当初的选择。1989年,从新中华厂技校毕业的王曙群,面临着很多选择。当时身处闵行的"四大金刚"(上海电机厂、上海汽轮机厂、上海锅炉厂、上海重型机器厂)名闻遐迩,进到这样的企业是不少人的愿望。但面对抉择,他却甘愿迈进上海新中华机器厂(上海航天设备制造总厂的前身),成为一名拿着低工资的普通工人。王曙群当时的想法很简单,自己出身军人家庭,从小就有一个军人梦。他说:"没能去部队当兵,去造火箭也算是沾点边吧。"

刚进航天系统时,他没有高学历,只好作为一名钳工,为他所服务的火箭型号做前期的配套生产工作,即在汽车间为运载火箭提供地面装备。尽管如此,王曙群没有一刻停止学习,经他手的工装产品每次都圆满保障了火箭的成功发射。

功夫不负有心人。转机发生在1996年,那年,王曙群以中级工考试全厂第二名的好成绩,破格参与高级工培训,机缘巧合地赶上了对接机构产品的研制。当时,关于对接机构,有几种声音,一种是买实物,第二种是买技术,第三种是自己研发。最后,"中国航天"选择了尝试建立一支研制队伍,而王曙群破格参加培训,便有机会加入对接机构的研制队伍中来。

"新的任务、新的技术,一下子激发了我的激情,我想学,想好好学,恨不得想把对接机构研制初期遇到的问题统统在培训班里能找到答案",至今王曙群回想起当初的情景仍然兴奋地说道,"学到的新知识点,我也想赶紧在生产过程中实践起来"。然而当对接机构进入初样产品研制阶段,问题越来越多,有的甚至无解。"有时出了问题归零都不知从何入手,感觉越来越难,甚至对自己的工作产生了怀疑,这个东西太难了,到底能不能做出来?"王曙群坦言,自己当初差点被打倒了。

例如,对接机构的接口虽然有很多数据,但这些数据只是外形的。王曙群形象地说:"就像我们看见别人一个很好的保温杯,但不知道怎么做才能做好。"就这样,王曙群和他的团队开始摸索。1996年团队开始研制,2011年对接机构伴随"天宫一号"首次上天。截至2018年,王曙群牵头研发了50多台套专用装备,完成15篇论文,获得5项中国国家发明专利,成为对接机构技术国家专利的主要发明成员之一,用实践证明了中国工人的智慧。

长年坚守缔造"太空之吻"

大航天、小零件。在航天这个大工程里,王曙群这个一线技师钻研的就是细节。对接机构上面有100多个测量动作、位置、温度的传感器,近300个传递力的齿轮,750多个轴承组合,1.1万多个紧固件,数以万计的导线、接插件、密封圈和吸收撞击能量的材料等。各种各样的接插件,密密麻麻的电缆线。

王曙群说:"刚接触的时候,我感觉这个东西应该说没有太大的难度,设计得出来我们总有办法做出来"。然而,现实却远非他想象得这么简单,航天对接技术只有极少数的国家掌握,并且严格封锁,没有任何技术、经验可以借鉴,王曙群和团队参照一台简单的原理机开始打造对接机构,这一干就是9年。

1998年，对接机构进入初样产品研制阶段，由于很多工作都是首次，王曙群所在的班组遇到了各种未曾想到的困难。上班解决不了的问题，就需要下班继续。由于工作的特殊性，他们还必须进行超体量时长的加班。对接机构中的每一套单机必须经过各项试验，合格后才能进行总装，其中有十大类31套单机还需经过热循环试验的考核，一次热循环就需37个小时的连续试验。为了保证试验的连续性和测试数据的准确性，王曙群总是带领他的团队每次都坚持连续工作37小时。就这样，31套单机他们连续做了31次37个小时的试验。

中国首位航天员杨利伟曾就王曙群总装的对接机构给出"能够让航天员放心地去执行任务"的高度评价。大家提起王曙群，自然而然地会给他贴上对接机构的"标签"，换言之，王曙群已然成为对接机构中国制造的"代言人"。

然而当好这个"代言人"却绝非易事。由于航天员在太空需要出入舱，这就要求相关各舱室的气体不能泄漏，舱与舱之间也要"天衣无缝"。也就是说，对接锁系同步性装调质量的优劣将直接决定航天员的生命安全，是交会对接任务中的重中之重。12把对接锁是对接机构中的关键部件，锁钩必须实现同步锁紧、同步分离，这就好比在太空中"拧螺丝"。

可是，王曙群在多次试验中发现，分离姿态与设计要求产生了严重偏差，更令人头疼的是，这种偏差根本毫无规律可循。设计人员经过反复核算、反复评审，确定设计原理和方案都没有问题。"这样的话，问题肯定出在装配过程了。如果这一问题不解决，中国人的交会对接梦想就无法实现，我国航天科研人员多年付出的心血就会白费"。于是他和这个问题较上了劲，走路时想、睡觉时想，有时甚至在饭桌上也会不自觉地用手比画，老婆孩子都以为他中了邪。通过近一年的反复试验、摸索，王曙群终于找到问题的症结，通过调整工艺方法，一举解决了长时间困扰对接锁系同步性协调的难题，"为中国制造的对接机构注入了创新元素"。

从神舟八号至神舟十一号、天宫、天舟，对接机构经历了7次飞行试验考核，完成了13次交会对接试验任务。王曙群用他刻苦钻研、坚持不懈的工匠精神谱写了他的职业辉煌。

大胆启用新人传承航天精神

在谈及自己所取得的成就和所获得的荣誉时，王曙群非常冷静，"我只是在本职岗位上,做了自己该做的事,主要是赶上了好时代,因为这个时代才有了展示自己的舞台"。他也一直把他的荣誉归功于他的团队,"没有对接机构就没有我今天的成长,没有团队的一起努力也没有我们今天的成就"。

王曙群深知,要做到对接机构和研制生产的"两不误",单靠他一人肯定不行。作为国内唯一对接机构总装班组的组长,王曙群觉得自己有责任带领大家一起进步。这几年,厂里为王曙群建立了技能大师工作室,在他看来这绝不是"荣誉机构",而是一个引领同事和徒弟们共同前进的创新平台。他和徒弟们讲,这个工作室 24 小时开放,随时欢迎来切磋。

事实上,王曙群培养年轻人的计划早在此前数年就已启动,不仅选择班组里基本功较好、干活比较踏实的路爱忠作为负责人,辅助开展研制工作,同时还大胆选用年轻人,挑选了 3 个"90 后"作为月球车的主操作员。通过结合自身经验的生动讲解,王曙群以"传、帮、带"的形式,让年轻组员在该型号装配方面更快成长。

目前,王曙群的班组共有成员 17 人,平均年龄 38 岁,是上海航天技术研究院唯一技师比例突破 80%、双师比例达 18% 的技能型班组。在人才培养方面,王曙群坚持"人才复制"计划,通过探索与实践,他总结提炼出基于精准对接、筑梦空间的"五零三化"的卓越质量管理模式,如今,王曙群带领的这支平均年龄 38 岁的 17 人班组,已然成为中国航天领域的一个标杆,多次荣获"全国质量信得过班组""中国航天科技集团金牌班组""上海航天金牌班组"等称号,而组员们更是多次斩获"中华技能大奖""全国技术能手"等荣誉。

"脚踏实地、仰望星空",这是王曙群写在工作室墙上的一句话,更是他作为一名航天一线工人的铮铮誓言:传承弘扬航天精神,脚踏实地不断创新,以匠人之心铸航天重器。"每当看到自己做的产品上天,当它离开地球的那一刻内心的自豪感便油然而生。"王曙群如是说。

星空浩瀚无垠,探索永无止境。2022 年前后,我国的空间站将建成运营。现在,王曙群和他的组员们又已投入到紧张的研制生产中。人们期待着,王曙群团队打造的对接机构在浩瀚宇宙完成一次次美妙的"太空之吻",打造属于中国人的太空家园。

10. 周向争　　2019年上海工匠　　上海普天邮通科技股份有限公司

周向争,上海普天邮通科技股份有限公司技术总监。20多年来一直从事公司新产品开发工作。他研发工作密切结合城市轨道交通的工程实践,首创研发具有自主嵌入式实时操作系统的自动售检票系统的检票机设备、拥有自主知识产权的自动售检票系统的设备核心模块、自主研发了基于最新算法的检票机人体智能识别技术等工作,彻底摆脱了对国外产品的依赖,极大地提升了设备的自主能力和设备的安全与可信能力,为在轨道交通领域推广应用自主知识产权作出贡献。2005年荣获徐汇区第五届"徐光启科技奖",2016在上海智慧城市建设"智慧工匠"榜单荣膺"智慧工匠"称号,2019年成功入选第四批"上海工匠"榜单。

为城市智慧交通建设开发智慧产品

作为普天轨道交通技术(上海)有限公司自动售检票事业部的一名高级工程师,周向争几十年如一日,他以"只争朝夕"的创新精神,不断研制开发新产品,为上海城市智慧交通建设作出贡献。

2005年,周向争在上海轨道交通多线"一票换乘"的市政重大工程中,按照上海市轨道交通自动售检票系统改造的技术要求,依靠技术创新,使上海轨道交通1、2号线上正在使用的700余台美国进口磁卡检票机得到脱胎换骨的国产化升级改造,使得数百台进口设备不致报废,保护了国家上亿元的投资,也为公司赢得了1000多万元的合同,也使得该系列设备满足了上海轨道交通营运不断变化的需求,在上海轨道交通最繁忙的1、2号线正线,可靠运行了10余年。

在上海轨道交通2、10号线检票机工程项目中,他毅然放弃了以前所有的成熟设计,采用了最新的设计理念,完全颠覆自己。为了能尽快实现这一目标,他只能加班加点地工作,因为他同时肩负着上海轨道交通2.4G手机支付和CPU卡改造2个项目的设计。终于,项目获得了成功,实现了从"凑合用"到"新技术综合应用"的再次飞跃。

他坚持技术创新,首创研发具有自主嵌入式实时操作系统的自动售检票系统的检票机设备、设备核心模块、自主研发了基于最新算法的检票机人体智能识别技术等工作,使得相关领域彻底摆脱了对国外产品的依赖,极大地提升了设备的安全与可信能力,为在轨道交通领域推广应用自主知识产权作出了巨大的贡献。创新成果也让这为"工匠之星"先后获得上海市劳动模范、全国五一劳动奖章等荣誉。

20多年来,周向争一直投身于上海智慧城市轨道交通的建设中。即使在休假的日子里,他也始终沉浸在创新思维中。在工作时,他的心里只有4个字,那就是:只争朝夕。

要创新,就要敢于不断向自己挑战。周向争说,"很多项目都是在轨道交通设备在线运营情况下,进行完善和改进工作,需要克服方案实施和应用软件中的困难"。他通过不同环境、不同技术要求的大量工程实践,对上海市自动售检票系统的核心设备进行不断改进。他知道"不进则退"的道理,他必须紧随AFC产品发展的潮流,同时,他还必须面对目前终端设备价格不断跳水、功能不断增加的现状,开发出各种适合上海城市轨交需要的产品。如联乘优惠、出站换乘的实现,使市民在享受快捷的城市轨道交通带来的极大方便的同时,出行的费用也得到更多的实惠。

智慧工匠精神为智慧城市添彩

很多人认为,工匠是一种机械重复的工作者,其实工匠有着更深远的意思,它代表着一个时代的气质,坚定、踏实、进取、精益求精。作为国内信息化水平最高的城市,上海智慧城市建设领域中也活跃着一批为这座城市时刻增添"智慧"的"匠人",而周向争就是其中的一位。

当前,信息化与工业化和程式化有机结合、融合互动的趋势逾益明显,信息化所倡导的思想与"创新、协调、绿色、开放、共享"理念的核心内涵也高度契合,未来信息化将有越来越广阔的发展空间。其中,智慧城市建设已经成为当今中国在城市化进程中推进自身的信息化和数字化建设的重要举措。以智慧城市为引领,综合运用大数据、物联网、云计算等新兴技术,促进城市生活宜居、产业转型提升、城市精细治理、政务透明高效,已成为中国城市的共同选择,并纳入了国家信息化发展战略纲要。

上海早在"十二五"规划纲要中就正式提出创建面向未来的智慧城市,随后通过连续发布2011—2013、2014—2016两个智慧城市建设三年行动计划,已经形成了相对完整的智慧城市建设顶层设计。再比如城市智慧交通建设等一些领域,已经形成了一批可以比肩国际水平的智能化应用平台,让市民曾经憧憬的智慧生活变得触手可及。在"十三五"规划期间,上海明确提出:到2020年上海要初步建成以泛在化、融合化、智敏化为新特征的智慧城市。要达到这一目标,需要全社会共同努力,尤其需要打造一批优秀的复合型人才队伍。所以,智慧城市建设,既要依靠信息化的技术手段,更离不开一线的领军人才和智慧工匠。

周向争认为,工匠精神是工作境界的不断提升。从相对被动的干活,到通过思考去解决问题,再到不断爬升、追求极致,将工作当作事业去做,这是一个不断接近工匠精神的过程。因此,智慧工匠就需要对自己提出更高的要求,要具备多元的跨学科知识和创新精神,不仅追求本领域的极致,还要考虑综合生态,跳出"圈子"从整个行业、社会的角度去思考问题。他说,工匠就要用心来做事,而作为新时代的"智慧工匠",就是要脚踏实地地用信息化和数字化的手段,依托技术创新,去建设一个智慧化的城市,让诸如智慧化的生产、物流交通和安全等为民服务,并将其做到极致。

培养创新人才传承智慧工匠精神

2013年,以周向争的名字命名的"轨交自动售检票系统劳模创新工作室"成立。它是在上海普天轨道交通事业部技术研发中心的基础上组建起来的,上海市经济和信息化工作系统工会首批试点创建的"劳模创新工作室"。工作室共有11名技术研发人员,是一支老中青结合的队伍。

据悉,工作室主要负责轨道交通事业部新产品导入、新产品研发、既有产品的支持三大方面的工作。具体工作有新产品的机械设计和电路设计、新产品的系统和部件设计、新产品引进和研发开发进度管理和配合项目设计的新品应用和配合修改。

技术创新是企业发展的动力,作为事业部想有一个持久的发展就必须依托技术创新。所以在技术创新上,周向争和他的团队有着完整的规划,针对国内外自动售检票系统发展的方向,配合轨道交通事业部市场拓展需求,工作室制定了产品研发计划。例如,为配合轨道交通事业部市场拓展需求,研发了基于圆币型

IC币的回收与发售模块;为配合北京新地标的实施前的入围检测,开发了模块驱动接口符合北京地方标准的基于薄型IC卡的新一代封闭式票盒、模块化设计的票卡回收与发售模块;尤其是对现有全自动售票机进行了一次深度优化设计,在提升模块的可靠性和可维护性的同时,还缩小了模块尺寸。此外,工作室还积极拓展楼宇考勤机的市场,并形成系列化产品,开发了新主控单元,引入了新系统,运用声光提示,彻底打破了对传统自动检票机外观设计模式。

周向争指出,工作室要成为名副其实的创新工作室,要设计出好的产品,就必须将工作室打造为有着凝聚力、向心力和蓬勃朝气的创新团队。这个团队需要经验丰富的技术骨干担任技术指导,由年轻研发技术人员轮流承担具体设计,各展所长;为了进一步提升其分析问题与解决问题的能力,需要用团队力量攻破难关,推动企业增强核心竞争力的形成。

为了"充分调动师傅和徒弟的积极性和主动性,确保'传帮带'工作的有效性、实效性",周向争和他的工作室对各类产品的设计,"从总体方案设计、详细设计、到最后的制造、调试均采用以老带新的方法来组织团队",用绩效考核的方式激励员工。

"在这个知识更新日益加快的时代,谁能站在知识的最前沿,谁将赢得先机",周向争说道,"平时工作室在承担繁重的研发项目的同时,比较重视和支持技术人员学习新的知识,提倡大家用新的技术、新的方法去实践创新"。成立工作室的初心和使命就是要充分发挥劳动模范在上海普天创新驱动、转型发展中的示范引领和骨干带头作用,加快培养高技能专业人才、高素质创新人才。周向争和他的创新工作室就是带着这样的初心和使命,努力使之成为一个学习交流的平台、人才集聚的平台、创新协作的平台、项目攻关的平台和自愿服务的平台,发挥劳模"传帮带"作用。

二、民生服务

1. 邵奇　　2018年上海工匠　　上海上药信谊药厂有限公司药物研究所

邵奇,2008年毕业于化学化工学院制药工程系,现在上海医药集团旗下担任上海上药信谊药厂有限公司药物研究所所长助理、制剂部主任，兼任全国吸入给药联盟常务理事会秘书长，主要负责企业吸入制剂项目开发的工作。通过10余年的钻研、充实和沉淀，邵奇已经站在国内吸入制剂行业的金字塔尖，不断推动行业的技术进步，作为"全国吸入给药联盟"理事会秘书长，邵奇先后荣获2012年度市总工会颁发的第三届上海市职工科技创新新人奖、2013年度市质监局和市经信委联合颁发的质量振兴攻关项目奖二、三等奖，2011—2012年度上药集团团委颁发的新长征突击手等多项荣誉，2018年入选第三批"上海工匠"。

才高行远，致成栋梁

还是一名药学专业学生时，邵奇在课堂上就不止一次被国外领先的药品研发所震撼，巨大的差距激起了他奋起直追的决心："医药大国更要是医药强国，我们这一代一定要追上国际先进水平！"

正是这份雄心，支撑着他带领企业攻关突击队和制剂开发人员，先后攻关研发7个吸入制剂研发项目、2个液体制剂研发项目，参与国家"十二五""十三五"重大专项各1个，上海市级专项3项，并参与2个固体制剂的研发。建立了吸入制剂处方研究的开发平台、建立了吸入制剂产业化的平台和吸入制剂质量标准研究的平台，帮助企业成长为国内吸入制剂开发、产业化、质量评价行业的领跑者。作为"全国吸入给药联盟"理事会秘书长，邵奇参与撰写并发表相关学术论文5篇，申请相关发明专利2项，授权实用新型专利2项。进入企业10年来，邵奇怀着一颗火热的赤子之心，坚持行走在传承民族药企匠心匠艺、为创新不断求索的道路上。勇挑重担奋力追赶完成国家级任务。

时间回溯到2008年，初出校门的邵奇面临着择业的人生关卡。几经思虑，邵奇选择进入上海上药信谊药厂有限公司的药物研究所，成为一名仿制药制剂研发配合人员。入职后的邵奇将所有精力都放在药品研发上，仅在短短一年半的时间，他积极向科研老专家和老前辈求教学习制剂处方研究、产业化放大研究和质量标准建立等基础科研方法，并利用业余时间，认真研习了药品管理的相关政策、法律法规、指导原则和行业指南。

在邵奇到来之前，截至2007年，上药信谊共持有药用气雾剂批文17个，是国内品种最全的药用气雾剂生产企业,但国内彼时吸入制剂科研水平仅相当于欧美等国 20 世纪中后期的水平。无论是产品开发、评价的理念,还是生产、检测的设备,都远远落后于发达国家。邵奇到来之后,出于对职业敬畏、对工作执着、对产品负责的态度,刻苦的钻研和求真的实践,使他在工作中不断地进步和成长,很快脱颖而出,成为药物研究所所制剂部的骨干力量,并于 2009 年被委以研发气雾剂抛射剂替代的重任。

为了能够加快企业抛射剂替代的脚步,企业积极推进项目并组建了一支替代突击队,由邵奇担任负责人兼制剂开发人员。此时邵奇进入公司还未满 2 年,面对当时的技术设备的苛刻条件和国家级任务的高标准严要求,邵奇毅然选择迎难而上。

邵奇带领项目组历经几年沉淀,不断钻研努力,不仅攻关了在常压状态下四氟乙烷抛射剂定量灌装工艺,更解决了倒置阀门替代正置导管阀门的生产工艺,并通过引入国外先进的检测技术开发完成了一个局麻气雾剂的质量评价方法。2013 年 2 月,通过多年的努力和技术攻关,顺利完成产品的申报,并于 2015 年 9 月获得了生产批准文件。

研发替代药剂,守护绿水青山

为了避免工业产品中的氟氯碳化物对地球臭氧层继续造成恶化及损害,1987 年,联合国邀请所属 26 个会员国在加拿大蒙特利尔签署了环境保护公约。也正是这一年,我国正式与联合国签订《蒙特利尔议定书》,由此迈出减少含氯氟利昂类物质排放的第一步。

谁也没想到,小小的气雾剂竟会是氟利昂污染的重要来源。20 世纪末,西方发达国家已按照相关要求,完成了用无氯抛射剂替代了氯氟烷烃,然而此时国内相关领域仍是一片空白。直至 2007 年,国家食药监总局与环境保护部酝酿出台《氟利昂抛射剂替代行动计划》,以期加快推动药用气雾剂生产企业替代的节奏。

2012 年 12 月,国家食药监总局向上药信谊发文,企业独家批文品种腔道抗病毒药物的利巴韦林气雾剂应于 2013 年 6 月 20 日前完成抛射剂替代研究,否则将撤销产品的生产批文。6 个月的时间里完成如此重大的成分调整,难度丝毫不亚于"从头研发一款新产品"。由于有了局麻气雾剂的开发经验,邵奇和他的团队通过解决压力容器中混悬颗粒状态和药物颗粒分散能力等问题,在国家局规定的时间内克服重重困难,提前2个月完成了产品的药学研究资料并提交国家食品药品监督管理总局,为企业保住了该气雾剂的生产批文。

非吸入式气雾剂的替代研发完成,邵奇的创新劲头却停不下来。他和他的团队他决定向更高难度发起冲击——进行吸入式气雾剂的替代研发。用于治疗急性呼吸道哮喘的β受体激动剂气雾剂是企业的重点产品,该产品的替代绝非简单的补充申请申报,而是按照当时的6类仿制药注册法规申报。当时有一家国外企业以高价兜售该产品的制剂处方和生产工艺,并要求签订长期的合作合同,以制约企业在产品生产方面可能获得的利润。面对国外药企的技术垄断,邵奇表示,"越是封锁,我们越是要自主创新!"他和团队成员不懈奋斗,突破了混悬型吸入气雾剂的制剂处方开发技术,引入了国外先进的一步法灌装生产线,在国内首次实现了压力条件下进行制剂处方的混合,完成了产品生产工艺的改进。

正所谓功夫不负有心人,在连续长达6个多月的潜心研究与技术攻关后,他的团队对完全不了解的四氟乙烷抛射剂共提出了26个可控工艺参数,8项内控质量标准和4项气雾剂专项研究报告。最终将一份6类仿制药品注册申报资料呈现在众人的眼前,填补了相关领域的空白。

在项目的开发期间,邵奇和团队为企业减少了上百吨氟利昂的使用,为国家履行《蒙特利尔议定书》,实现氟利昂替代作出了贡献。公司因此获得了联合国开发计划署、联合国环境规划署、联合国工业发展组织、世界银行和环保部对外合作中心共同颁发给上药信谊的"为保护臭氧层作出宝贵贡献和努力"的荣誉证书。

潜心研习、精益求精的工匠精神

"天下大事,必作于细",精益求精,是从业者对每件产品、每道工序都凝神聚力、精益求精、追求极致的职业品质。

对于邵奇和他的团队来说,下一个攻克目标就是生物等效性实验。吸入制剂产品不同于普通药品,由于每个人肺活量不同、呼吸习惯不同、呼吸道构造不同,其实际的吸气效果也会存在明显的差异;再者,呼吸道给药的剂量一般都为微克级,进入肺后与受体结合,仅部分药物可能进入血液,采集样本量相当小,采集精度更是一个严重的问题,因此 BE 的难度远远高于同类产品的临床试验效果。通过一年多的预 BE 研究与正式 BE 实验,邵奇的科研团队成为国内首个以生物等效性研究通过气雾剂审批的企业,并获得了仿制药申报的批准生产文件。

在谈及工匠精神时,邵奇认为,所谓工匠,就是心灵而手巧、潜心而研习、精益而求精。以忘我的心摆脱时间与空间的束缚,以坚毅的心直面磨砺与挑战,以平凡的心在的工作中铸就非凡的梦想。

日常生活中,邵奇几乎把所有的业余时间都用在了专业知识学习、国外文献查阅上,用先进的科学技术知识充实自己、武装自己,提升业务能力。同时他还参加了硕士研究生的学习,于 2014 年获得了工学硕士学位。2016 年,进入复旦药学院的学堂开始职博士学位的攻读。所谓"道虽通不行不至,事虽小不为不成"。邵奇的职业生涯正是这一名言的生动写照。实事求是,一丝不苟,稳步前行的工作态度,让他在技术研发的道路上,展现出不一样的"匠"人篇章。工匠精神没有终点,唯有无限臻至完美的奋斗道路。

2. 杨铁毅　　2018 年上海工匠　　上海市浦东新区公利医院骨外科

杨铁毅,上海市浦东新区公利医院骨外科主任,上海医学会骨科专业委员会委员,上海医学会创伤专业委员会委员,上海骨科专业委员会委员脊柱学组委员,上海医学会显微外科专业委员会委员,上海市中西医结合学会脊柱医学专业委员会常务委员,上海市中西医结合学会骨伤科医学专业委员会委员。对脊柱外科潜心研究,不断进取,积累了丰富的临床经验,颈、胸、腰椎手术技术精湛,由此登上 2018 年第三批"上海工匠"榜单。

追求精细化手术的外科工匠

成为一名卓越的外科医生是杨铁毅的儿时梦想和人生追求。自小在医院的家属大院长大的他,一直对医院有着特殊的感情,这也促使他选择了医学作为自己的事业。

1997 年,他作为引进人才来到浦东公利医院,之后便扎根浦东大地,度过了 21 个春秋。2003 年,杨铁毅获得去新加坡中央医院进修的机会,在 6 个月的时间里,他跟着教授学习显微镜下脊柱手术,并在2004年将这门技术带回了上海,开始在上海率先应用显微镜技术开展精细化脊柱外科手术。

脊髓神经娇嫩,手术风险巨大。杨铁毅表示,"人体的脊柱就如同生鸡蛋,外部有坚硬的增生骨刺、骨化韧带等,里面包裹的是娇嫩的脊髓。若手术中稍有不慎伤到脊髓,就会对患者的神经系统造成不可逆的损伤,甚至致瘫、致死"。而在所有脊柱外科手术中,颈椎后纵韧带骨化症是风险和难度最大的病症之一。"颈椎的解剖结构非常复杂"。按照传统手术方式,大多从后路进行间接减压,而对脊髓前方真正压迫神经的骨化物,只能起到缓冲作用,因此患者术后疗效并不好;若是通过前路手术面对坚硬的骨化物,直接摘除,可能会导致极大的手术风险。"即便手术成功,但患者仍有生理或心理上的痛苦,那就不能算治愈。"

深刻触动他的是多年前对母亲的一次陪护。由于锁骨骨折,母亲经历了漫长的痛苦,坐卧不宁。"对于无明显移位的锁骨骨折,传统处理方式就是以八字绷带进行外固定治疗,虽能让骨折痊愈,但医生们往往忽略了患者精神上的感受"。对于那些更严重、需要手术治疗的锁骨骨折患者,长达10多厘米的丑陋瘢痕更是一次严重的心理打击。

针对锁骨骨折传统手术治疗带来的长瘢痕和感觉缺失会给患者带来生理和心理的创伤,杨铁毅想到,能否将微创技术引入手术?"锁骨是从扁状骨到柱状骨变化的S形骨骼,置入普通钢板势必需要大切口。"正是基于这种想法,杨铁毅带领他的团队带队根据锁骨的解剖学特点,研发了一整套国际上首创的锁骨骨折微创手术方法,避免了传统手术缺陷。具体说来,仅需两个1厘米左右的切口,就能放入10多厘米长的钢板,不仅能让伤口最小化,还能保护病人的骨膜和血供,让病人恢复得更快、受到的痛苦更少。他说:"显微镜下脊柱外科精细化手术,会运用机动的微型磨钻,把坚硬的骨头一层层打薄,再慢慢取出,减少了传统手术中对脊髓造成损伤的可能性。"这一经皮微创治疗锁骨中段骨折的技术具有安全有效、切口美观、并发症少、功能恢复良好等诸多优点。

历经日积月累,杨铁毅靠自己的双手与工具缔造了生命奇迹,锻炼成一位手术技巧炉火纯青外科"工匠"。目前,他已成为中国医师协会骨科医师分会第一届脊柱显微外科工作组委员,并成功举办显微理论和实操的继续教育学习班。

临床"发明家"助力技术推广

"微创理念不仅是一句口号,而是应该让患者得到更佳的就医体验。"作为国内"第一个吃螃蟹"的人,杨铁毅也经历了许多来自学界同行的不理解。"很多人觉得耽误时间,太费事,一台手术用大显微镜的日常无菌保护也需一番周折,不少医生觉得脊柱手术在肉眼下也可以完成,没有必要使用显微镜"。然而,杨铁毅表示,"脊柱手术对精细操作的要求非常高,显微镜下的脊柱减压是完全不同的。肉眼下能做得操作,显微镜下能做得更好,而且某些高难度、高风险的操作,显微镜下能够顺利完成,显著降低危险。为了提高安全性与手术疗效,我们相信这是未来脊柱手术的发展方向"。

精细化手术要推广,就要有相应的技术支撑,10多年前年前在新加坡和法国等地的学习经验不仅让他成为沪上乃至全国显微镜下脊柱手术第一人,10多年职业生涯中不断改进、创新和研发更让杨铁毅成长为一位临床"发明家",助力微创理念和微创技术的推广。

骨盆后环骨折脱位是由高能量创伤所导致的严重外伤,致残率极高。骶髂螺钉固定技术是非常优越的治疗方法,但这种技术要求极高,手术风险很大且医患双方都要接受大量的X线辐射,在医疗欠发达地区和基层医院很少能开展这种技术。如何提高这个手术的安全性和易操作性,一直是骨科医生面临的技术难点。"以骶髂螺钉固定骨盆后环的技术虽然优越,但需将螺钉精确送到骶1椎体,而骶髂关节周围布满血管、神经、脏器等重要组织,其难度不亚于通过层层密布的电网"。这样的"盲狙"对术者技术和经验要求奇高,因此开展此项手术的医生并不多。

骨盆后环骨折微创手术治疗,因风险大、难度高,一直是临床医生所面临的技术难点。杨铁毅敏锐地发现,根据骶1椎弓根和骶髂关节间具有恒定的解剖关系,如果有一个螺钉导向器可预设角度,不就能帮助医生精准定位吗?经过多次试验,他创新研发出"骶髂螺钉导向器",通过仅1厘米大小的切口就能精准地让螺钉穿越复杂的脏器、血管和神经,定位到距离切口20余厘米深的骨折部位,极大地提高了手术的安全性与精准性。骶髂螺钉导向器则可以让缺乏导航设备的基层医院安全有效地完成这种复杂创伤手术,从而为基层人民群众的生命健康提供强有力的保障。

据悉,该成果已成为公利医院首例成功实现临床转化的国家发明专利,目前已推广至全国各地,获2015年中华医学会骨科年会"十佳最具价值创新设计大奖"、浦东新区科技进步一等奖等荣誉。此后,"髓内钉取出器""股骨髓内钉植入复位器"等一批新的医疗器械也先后诞生,共获得3项国家发明专利和4项国家实用新型专利。在杨铁毅的带领下,公利医院骨科已经形成微创治疗特色。

"七点"特质谱写医生工匠精神

天道酬勤、一分耕耘一分收获,杨铁毅诸多荣誉加身,这是他多年来兢兢业业工作,在传承、创新、发扬的工作中日积月累结出的累累硕果。在谈及一个医生工匠区别于其他工匠时,杨铁毅总结了以下7点特质:

一是悬壶济世的仁爱之心。作为一个医生,首先要有一个悬壶济世的仁爱之心,尊重生命,对患者有一种发自内心的友爱,而且是一种无私的,完全是以患者为中心、以患者的需求为出发点的仁爱之心。只有这样的情况下,医生的所作所为才能够处处从患者的角度去出发,可能做好治病救人的工作。

二是准确无误的操作技能。作为一个外科医生,必须得有一个准确无误的操作技能,且每一个步骤都要求精准无误。因为医生的任何失误,都可能会对患者造成不可逆的、无法挽回的损伤,患者是手术失误的直接受害者。

三是处变不惊的心理素质。任何手术都具有一定的风险,尤其医生所面对的"作品"是人,更是慎重无比。而在手术过程中,可能会发生各种突发事件,情况也可能极其凶险,此时,医生不仅要沉着冷静,还要能准确判断如何做,因而必须具有处变不惊的心理素质。手术操作中,突发状况险象环生,大出血、术中意外损伤、意外病情等都考验着手术医生的心理素质,没有强大的心灵,无法完成复杂多变的手术。

四是持续改进的创新精神。患者的需求在变,病情也在变,要求也在不断地增加。医生不能墨守成规,一直沉浸在过去的先进技术里,而是要精益求精,不断的改进,不断有创新,还要借鉴来自各个方面的先进经验、先进技术,才能更好地为患者服务,才能对得起患者,才能够成为一个真正的医生。

五是精力充沛的健强体魄。一台脊柱外科手术,动辄数小时,而外科医生往往会出现一天几台手术连轴转的情况。在此过程中,医生必须保持旺盛的精力,且全身心投入手术中,达到忘我的境界。此时,医生如果没有一个精力充沛的健强体魄,可能无法完全集中注意力,医生的任何走神或身体机能下降,都可能对患者造成非常严重的后果。

六是果敢耐心的工作作风。在整个医疗过程中,尤其是外科医生,个人的性格特质也是非常重要的。因为在手术过程中,可能会出现很多复杂问题,但是该慢的时候要慢,该快的时候要快,该果断的就果断,该耐心的就耐心。而果敢和耐心的工作作风也不是一蹴而就的,它需要很多的积累和磨炼才能练就。

七是对待疾病的敬畏之心。病魔是全人类的敌人,医生作为和病魔直接战斗的一线英雄,应对它有敬畏之心。如果医生心怀藐视,可能会带来更大的失败,这种失败要病人买单。而一个医生若关爱他的患者,而且时刻把患者的利益放在心上,那么,医生对这个疾病就会越重视,就越会对疾病充满敬畏之心,从而如履薄冰、小心翼翼地去对待它。

3. 马开军　　2018 年上海工匠　　上海市公安局刑侦总队刑技中心

马开军,上海市公安局刑侦总队刑技中心副主任。1998 年毕业于上海医科大学后分配至上海市公安局刑侦总队从事法医技术:各类尸体检验和损伤、伤残程度鉴定。在科技部共建国家重点实验室培育基地、上海市现场物证重点实验室、法医物证学现场应用技术公安部重点实验室、上海市劳模创新工作室——阎建军 803 法医创新工作室均有兼职。在法医技术领域有着突出贡献而入选 2018 年第三批"上海工匠"。

从立志行医到"法医工匠"

马开军出生于安徽的一个农民家庭。童年时,他就立志成为一名悬壶济世、救死扶伤的医生。然而,在求学于上海医科大学(现复旦大学上海医学院)时,他毅然决定学习法医学,成为一名寻找真相的法医。

"人生总是充满机遇和挑战。虽然没有实现儿时的'医生梦',但我会在法医事业上全力以赴"。关于梦想与事业,马开军这样说。"能用自己的专业知识,为死者伸张正义",也是他儿时梦想的另一种形式的实现。1998 年,从法医专业毕业的他加入公安队伍,但起初只是一名普通的交巡警。直到2000年9月才正式加入法医室。"现在回想起来,最初那两年,表面看上去是做了与专业无关紧要的事,但其实是让我们感受到肩上这份人民警察的责任",马开军说。

刚参加工作时,有时没有特定的解剖室,他和同事不得不在太平间工作,但对工作的专心致志让他忽略了环境的恶劣与艰苦,他说,"当我专注于自己的工作时,真的没什么可以分散我的注意力"。

作为刑侦技术人员,法医的任务就是为案件的侦破服务。而形形色色的案件注定了需要接触各种残破、腐败、难以入目的尸体,为了查清真相,除了看,还得去摸、去闻。所以,法医身边常常危机四伏,有着肉眼看不见的风险。为了更好地还原真相,他们办案时通常不戴口罩,防护措施简单。可有时事后才发现,死者生前患有各种传染病。因此,从事法医工作,不仅要有职业道德的支撑,还要怀着一份执着的信念。也就是说,决心当法医,是需要勇气的。

据悉,一个法医的诞生需要千锤百炼,通常的培养周期是,5年才算入门,10年略懂皮毛。因而对于法医来说,教科书知识远远不够。为了尽快成长起来,马开军除了跑犯罪现场外,还花了很多时间研究过往案例并用尸骨进行实验,他还追随他所在团队的顶级专家、全国劳模——阎建军主任法医师,在法医调查中使用新方法、新技术。法医这个工作需要大量知识、优秀的逻辑思维能力和丰富的经验。他的老师阎建军说:"法医作为一门综合性交叉学科,除了需要医学基础,上至天文下至地理都要有所了解。此外,像风土人情、服装品牌都要知道。这有助于我们对死者的身份、阶层等信息做出判断,帮助破案。所以平时生活中,就要注意积累,学无止境。"

马开军说,对于刑侦而言,法医的判断非常重要,因为一旦被认定为凶杀案,警方将投入大量资源作进一步调查。身为法医,第一个挑战就是需要勘查犯罪现场。"现场可能令人反胃,犯罪分子会令人厌恶,但我们是专业人士,感性因素不会也不能妨碍我们的工作。"

硕果累累的"白衣神探"

在法医领域从业20余年,马开军一直忙于刑案现场一线,经办案(事)件4000余次,参与了上海各类大案、要案件几百起,如多人伤亡的灾难性事故、碎尸、涉枪、涉外、爆炸、投毒、飞机坠落等案件。参与多起重大事故调查分析,如静安区重大火灾事故、宝山区重大氨泄漏事故、黄浦区外滩踩踏事件、东海海域伊朗"桑吉"轮撞燃的处置等。

作为公安部专家,马开军参与了全国多地多起案件的学习研究会商工作。为复旦大学、华东政法大学、皖南医学院、上海公安学院、上海公安刑事技术员、司法部系统等授课。送教赴西藏自治区。

由于在法医领域的突出业绩,马开军先后被评聘为公安部特邀刑侦专家、全国公安刑事技术特长专家。国家认可委"CNAS"认可评审员;国家认监委"CMA"资质认定评审员;中国法医学会病理学专业委员会委员;上海市人身伤害司法鉴定专家委员会委员;上海市司法鉴定理论研究会副会长。上海公安学院教师(副教授)、兼职高级教官。上海市公安局信访疑难案件研判专家组成员。上海刑侦突发事件应急管理、重大案件现场勘查组织指挥专业人才。

此外,马开军和他的同事们还在法医领域展开了相关的学术研究,比如研究硅藻、死亡时间、血迹的形态等。为此,参与编撰专著和高等教材6部,在国内外发表专业论文70余篇,参与3项国家自然基金科研项目,另有省部级等10多项课题。研究的"肋软骨推断年龄""死亡时间推断""法医学图谱"等新方法、新技术在国内得到广泛推广应用,并在实际办案中发挥着重要作用。多项成果达到国际先进水平,分别获得过公安部科学技术奖、上海医学科技奖,多次获得上海市公安局科技项目奖、技术应用绩效奖等。

有耕耘就有收获,功夫不负有心人。马开军和他带领的团队先后获得上海市公安局三等功、二等功,上海市"平安卫士"、上海市"五一劳动奖状"、上海市青年文明号;团队成员获得全国先进工作者、公安部二级英模、共青团中央全国最美青工等称号。他荣立个人三等功3次,被授予"上海市新长征突击手""上海市刑侦十佳业务能手""上海市青年岗位能手""上海市市级机关系统优秀共产党员""公安部优秀专业技术人才奖金二等奖"等荣誉。

捧着天地之心的工匠精神

医生是给活着的人带来健康,而法医则是让死去的人得以安宁。正所谓医者父母心,而法医捧着的是一颗天地之心。对于法医来说,不管死者是谁,公正是唯一的标准。

法医学是一门法律和医学于一体的严谨学科,天天面对的不是活体恐怖的损伤,就是一具具冰冷的尸体。而法医的主要工作是通过现场的勘查检验,对尸体检验鉴定,对案件的性质进行判断和定性,为案件的下一步侦查提供明确的方向,为起诉审判提供有力的证据。法医的现场勘验直接决定着对案件性质的判断,影响着案件的侦查方向,对刑事案件特别是重大疑难案件的侦破有着非常重要的作用。"可以说,法医鉴定工作的好坏在一定程度上影响着司法公正与否。所以,法医工作必须细致严谨,来不得半点马虎。"从这个意义上说,法医工作是一项非常严肃的工作,法医要做到公正、细致,作出的鉴定意见要经得起法律的检验,蕴含着一种十分严谨的工匠精神。

在谈及工匠精神时,马开军表示,所谓工匠精神,就是精益求精、追求创新的精神理念。

法医界有一句经典的"台词":尸体会"说话"。"尸体并不会对每一个人开口",马开军说。法医的工作就是让尸体开口说话。每具尸体都有自己的"密码",法医所要做的,就是做好破解死亡密码的"翻译官",抽丝剥茧,探寻真正的死因,让真相浮出水面,替亡魂讲述生前最后的"故事",为生者权,为死者言。所以,对于法医来说,谜底永远可能在下一次检验中等着你,只有那些真正认真细致的人,尸体和现场才会告诉你真相。这一点,是马开军在无数次案件的检验中逐渐领悟的。

要成为一名合格的法医,就要有一种工匠精神,马开军表示,因为法医认定的每一起案件证据,直接影响后期诉讼判决,所以法医工作是不允许出错的。在他眼里,法医是从事高深专业的工种,脏和累的背后,就是结合公安侦破命案的现场勘查、取证工作,不断寻找特异性、探索新方法、新技能,让尸体、现场和证据"说话",还原案件的真相,为侦查破案、法庭审判服务。

对生命的尊重、对真相的探究,这是法医的基本职业道德。马开军凭着对刑侦事业的无限热爱,20年如一日地坚守在法医这个岗位上,探寻真正的死因,替亡魂讲述生前最后的故事。凭着严谨细致的工匠精神和过硬的业务技能,马开军为许多重大案件的侦破提供了科学指导和依据。把法医技术工作作为自己毕生所追求的事业,在这平凡的岗位上用脚踏实地和无私奉献的精神实现着自己的人生价值,诠释着一名合格的刑事技术人员的"工匠精神"。

4. 宣建岚　　2016年上海工匠　　上海城投污水处理有限公司石洞口污水处理厂

宣建岚,上海城投污水处理有限公司石洞口污水处理厂车间主任,作为上海市劳动模范,2013年获得上海市"十大工人发明家"的称号。2016年入选第一批"上海工匠"名单。他研发的污泥干化运行焚烧优化技术获得全国职工优秀技术创新成果优秀奖、上海市优秀发明奖金奖和铜奖及第八届国际发明展览会"发明创业奖项目奖"金奖等奖项。他创新开发的污泥输送装置获得国家发明专利,研发的流化段内壁防护装置等项目获得7项国家实用新型专利,并申请2项国家发明专利。

攻克难题,争当行业领跑者

生活在大城市,很少有人会对城市每天产生的生活污水、工业废水去了哪里感兴趣,也很少有人会对与污水相伴而生的污泥怎么处理感兴趣。对于作为上海城投石洞口污水处理厂污泥干化焚烧车间主任的宣建岚却不一样。自2004年从桃浦热电厂被引进污泥处理行业以来,宣建岚孜孜沉浸于如何将污泥处理得更好的探索之中,从一名普通技术工成为一名技术革新的能手。

谈起城市污水处理的路径,宣建岚可谓烂熟于心。当每天产生的成千上万吨污水顺着地下密密麻麻的管道进入污水处理厂进行达标处理后,他的工作才刚刚开始。同他打交道的,便是污水处理过程中产生的固体沉淀物质以及从污水表面撇出的浮沫残渣,统称为污泥。其含水率高且不易脱水,因有机物含量较高而腐化发臭,并常常含有寄生虫卵、细菌和重金属等有害物质。在一般的污水处理厂,这些污泥通过浓缩和机械脱水,含水率会从99%减至80%左右,随即外运填埋处理。而在石洞口污水厂,则需要继续精细化处理,80%的污泥通过"干化+焚烧"得以彻底清除。

对于污泥的处理处置之道,宣建岚亦是如数家珍,他指出:"目前主要有三种方式:一是传统的深坑填埋。不但土地资源浪费较大,而且容易造成严重的二次污染;二是堆肥农用。虽有二次利用价值,但由于污泥中的重金属和有害物质会浸润于土壤并为作物吸纳,有害人体健康,近年来也逐渐被'抛弃'了;三是污泥焚烧。即将含水率达80%的污泥通过干化或者直接进入焚烧炉焚烧处理,在高温炉里(850℃的炉温)被分解成二氧化碳、水、氮气等无害物质。"与前两种方法相比,这种方法一是能够使有机物完全燃烧进而分解,同时杀死病原体,环境污染物排放可控,二是焚烧处理速度快,不需要长期储存,若能就地焚烧,还省去了长距离运输的成本,因而是最安全最经济的处置方法之一。

然而污泥干化焚烧技术是一种较高运行成本的污泥处置技术,因此如何通过引进国外的先进工艺技术,再经过优化改造使其适用于国内的具体情况,来降低设备维护和运营成本,是宣建岚多年以来一直专注的难题。围绕生产技术难题和节能减排目标,他设立创新课题,开展小改小革、合理化建议和课题攻关。经过多年努力,在该领域没有相关技术规程和实例借鉴的情况下,在运行管理中积累丰富经验,不断实践总结,提炼形成操作汇编专业材料。宣建岚和车间技术人员主编的《城镇污水污泥流化床干化焚烧技术规程》作为国内首部中国工程建设协会标准,2009年3月起施行,成为国内该行业示范标准,填补了国家行业技术规程及运行管理方面的空白。

技术革新,成为一种工作习惯

上海城投污水处理有限公司共有18家污水处理厂,处理着上海近50%的污水。这些污水处理厂大都只进行污泥的浓缩和机械脱水处理,后续工序则由石洞口污水厂承担,进行污泥"干化+焚烧"处理,所剩灰烬(污泥中的无机物)仅为原来体量的1/10左右,减量化相当彻底。

作为城投旗下的石洞口污水处理厂是国内第一家应用干化+焚烧技术的工厂。2004年,随着一套国内首次引进的流化床污泥干化焚烧设备在石洞口污水处理厂的正式投入使用,一个新兴的污泥处理行业诞生了。可问题也随之而来:全新的行业,没有任何经验可以借鉴,一切都得从零开始。面对着这套当时最先进的设备,全外文的操作说明和显示屏。为了搞清楚各种符号的含义,设备调试期间,宣建岚几乎寸步不离地跟在外方专家后面,观察琢磨学习。调试结束之后,外方专家仅花2个小时作了简单的培训就撤离了。如何让进口设备安全、稳定、连续运行?作为焚烧车间主任,宣建岚感到了莫名的压力。

那段时间,他总是第一个到生产现场,与技术员一起监控设备运行;下班后也经常待在办公室里,针对运行中遇到的数据异常等问题进行分析摸排,拟定解决方案。运行初期,核心进口设备与辅助国产设备的配合方面问题不断。面对诸多技术难题,宣建岚一方面去图书馆翻阅文献资料,另一方面请教设计院的工程师,并不断与国产设备厂商沟通,研究技术改进措施。经过3个月的艰难摸索,难关一个个被攻克了;到2005年1月,整个系统终于完全被打通并实现了稳定运行。

由于国内污泥的含砂量比设备设计参数要高四五倍,干化过程中设备与配件磨损非常严重,维修更换成为家常便饭。"当时污泥处理厂要通过进出口公司采购备件,来回得花3个月到半年时间。而因备件不到货,一旦出故障就只能停工干等。"为了提高设备运行时间和效率,宣建岚开始琢磨国产替代。就这样,经过宣建岚和同事的不断努力,冷凝换热器的喷嘴、风机主轴及叶轮、给料分配器滚轮、污泥给料机等设备及部件都实现了国产化,其运行稳定性和使用周期甚至超过了原进口产品。目前,宣建岚所带领的团队终于为石洞口污水处理厂实现了国内第一套污泥处置系统的成功应用,填补了国内在此领域的空白,并起到了引领作用。由此,还申请受理了3项发明专利。

不仅如此,宣建岚还通过各项优化和改革,使石洞口污泥干化焚烧装置效率大大提高,成为国内首套连续、安全运行的系统。在污泥处理设备不断优化的改革探索中,外方对宣建岚团队的"攻坚能力"刮目相看,原先的技术指导者如今变成了技术合作方。德方设备厂商专门与石洞口污水处理厂签署合作协议,将其在中国的设备调试和培训业务交给了宣建岚他们。

人才培养,打造一流技术团队

宣建岚说:"我有两个心愿:一是设备国产化;二是把青年人才带出来。"他这么说也是这么做的。

宣建岚润物无声地把技术经验无私传授给青年员工,"宣建岚首席技师工作室"和"劳模先进创新工作室"成为培养技能人才孵化器。工作室汇集了实践经验丰富创新能力极强的老中青三代技术骨干,力争成为污泥干化焚烧领域的领跑者。目前工作室有15人,除宣建岚和车间副主任陈文源外,其余都是年轻人,团队内钻研业务蔚然成风,技术革新更成了他们的职责和习惯。

在宣建岚的带领下,围绕生产技术难题和节能减排,该工作室不仅建立了带教机制,还设立创新课题技术论坛,在运行中给年轻人创造锻炼机会,开展小改小革,提合理化建议。宣建岚以创新带头人开展课题攻关,总结提炼形成技术成果并申请专利项目。通过制作创新项目操作手册和培训教材,使创新成果全面应用于生产,使职工掌握先进操作方法,提高运行质量和效益效率。

在项目运行调试中,给青年员工创造机会,锻炼和培养了技术人员。工作室建立师徒带教机制,培养技能扎实的高技术复合人才,经宣建岚带教先后有12名热力司炉分别晋升为高级工和技师。同时,以他名字命名的"首席技师工作室"已获批《市首席技师千人计划资助》项目费用资助。2013年上半年,获得城投总公司"劳模先进创新工作室"称号。

这些年来,在宣建岚的带领下,工作室技术人员分别参与了北京清河污泥干化焚烧项目、杭州七格100吨/日污泥干化焚烧示范项目,以及白龙港污泥干化项目等,工作室成员以敬业精神、精湛娴熟的技艺,以及良好的服务意识得到了合作单位的首肯和赞誉。

尤其是在杭州七格污水厂污泥干化焚烧示范性项目,作为首个全部国产化污泥干化焚烧项目,在调试运行和项目改造过程中提出了多项合理化建议,得到中科院认可和好评,最终为国内首个全部国产化污泥焚烧示范项目成功调试提供宝贵经验,对于整个行业有着借鉴和积极促进作用。

在污泥焚烧领域争当领跑者是一种精神,是一种面对困难的勇气,宣建岚就是有着这种精神和态度的人。

5. 黄琴　　2018年上海工匠　　上海市第三社会福利院

黄琴,作为上海市第三社会福利院养老护理员,始终践行三福院的"仁和、诚信、责任、感恩"文化,也收获了很多荣誉。2010年以来,她先后获得"第六届上海技术能手""全国养老护理员职业技能竞赛优秀奖""全国五一巾帼标兵""全国女职工岗位创新技能大赛第四名""上海五一劳动奖章""全国五一劳动奖章"等。黄琴把养老护理工作视为一份替子女尽孝、将中华传统的"孝"文化发扬光大的职业,在平凡的岗位上她执着坚守、刻苦钻研,在2018年获得第三批"上海工匠"

殊荣。

从业 26 载倾情为老人服务

从 1992 年在上海第二社会福利院做护理员以来,黄琴和"护理员"这个身份已经共处 20 多年。

黄琴至今都清楚地记得,1992 年进上海市第二社会福利院前的犹豫和彷徨。上海第二福利院位于黄琴的家乡崇明,主要服务成年孤残人员。第一次去那里,黄琴看到护理员在帮这些成年人洗脚、倒马桶,女护理员还帮男成年孤残人员洗澡、安抚情绪。那个时候,黄琴的感受是"这个活干不下去"。回家后,黄琴思考了很久,究竟要不要去福利院做护理员。让她真正下定决心的是当时的护理组长。护理组长的父亲是二福院的院长,但她仍然带头干活,黄琴很受触动。跟着护理组长将近一个月之后,黄琴开始独立做护理工作,她形容自己"自然而然地进入了护理行业"。

"作为 70 后,吃苦耐劳精神还是有的。在福利院上班没有多久后,我也成了二福院的骨干。其实成年孤残人员很难照料,加上晚班一位护理员要负责 45 位成年孤残人员的睡眠、安全和情绪,没有护理经验是很难胜任这个护理岗位的。对待他们,要像对待小孩一样严格,做对的时候你要表扬,做错的时候,你要批评",黄琴说。

在二福院做了 10 年护理员之后,考虑到女儿读小学,2003 年,黄琴来到了位于宝山区的上海市第三社会福利院,服务对象从成年残疾人员变成老人。"80%是 80 岁以上高龄老人,其中失能、失智者又占了 90%。"黄琴介绍说,"同样是护理工作,为老人尤其是失能、半失能老人服务与为成年孤残人员服务有很大的不同,需要探索不同的服务方式"。

在上海市第三社会福利院,黄琴的工作压力陡增:失能老人需要护理员全方位的照料,老人的饮食起居、康复护理以及居室、个人卫生方面面都要照顾。"照顾老人和照顾那些成年孤残人员不同,老人需要你真心诚意地对待他,才能走近他。你要了解老人的背景、家庭情况、生活环境和习性",在探讨养护老人时,黄琴感慨地说道,"走进他们的内心,让他们完全信任你,这是护理员们应该努力做到的,每个老人都有自己的特点,不能用一种护理方法对待所有的老人,因此作为一名优秀的护理员,要做到老人需要的时候我出现,老人休息的时候我关注"。

从业20多年来,黄琴一直用心服务。走进她的办公室,输液保护用具、偏瘫老人助步鞋、手指分隔握力具、床护栏保护软垫等,一件件设计发明,都凝聚着黄琴的匠者仁心。如今,黄琴办公室里的诸多发明,都已经在全院推广运用,为老人提供良好的服务。黄琴说,养老护理员勤勉固然是必须的,但更要针对不同的需求创新护理方法,用心用情驻进老人心里,让爱心贯穿于护理工作的每一个细节。

"四心""五勤"浸透爱心关怀

目前我国人口老龄化形势严峻,其中最突出的问题是失能失智老年人数量迅速增加。据统计,全国失能失智老年人超过4 000万人,他们的养老及医疗问题直接影响1亿多户家庭。

在老人的护理和照顾中,照顾失能失智老人比照顾一般老人难得多,照顾失智老人往往比照顾失能老人需要付出更多的努力。为了延缓失能失智老人的失能失智进程,护理人员必须受过专业技能培训,养老机构配备专业的康复设施。社会对护理员的认识有一个误区,以为什么人都可以做护理员,认为"养老护理员不需要文化、技术,更不需要创新",黄琴说,"其实不然,养老护理是一份技术含量较高的工作,规范的操作是提高老人幸福指数的保障"。尤其对失能失智老人,更是要有全面的护理知识和技能。

在三福院的住养老人中,失能失智的老人占80%以上。通过长期的一线护理经验,黄琴总结出了"四心""五勤"的工作方法。"四心"指真心、贴心、诚心、孝心;"五勤"是眼勤、手勤、脚勤、嘴勤、勤思。此外,"我们还需要去生活中观察护理员的在岗情况、操作步骤、仪容仪表,如果不对的话我们要及时指导规范化的操作",黄琴说,"'四心'和'五勤'体现着真正符合老人的人文关怀"。

在"四心""五勤"的指导下,黄琴和同事们总结出许多护理经验:对于长期使用轮椅的老人,为了避免尾骶部发生压疮,将气圈垫垫在座椅上,以减轻老人尾骶部的受压;对于长期卧床鼻饲的老人,为了保障老人有充足的蛋白质等营养物质摄入,减少并发症的发生,制定了定时定量的营养附加餐、每2小时为老人更换卧位、每日3次肢体被动康复训练的护理方案;针对夜间注射胰岛素的糖尿病老人,规定在老人注射胰岛素后半小时,护理员必须帮助或提醒老人进食饼干等食物,从而降低老人低血糖的发生。

三福院照料的大多是一些80岁左右的老人,以上海本地老人为主。在环境、硬件设施、护理员人员配比不断改善的基础下,黄琴感受到10年来三福院变化最大的还是老人的养老观念。

"10年前老人都不会想进养老院的,觉得子女不孝顺才把自己送进养老院。现在老人进福利院,他会觉得在家里会给子女增加负担,在机构养老不仅能参加形式各样的娱乐活动,而且享受护理人员24小时全天候的照顾,让子女放心自己安心。这在平时跟他们的聊天中能感受到的",黄琴说,"我们是医养结合的单位,老人有一些小毛病看起来也方便。在我们福利院的老人,有时候过节过年回家,请了半个月的假,但没过几天就来了,因为老人觉得在养老院的日子,自己有固定的生活节奏,有主人的感觉,而回到家里却要根据孩子的生活节奏来定,他们回家就很不适应,我们每天的工作量和时间是排好的"。

打造优秀养老护理团队

随着社会老龄化程度的加深,越来越多的老人选择入住养老院。随之而来的是业内人士的担忧:老人越来越多,如何提升养老护理员水平,以满足老人多样化、个性化的需求?

2010年,第三社会福利院改扩建工程竣工,成为上海市民政系统首家由政府出资购买养老服务岗位的单位。一批又一批的外来务工人员或近郊农民通过培训后,成为养老护理队伍中的新成员。

按照福利院领导的安排,黄琴到护理部从事培训工作,200名新进护理员的培训任务就这样压到了黄琴的肩上。黄琴形容培训新的护理员就像"没有写过字的白纸,要一笔一画写上去,需要全方位培训"。从简单的穿衣、喂饭、排泄护理,到复杂的翻身按摩、消毒隔离等各项护理操作,黄琴都倾囊相授。

2012年,为贯彻落实国家《高技能人才队伍建设中长期规划(2010—2020年)》《民政人才中长期发展规划(2010—2020年)》和《民政部关于进一步加强民政技能人才工作的意见》,进一步发挥民政高技能领军人才在带徒传技等方面的积极作用,民政部启动实施首批技能大师工作室建设项目。其中"技能大师"的定义是——技能大师应当是民政行业某一领域技能拔尖、技艺精湛并具有较强创新创造能力和社会影响力的高技能人才,在带徒传技方面经验丰富,身体健康,能够承担技能大师工作室日常工作。

2014年,第三社会福利院成立了"技师创新工作室",黄琴成了工作室的领衔人。黄琴和她的工作室团队创建了循环递进、情景模拟等培训模式,使培训效能大大提升。此外,工作室承接了多家院校护理专业学生的临床带教任务,定期开展民办薄弱养老机构对口帮扶工作。通过集中授课、现场指导、跟班实习等带教模式,形成了养老护理职业道德、操作规范和沟通技巧相融合的实训教学体系,培训受益者达1.5万余人。在黄琴的带领下,工作室不断汲取现代护理理论和前沿技术,通过护理、医疗、社工的共同参与,促进部门间的沟通和融合。2016年,工作室在原来生活护理实操培训的基础上,又融入"全人照护"现代护理新理念、新思路,让老年护理真正上升为一种人文关怀。

黄琴说:"独角戏没有交响乐激昂的感染力,一个人再强,终究只有两只手,只有整个团队都强了,才能更好地提高工作效率,我的工作室就是和同事们一起打造新一代护理人的平台。"

针对上海的老龄化程度不断加深的现实,黄琴也谈到了自己的忧虑。她说:"护理员的培养是重点,我觉得后面可能要断层,年轻的护理员越来越不愿意干这份工作。"人人都会变老,人人都有需要被照料的一天,这是老龄化社会不能回避的现实。"到2025年,社会将面临银发浪潮的高峰,养老行业需要大批的养老护理一线人员,实事求是地培养一批愿意从事养老服务的一线护理员太重要了。"

6. 胡振球　　2016年上海工匠　　上海神舟汽车节能环保股份有限公司

胡振球,上海神舟汽车节能环保股份有限公司车间主任、技师。他在10年左右的时间里完成技术革新50多项,技术攻关10多项,共获得发明专利14项,先后获得"全国劳动模范""全国青年岗位能手""感动上海年度人物"多项殊荣。2017年当选为首批"上海工匠"。他用自己的亲身经历告诉我们,只要刻苦钻研、勇于创新,可以让一个普通的农村小伙成长为大国工匠!

做工人就要做个好工人

胡振球出生于安徽宿州农村,家里还有一给弟弟,由于家境贫寒,2004年高中毕业后离开家乡,到江苏扬州一家工厂从事设备安装工作。

2007年3月,刚成家的他又抱着试一试、闯一闯的心态来到上海,由于他文化水平不高,不懂技术,找工作很难,处处碰壁,差一点就回老家了。绝处逢生,柳暗花明。胡振球说,正当他绝望之际,上海市闵行区的民营企业——上海神舟汽车节能环保有限公司——聘用了他,22岁的胡振球就这样留了下来。作为一家规模不大的民营企业,该公司不看重学历,只要踏实肯干就有发展空间,为员工成长发展提供了很好的平台,在公司经过一段时间的刻苦奋斗后,他终于找回了自信。

他暗下决心:做工人就要做个好工人。胡振球对"好"字的理解是:踏踏实实干活,不偷懒不懈怠。从钣金工到钳工、车工、打磨工等,短短几个月,他就掌握了车间几乎所有工种的基本操作技巧。工作了一段时间,他发现企业内的许多研发人员都是各大知名院校毕业的硕士、博士,常常能想出很多金点子,简化工艺流程,可自己连图纸都不会看。

面对困难的他不气馁不放弃,而是勤奋学习、刻苦钻研,他常常在午休时间缠着有经验的老师傅,请他们讲图纸;一有空就往单位的职工书屋里钻,发奋学习,那时生怕前学后忘的他,还常常会将书上的重点知识抄下来,一条、两条、三条,积累至今,已经记了满满的好几本。

他联系实际,学以致用,把知识转变为能力,尤其是当上班组长后,把学到的管理、经济和法律等基本知识运用到班组管理的实践中,激发众人智慧,发动班组工友积极参加合理化建议活动,在岗位上不断创新,为企业和社会贡献聪明才智。此后他又续读了工商管理的大专班,现在正就读本科。

刚开始时胡振球还没有技术创新的念头。2009年起,胡振球所在公司鼓励员工进行小设计、小发明、小创新,给他们不断"试错"的机会。"给我们试错的机会,耗费的材料全部由公司埋单,还支付技术改革中所有的加班费",年终表彰时,获奖员工可以拿到1 000~10 000元奖金。这激发了胡振球的探索和创新欲望。很快,胡振球有了自己的好点子。他所在的企业研发的产品进入生产阶段后,工人天天加班,生产效率却始终提不上去。他大胆提议能不能开个模具进行"整车预装工装",他反复琢磨尝试,最终找到办法。"原来一台整车装配,3个人要三四天完成,现在一天可以装配1台。"

胡振球的第一个小创新就在这样的环境中诞生。2014年,他与同事发明的"大车整车预装工装"获得公司的特等奖——这项小发明使每台车的装配工时从原来的3天减少至1天,整车装配合格率提高到98%以上,平均一年可为企业节约560多万元。

做一个农民工发明家

除了勤奋学习和善于思考,胡振球说:"创新还需要百折不挠、勇于争先的精神。"勤奋加上钻研,胡振球逐渐成了行家里手。他发明的纯吸式道路清扫车是神舟汽车公司自主研发的拳头产品,该产品在2010年上海世博会期间为清扫巨量垃圾发挥了巨大作用。

2013年首次拓展北方市场,辽宁盘锦市到企业订了3台清扫车试用。可是,2014年五一前夕,车辆运过去得到的反馈却说不好用、扫不干净,要求退货。这是从来都没遇到过的事,企业便派胡振球去一探究竟。"我上午在公司开会商议完,下午就买了机票,怀着忐忑不安的心情飞到辽宁,发现问题的确存在,可一连三天,任我怎么苦思冥想都没有找到症结所在,对方说,如果再找不到问题就要退货",胡振球说,情急之下,第四天他干脆跟着清扫车一路前行,车在前面开,他就跟在车后,吃着清扫车掀起的灰土细细察看。

就在这时,他脑中灵光一现,原来清扫车前后两排吸尘孔是平行的,吸口不在中心位置,才导致了吸不干净。如果把两排清扫孔错开,再把副吸的角度倾斜,内部加装导流板,问题就可迎刃而解。此时的他兴奋不已,立刻就同当地的工人通力合作,攻坚克难,一举破解了难题,不仅避免了一次产品退货,更重要的是增强了他立足岗位创新的勇气和自信。这项在"火线"创新改革的新工艺,他把它命名为"倾斜复吸式"清扫装置,极大地提升了路面清洁及物料回收的效果和效率,具有扫路不扬尘的优势和减少雾霾的特点。

以前这种纯吸式道路清扫车,多在道路灰尘小的南方使用,但到北方市场,企业用它来吸黄沙、石子,设计上的不足就暴露出来了。所以,这项新工艺被命名为"倾斜复吸式"清扫装置,这种扫路不扬尘、可降低空气污染的清扫车已成为公司生产销售的统一车型,在码头、钢厂、水泥厂、高速公路、市政环卫等市场得到广泛应用。

在研发纯吸式道路吸尘车的基础上,胡振球又在2014年末首创了卸料抑尘装置技术,在国内首次提出了卸料抑尘理念。他说,这是道路吸尘车的配套装置,采用不透气的防水PVC膜布制成,像脱排油烟机管道一样将吸到车内的灰尘、垃圾很严实地罩起来,然后通过电控装置卸到垃圾回收厂。实践表明,此装置有效地解决了专用清扫车倒灰扬尘的问题,浮尘扬起量减少90%以上,并于2015年取得国家发明专利。

几年来,胡振球共完成技术革新50多项、技术攻关10多项、发明等各种专利14项,为企业创造直接效益2 500多万元。2012年9月,在第七届国际发明展览会上,他的清扫车吸尘口避让装置发明专利荣获金奖。

胡振球感慨地说,创造性劳动不仅成就了他的事业,而且造福了家庭。如今,他的收入已是刚来上海时的好几倍,岗位也晋升为管理100多人的车间主任,小孩顺利进入了一所不错的公办小学读书。

成为大国工匠不是梦

2015年获得全国劳模称号以后,更增强了胡振球立足岗位创新的热情和信心。为了持续创新,他所在的神舟汽车公司又设立了"工匠基金",为培育创新人才提供资金保障。

尽管已经进入了企业的中层,作为一名新时代的农民工发明家,胡振球还是踏踏实实地每天奔忙在车间一线,或者就是在他的"劳模创新工作室"里和工友们一起解决技术难题,寻找新的方向。"机械行业就是这样,干到老学到老,现在的时代,科技含量更高了。要做'大国工匠'必须在专业领域永不止步,把普通产品做到极致,推陈出新,追求完美。"

胡振球认为,在企业里,工匠精神应提升为团队人员分工协作的优势组合,个人的成功创新只是一个方面,而团队的整体持续创新才能代表真正的工匠精神。为此,公司专门为他建立了"劳模创新工作室",在他的带领下,工作室涌现了一个又一个的创新能手,出现了一个又一个产品创新案例。

目前大家都在谈工匠精神,胡振球表示,而随着自动化、信息化、网络化的应用普及,社会生产已逐渐由手工时代转化为科技含量更高的时代。在"互联网+"时代,一个创新的产品,硬件好,软件也必须得好。于是,在他和团队孜孜不倦的努力下,将环卫专用车的推广与智能化管理模式的打造相结合,运用质量监控系统,让智慧环卫的理念在现实中得到广泛运用。车辆在使用过程中不只是吸净率高,没有二次扬尘,而且在油耗管理、驾驶员管理、车辆运营管理等手段上进行了提升,帮助客户达成了向管理要效益的目的,不仅提高了市场竞争力,也给环卫行业管理带来了前所未有的改变。

成为上海工匠的胡振球并没有止步不前。他直言,他的梦想是成为一名"大国工匠",带着责任感和使命感去工作,在专业领域永不止步,把普通产品做到极致,推陈出新,追求完美,使自己真正成为专注于细节、专注于创新、专注于品质,并创造高效劳动价值的"工匠"型人才,用自己的智慧、创意和经验为社会创造更多的奇迹。

从2007年到今天,在10余年时间的磨砺中,这个来自安徽农村的朴素青年,凭借着自己的努力,从装配工干到工段长再到车间副主任,进入企业中层。高中毕业的他一路钻研创新不止,在岗位上完成了60多项技术革新、技术攻关,演绎着现代工匠一往无前的执着精神,感动着上海,也感动着我们每一个人。

7. 陆鑫源　　2017年上海工匠　　上海地铁维护保障有限公司通号分公司

陆鑫源,上海地铁维护保障有限公司通号分公司设备管理部副经理,曾获得"上海市科技进步三等奖""上海市五一劳动奖章""上海市优秀发明金奖""中国国际发明展览会银奖"等荣誉。在通号岗位工作18年,负责管理维护上海地铁全路网行车最核心的信号系统,是上海地铁新时代青年技术骨干代表。2017年入选第二批"上海工匠"名单。

潜心钻研,"小跟班"变身大专家

2000年,从上海闸北职校毕业的陆鑫源进入申通地铁维保公司通号分公司,投入信号工检修岗位。通号分公司承担着上海地铁设施设备的维护、故障处理、信号大修、新线项目执行等众多任务。

"上海地铁建设之初,信号系统基本都从欧美进口,我们不掌握核心技术",陆鑫源说。由于陆鑫源平时工作认真、爱钻研,领导就让他参与到列车编组改造项目中,配合外方专家修改核心软件。陆鑫源非常兴奋,但几次接触下来他发现,"外方专家是一个'铁公鸡',在机房里调试时,显示器文字总是咪咪小,还把我支开",他回忆道,"这些'洋师傅'也会察言观色,和领导交流有度,但对穿工作服的小同志,很会打马虎眼"。即便陆鑫源拿着一些不明白的代码向他请教,他也经常以"公司这方面的负责人被裁员了"来搪塞。

外方专家的不配合并没有让陆鑫源退缩,反而激起了他的斗志:你不教,我就"偷学"!于是,每天晚上调试时,陆鑫源都会准备一个本子,把专家所做的操作与设备的反应都记录下来,以此反推出一些代码的含义。他还利用外方专家需要列车司机和调度配合的传话过程中,把一些想要知道的东西一并翻译过去,要求外方专家提供详细说明。通过这些小技巧,在一个月的时间里,陆鑫源就搞清了代码的含义,也明白了调试的原理和套路。

再和外国专家合作,他的专业也让人生起敬意,沟通起来不再高高在上,"而是好搭档的感觉",陆鑫源说。临走前,外国专家甚至邀请他加入自己公司。虽然陆鑫源选择了留下,但出于对他的认可,临走前,外国专家还是拿出一些技术手册,作为礼物送给了他。对当时的陆鑫源来说,这就是"武林秘籍",可以助他飞速成长。

20年前,陆鑫源刚工作时,上海地铁只有两条线路。但截至2017年,上海地铁线路达16条,总里程666千米,位居世界第一。"肩负着每天一千多万出行人们的人身安全,这样的责任常让我思考,我该如何提高自己的能力,如何可以做得更好。"陆鑫源说。正是在和上海地铁一起成长的路上,陆鑫源这样一批技术人员逐步成长为专家,而不再像以前那样,出了问题、有何需要,都要求助外方。2012年前后,通车12年的2号线设备逐渐老化,车地通信系统不稳,经常停站有偏差。"当时缺少技术资料,不了解基本配置、原始代码和协议"。陆鑫源带领团队勇挑重担,历时4个月,在2号线全线徒步勘查上千千米,试验改进79次,渐渐摸清设备规格和设计要素,最终在原设备上叠加开发诊断装置,不但纠正了错误,精度还超过了原有设计,最后的解决方案达到国际领先水平。

这二十年来,陆鑫源开始从一名职校毕业生,逐步成长为独当一面的地铁专家,他在东华大学学习计算机专业本科知识,又花两年半拿到了自动化控制专业的硕士文凭,他先后完成了20多项技术攻关项目,并在国内外期刊发表中英文论文10多篇,获得中国专利10项,正是凭借这些成果和贡献,2016年,他甚至站上上海科技发明最高的领奖台。

地铁医生的"至暗时刻"

地铁故障牵一发动全身,众多的危急时刻中,2010年3月16日算是陆鑫源职业生涯的"至暗时刻"。多年以后,他还清晰记得那天发生的每一幕。

那天,陆鑫源和往常一样在外开会,在5分钟内接连有3个抢修号码打来,电话那头的声音都是颤抖地告诉他,2号线自广兰路至徐泾东,20多个车站无法办理列车折返作业,中间的列车安全保护机制启动,40多列车迫停在半道。"以前一般是1列车或者1个区域故障,这么大范围的故障",当时工作了10年的陆鑫源也没有遇到过。

驱车赶往控制中心的路上,陆鑫源盘算,如果是核心服务器出现问题,那么重新安装和配置最少2小时;如果爆发了计算机病毒,那么维修起来花费的时间就更多,甚至可能全线停运来排查原因。最后一点是不可接受的,每小时有4万人搭乘2号线出行,一旦全线停运,上海这条东西走向的大动脉一旦堵塞,影响面太大了……想到这些,在倒春寒的季节,陆鑫源急得满头大汗。

手机不停响起,各级领导都打来电话询问进展,为了能集中注意力,陆鑫源心一横,关掉手机,开始从服务器、交换机排查。最后他确定,故障是网络风暴导致的。找到原因后,陆鑫源当机立断,马上让技术人员关闭备用主机,整个故障在1小时内处理完毕。还没来得及舒口气,一个更大的担忧向陆鑫源袭来:如果不彻底改造网络,这种网络风暴还会随时出现。而工程改造项目从设计到实施到安全认证最快需要一年时间,眼看世博会召开在即,若不能解决这个问题,世博会期间2号线的运行会存在很大的隐患。

于是,陆鑫源连夜翻阅资料查找文献,编写网络风暴对策方案。由于操作极其烦琐,为了让调度、车站值班、设备技术人员等近百工作人员能在最短时间内迅速掌握这套方法,他制作了一张思维导图代替原先30多页的指导手册。到第三天,整个地铁维保系统培训启动。184天的世博会期间,2号线脆弱的系统发生了20多次网络风暴,正是这张流程图,及时解决了问题。而顺利出行的乘客丝毫没有意识到这一场场网络风暴的存在。

10多年来,陆鑫源解决的大小地铁故障不计其数,而作为地铁维保人员,半夜上班干活对他来说也是家常便饭,甚至洗澡时手机都要放在旁边,"近年来,上海地铁不断增能和延长运营时间,留给维保人员工作的时间也越来越短",陆鑫源说。面对高强度的工作,陆鑫源总是对自己严格要求、精益求精,力求在工作中不断突破。

医治"中枢神经",护航地铁安全

时代在发展,技术要革新。地铁列车的安全平稳运行,靠的是各类闭环技术、网络技术、传感技术等先进技术设备的支持。"只要想到每天都肩负着1 000多万市民的人身安全,就没有理由让自己停下进步的脚步",这是地铁技术专家陆鑫源的心声。20载春秋,他兢兢业业地管理着上海地铁全路网行车核心的信号系统,因此他又被亲切地称为上海地铁的"神经科医生"。

"在上海地铁工作了这么多年,我认为这是属于上海地铁最为美好的时代:上海地铁用20年时间走过了西方地铁百年的发展历程,目前总运营里程已是世界第一,未来还将达到800多千米的超大规模网络化运营,给市民出行带来极大便利",陆鑫源颇为感慨地说道,"但同时,对于维保工作人员而言,这也是最具挑战的时代,由于没有复线,夜间停运以后才能进行设备检修和保养,延时运营和列车增能使每天晚上留给设备检修的时间非常有限,如何保质保量又高效地完成自身工作,这值得每一位维保人深思"。

从一名普通维修工,到工程师,再到走上管理岗位,负责地铁线路的通信系统,陆鑫源凭借的是长期的工作经验积累,还有孜孜不倦的学习。他带领团队研制的"车载安全数据监控板",相当于飞机的"黑匣子",可以全程记录列车的运行数据,然后通过后台分析、比对,起到提前预警作用。他带领开发的"便携式远程数据分析平台",则帮助一线抢修人员更好地与控制中心对接,快速排除故障。"这些发明都是在我们遇到难题中诞生的",陆鑫源说。受制于洋设备的时代已经一去不复返了,"老外提供的设备就是这样了,要靠我们自己去总结、提炼,把短板给补上"。

在2017年,上海地铁多条线路实施延时运营,部分线路在周五、周六延时运营至零点,给维保人员带来了更大压力——工作量不变,工作时间少了近一半。于是,陆鑫源组建了科技创新团队,他担任项目负责人,带领团队采用最新技术,搭建起"城市级信号维护支持平台"。通俗地讲,这个平台建成后好比有了预警雷达,可以准确检测关键设备的实时状态,并依托大数据平台分析出设备的亚健康状态,做到提前预知、先期预防。"也就是把故障消灭在隐患阶段,这样在平时的保养维护上就可以化被动为主动。"同时,平台还具备"数据挖掘"功能,可以把数据的内容、时间、地点、列车情况等要素相互关联,寻找规律。

据介绍,这个平台目前在国内轨道交通行业中尚属首创,即将在部分上海新建轨道交通线路上进行测试。未来,轨道交通维护体系将逐步从预防性维护过渡至更先进的预知性维护,更好地医治"中枢神经",护航地铁安全。

8. 周耀斌　　2017年上海工匠　　上海市质量监督检验技术研究院食品化学品质检所

周耀斌,上海市质量监督检验技术研究院食品化学品质检所高级技师。在一线从事食品化妆品检测分析工作近30年,作为国内食品化妆品检验检测领域的知名专家,他和他的创新团队始终保持一颗"匠心",敬业奉献,开拓创新,跟踪国内外先进检测技术,开展相关检测方法研究,积极应对"三聚氰胺""塑化剂事件""冒牌奶粉事件"等食品安全突发事件,为世博会、奥运会、世游赛等重大国际活动的食品安全保驾护航。2017年入选第二批"上海工匠"榜单。

一流质检专家的追梦历程

周耀斌出生在一个特殊的家庭,他母亲双目失明,有一个学习成绩优异的姐姐,父亲是家里的顶梁柱,1个人要养活一家人。他母亲心灵手巧,一家老小的毛衣毛裤都是母亲亲手编织的,更是承接了出口欧美手编毛衣的加工任务,以补贴家用。

1988年,年仅16岁的周耀斌为了减轻父母压力,只有初中学历的他便毅然决然地放弃继续求学深造，而是去了一家食品厂学习质检技艺，就这样误打误撞地入了行。短短半年时间，他就从一名学徒成长为一名熟练工。1992年获环境保护区级先进工作者。21岁时考出了食品检验中级工并被破格提升为技术员。24岁时成为全国青工技术比武上海赛区最年轻的选手之一。

工作中的学习经历使他深刻意识到专业知识的重要性，于是自1991年起周耀斌走上了自学成才的道路。功夫不负有心人，凭借坚定的信念与顽强的毅力，硬是用四年半时间"啃"下了本应7年才能完成的自考课程。在40岁时又取得了本科文凭。周耀斌刻苦钻研的精神为宝贵的青春涂上了奋斗的底色，也为他钟爱的事业打下了坚实的基础。

2002年机缘巧合下，周耀斌进入了上海市产品质量监督检验所，开始接受更大的职业挑战。2005年，在国家质量监督检验检疫总局和上海市委市政府领导的亲切关怀下，在市有关部门和各工业集团公司的大力支持下，上海市质检所与上海市电子仪表标准计量测试所、上海市机电工业技术监督所、上海市化学工业技术监督所、上海市轻工技术监督所5个质检机构相互整合，成立上海市质量监督检验技术研究院，这是一家国家质量监督检验检疫总局批准设立的，经上海市人民政府依法设置的非营利性公益科研类的政府实验室。

上海质检院不仅履行政府实验室职能，承担政府质量监督检验任务，同时接受企业的委托检验，包括产品研发、招投标认证测试和产品性能测试；能提供质量检验检测、体系与产品认证、标准化服务、计量校准、节能监测检查、培训咨询等全方位服务。现在，质检院旗下拥有食品、日用消费品、保洁产品、家具、建筑材料及装饰装修材料、电器能效与安全、电光源、灯具、智能电网分布式电源装备等9个国家产品质量监督检验中心，3个国家质检中心联盟，5个行业产品质量检测中心和9个上海市级产品质量检验站等授权资质。

作为质检院食化所的高级技师，周耀斌在食品、化妆品、化学品检测一线默默坚守，他先后发表学术论文32篇，参与制定国家标准和地方标准8个，主持或参与省部级及上海市质监局科研项目11项，获上海市标准化技术（学术）成果奖一等奖等多项奖项，拥有上海市科技成果2项。他一再强调，科研工作一定要耐得住寂寞，挡得住诱惑。成为国内最顶尖的色谱专家是周耀斌一直追逐的梦想，纵然已是荣誉满身，最初的梦想却依旧不变。

守卫百姓"舌尖上的安全"

2002年进入上海市质检所(即现在的上海市质检院),周耀斌十几年如一日,一心投入技术研究事业。刚到质检所,他就开始崭露头角。2003年1月,周耀斌自己动手对一台进口气相色谱仪进行维修,在测试时发现厂家在安装检测器时出现失误,经交涉后,厂家免费更换了配件。

2008年,"三鹿婴幼儿奶粉"事件爆发,引起外界高度关注。高层很快将目光聚焦到三聚氰胺污染。三聚氰胺是一种化工原料,可以提高蛋白质检测值,人如果长期摄入会导致人体泌尿系统膀胱、肾产生结石,并可诱发膀胱癌。"三鹿毒奶粉"事件的爆发,也催生了三聚氰胺检测国家推荐标准的出台。其中,三聚氰胺检测标准第三法,即气相色谱-质谱联用法,便是由上海市质量监督检验技术研究院、国家食品质量安全监督检验中心、中国检验检疫科学研究院等3家单位起草的。作为测标准第三法的主要起草人之一,周耀斌为了把每一个检测数据做到精准,把实验室当成了第二个家。在实验室日复一日地长期磨砺,使他能够在不到一个月的时间里克服种种困难,完成起草任务。他主导制定GB/T 22388—2008《原料乳及乳制品中三聚氰胺的检测方法》中第三法,为各级政府有效监控三聚氰胺提供了有力的技术支撑,并获得上海市标准化技术成果一等奖。目前全国范围内已有超过500家政府实验室、第三方检测机构以及生产企业使用该标准第三法进行检测。

2011年,"台湾塑化剂"事件再一次刺痛国人的心。这次食品污染事件起源于中国台湾地区出现将有害健康的塑化剂(DEHP)加入食品添加物起云剂,导致多家知名运动饮料及果汁、酵素饮品已遭污染。这次事件在中国台湾地区引起轩然大波,被称为台湾版的"三聚氰胺事件"。当年,"塑化剂事件"就波及中国内地与香港地区以及全球其他地区,同时也启动了中国内陆对塑化剂用于食物和药物的安全性研究,启动了对对邻苯二甲酸酯类物质的具体用量检测方法和相关标准的制定。这次周耀斌负责打通实验流程以及改进标准中的欠缺部分。从接到任务开始,到第二天凌晨,周耀斌的汇报数据出炉。经过层层上报审核后,数据得到了相关主管部门的认可。2011年6月,卫生部发布《食品中可能违法添加的非食用物质和易滥用的食品添加剂名单(第六批)》,其中就包含了17

种邻苯二甲酸酯类物质,有 DEHP、DINP、DMP、DEP、DPP 等,填补了卫生监管和食品安全在这一领域的空白。

2014—2015 年,"上海冒牌奶粉事件"爆发,一些不法商家假冒"贝因美""雅培"等国内知名品牌进行劣质奶粉的生产和销售。周耀斌所在的上海质检院食化所参与了涉案假冒奶粉的相关质检工作,并且检测出这些假冒奶粉中分别存在部分指标不符合产品标签明示值,个别指标低于国家标准,并将这一结果上报上海市公安局,大大推进了公安局的办案进程。

作为一线从事食化产品检测的技术分析专家,周耀斌对工作一丝不苟、精益求精,以忘我的境界和高度负责的精神守在食品、化妆品和化学品检验检测的第一线,精心守护着百姓"舌尖上的安全"。

食品质检的"工匠精神"

每个行业都有一种灵魂,都有一种"工匠精神"。这种精神不仅要求从业人员拥有不辞劳苦的奋斗精神,拥有专研专精的职业精神,而且还要具备勇于开拓的创新精神。

周耀斌,作为国内食品化妆品化学品检验检测领域的知名专家,沉得下心,吃得了苦,几十年的勤奋与坚毅,影响了他身边的一批检验员。正是这种精神和毅力使周耀斌被上海市总工会命名为 2017 年"上海工匠",这也是上海市食品检测领域第一个"上海工匠"。

当谈及工匠精神的内涵时,周耀斌表示,要达到工匠境界,成为一代匠师,就要"耐得住寂寞,挡得住诱惑",对工作一丝不苟、精益求精。尤其在质量检验检测技术领域,不仅要认真把每一个检测数据做到精准,还要有锲而不舍的学习专研精神,十年磨一剑,厚积而薄发,追求不断的迸发和创新。

食品的生命在于质量,食品的质量标准则是食品检验检测依据的准绳,而质量检验检测是维护食品安全的最后一道防线。因而对于一线的食品质检员来说,他的岗位是平凡而神圣的。令人欣慰的是,2017 年国家风险评估中心发布数据,我国已经完成了近 5 000 项食品标准清理,发布了 1 224 个食品安全标准,涉及食品安全指标 2 万多项,其中通用标准 11.8 万项。"中国历时 7 年建成的现行食品安全标准体系与国际基本接轨,与发达国家基本相当。"

食品安全标准是对食品安全作出的技术规定，也是食品安全监督执法的法定技术依据。一个日益完善、科学的食品安全标准体系，是保障公众"舌尖上的安全"的基础。像周耀斌这样众多工作在食品质检第一线的技术专家，也为我国食品安全标准体系的健全作出了自己力所能及的贡献。

为了维护食品安全，作为质检领域的技术专家，我们不仅要崇尚科技，而且还要敬畏法规，周耀斌表示，这种敬畏是来自对百姓的生命和安全的敬畏。

现在，以周耀斌为核心，上海市质检院食化所已经成立"周耀斌创新工作室"，这一工作室2017年荣获"上海市职工（技师）创新工作室"称号，并得到"上海市首席技师"项目资金支持。目前，工作室共有成员9名，团队主要负责食品和化妆品中有害物质、违法添加物、农药残留等项目的检测，同时及时跟踪国内外先进检测技术，开展相关检测方法的研究与开发，努力为社会各界提供更广泛、更有效、更专业的质量技术服务。

周耀斌表示，要凭借工作室，更加有效地发挥"传、帮、带"的作用，对年轻质检技术人员毫无保留的传道、授业、解惑，尽力为质检系统输送一批批青年技术骨干人才，为市场监管在上海市全球科创中心建设和营商环境改善中发挥示范引领作用。

9. 吕永兵　　2019年上海工匠　　上海假肢厂有限公司

吕永兵，上海假肢厂有限公司高级技师，从事假肢研制工作30余年。他研发的一系列假肢制作新技术、新工艺及生产流程，使上海的假肢装配技术水平始终立于全国领先位置；他参与民政部编写的《假肢师、矫形器师》职业技能鉴定理论和操作题库成为国家职业技能鉴定的指导类培训教程；他多次带队代表上海援助云南汶山州因战致残人员假肢安装项目。2018年起享受国务院特殊津贴，2019年入选第四批"上海工匠"名单，是上海市民政系统继龙华殡仪馆王刚、宝兴殡仪馆徐军、市第三社会福利院黄琴之后，第四位获得"上海工匠"荣誉称号的民政人。

成长历程：从小学徒到老师傅

自1986年进入上海民政局旗下的上海假肢厂工作，吕永兵在假肢行业耕耘了33年。当年,吕永兵从学校一毕业,就入职上海假肢厂,跟随带教师傅制作假肢零件,几年之后,他便开始独立上手,进行制作。在此期间,一名德国老师傅改变了他的观念,使他在以后的职业生涯中形成了一丝不苟、精益求精的工匠态度。

吕永兵介绍说,假肢制作流程在前几步时,都是下一道工序覆盖上一道工序,一般到了下一工序,上一工序的痕迹就几乎没有了。但这位德国老师傅却"纠结于每一道工序",几乎到了苛求的程度。刚开始,吕永兵与其他很多同行一样,对这位德国师傅的"固执"态度不明所以也不以为然。然而后来才知道,老师傅这种吹毛求疵的态度为的是使假肢在使用过程中对患者的皮肤磨损风险降到最低程度。

对此,吕永兵不无感慨地说:"经过多年的工作,我也从一个小师傅变成了老师傅,那一丝不以为然也变成了深以为然,那就是工匠精神,踏实、坚定、精益求精地做好每一道工序,把每一件作品都做成心目中最完美的艺术品。"

"假肢制作涉及众多学科",吕永兵说,"比如人体构造和生理解剖,比如医学,比如人体力学,比如石膏建模,比如材料科学,比如安装电子手,让患者做到五指连动,又涉及机电知识,设计上则和CAD、3D打印有关系,还有与患者的心理沟通"。因此,假肢制作要真正做到精益求精,不仅需要刻苦钻研,而且还要让各学科知识融会贯通。

因为家离工作地点比较近,吕永兵双休日也会来到工作室,埋头工作。"周六周日,厂里比较清净,能够静得下心。"他平日的业余时间,几乎都是用来啃专业书籍,或者阅读专业期刊,了解国际假肢行业的最新动态。30多年来,吕永兵正是秉承这种刻苦钻研、精益求精的工匠精神,时刻紧跟假肢制作的最新工艺和生产流程,争取在第一时间将新技术、新工艺与假肢的实际制作过程相融合,根据现实情况融会贯通。"美国飞毛腿系列假肢、英国Blatchford的智能膝关节、德国OTTO BOCK的C‐Leg智能关节,在中国。除了公司自身的首例装配外,都是我实现的"。在吕永兵及其团队的努力下,上海假肢厂的假肢装配水平始终处于全国领先地位。这也使得中国的截肢患者,与世界同步享受到假肢行业最先进的技术,满足了肢体功能最大程度的恢复。

不断提升自身技术素养的同时,吕永兵还担任了国家康复器具协会假肢培训授课教师、全国残疾人康复和专用设备标准化委员会委员,参与制定国家标准,还参与编写理论和操作题库,为推进国内假肢行业整体提升贡献自己的力量。

而吕永兵的"大师工作室"也在积极开展培训,培养徒弟的活动,他的工作室带教的徒弟中已经有5人获得了假肢师三级(高级)资格证书。

最大心愿:帮助肢残患者恢复正常生活

在30多年的职业生涯中,吕永兵独立完成了诸如两大腿一上臂截肢、半骨盆切除、截肢部位大面积植皮、踝部反转180°连接至股骨等疑难假肢病例的方案设计及实际制作,以及很多类别截肢病例在中国地区的首例骨骼式假肢安装。他说,"我始终觉得患者满意的微笑,就是对假肢装配师最大的奖赏"。

吕永兵说道:"不少肢残患者是遭遇到了突如其来的变故,他们不仅在身体上遭受重创,心理上也留下创伤。尤其孩子,我们会更竭尽所能地帮助他们,让他们尽可能不要因此影响到今后的生活和未来的发展。"

2005年,广西柳州的胡女士,乘坐火车时从车厢内掉落,造成四肢中三肢截肢,对她的生活是一个巨大的打击。为了尽可能恢复正常生活,胡女士到处寻访国内外各假肢厂,所得到的答复都是,她的余生只能与轮椅相伴。当时铁路局派人找到上海假肢厂求助,希望能够满足胡女士穿上假肢、能够行走的愿望。吕永兵接下了这块难啃的硬骨头。对于上下肢高位截肢、健肢多部位骨折、肌力只有3级的重残患者,假肢的穿脱问题、承重问题、力的传递问题都是假肢制作和安装的难点问题。为此,吕永兵经过反复试验,不断修改设计方案,首次采用髋大腿接受腔半包容技术,首次采用上臂假肢单电极控制对掌、旋腕、肘关节屈伸功能。经过一段时间的康复训练,胡女士可以独立挂拐行走,生活能够基本自理,她流泪致谢说:"吕师傅,谢谢你,让我重新活成了'人样'。"

在吕永兵所帮助过的肢残患者中,就有从小就请他制作、安装假肢的孩子。吕永兵看着他们长大成人,拥有自己的事业、家庭和生活。其中有一位小伙子,还成为残奥会游泳健将,现在美国定居,成为泳池管理员。"他的自身条件也非常好,安装假肢后,走路看上去几乎与正常人无异"。吕永兵至今还和这位小伙子保持联系,小伙子每逢春节都会打来越洋电话问候,每隔几年,也会回国找吕永兵重新定制安装假肢。

"我们的最终目标就是帮助他们过正常的生活"。从事假肢制作工作多年,让他最有成就感、到最为幸福的时刻,就是看到那些因为肢残而打乱生活的普通人,通过假肢的安装,在一定程度上恢复身体机能,树立自信,重新恢复生活,走向社会。

多年以来,吕永兵凭着对肢残患者的关爱和责任,对业务不断钻研、精益求精、全身心投入,在他的职业生涯中取得了丰硕的成果:先后获得诸如全国民政行业技术能手,上海市技术能手、上海市对口支援与合作交流工作先进个人等荣誉称号。

至研专精:用关爱和责任造就工匠精神

满怀对肢残患者的关爱和责任,吕永兵多年来始终工作在第一线。在谈及与工匠精神相关联的职业道德或职业境界时,吕永兵说道:"把那些陷入生活磨难的人们当作自己的亲人,对其施以援手,不仅是我的职业,更是我的人生意义。"

在吕永兵的职业生涯中,他带队代表上海,援助云南汶山州因战致残人员假肢安装项目是浓墨重彩的一笔。

上海,作为云南省的对口支援城市,在1999年开展云南省文山州因战致残人员的假肢安装项目,而吕永兵就是该援助项目具体的实施人和执行人。"那里曾是地雷区,当地的肢残人员比例比较高,最典型的是一个村子里,90个人只有89条腿。"初到文山州,吕永兵看到这些景象,内心触动很大。

"这些肢残人员几乎都是家庭的重劳力,即便是残肢,他们仍要下地干活,负担一家生计"。当地山地多,他们要做爬坡负重挑水这样的重体力活,一些肢残人员不得不用竹筒加废弃轮胎橡胶自行制作简易"假肢",用纱布裹住残肢的皮肤,但经过一天繁重的体力劳动,安装简易"假肢"的残肢处就会血肉模糊,情况令人触目惊心。高强度的劳作加之假肢使用环境的恶劣,使得这一地区的肢残患者对假肢的要求高于一般的截肢患者。

为了充分了解当地因战致残人员对于假肢安装的实际情况与合理需求,吕永兵前期做了大量准备工作,在与当地民政部门沟通协调、确定具体服务对象之后,便不厌其烦地细化问题的解决方案,针对不同类型的残肢人员,精选择料、量身定制,重新设计假肢制作标准和流程。当这些残肢人员亲自体验到吕永兵为他们制作的假肢打来的便利和舒适时,都会激动地吕永兵等人的手说:"感谢党,感谢政府。"

时至今日,该项目已经走过20年历程,累计为文山州因战致残人员安装假肢3 000余件,修理假肢400余件,并在因战致残人员比较集中的麻栗坡县和富宁县建立了两个永久性的假肢安装维修站。

不仅仅限于文山州因战致残人员,吕永兵的身影还出现在汶川地震赈灾现场,出现在北京残奥会的技术保障现场,完成了各项重要任务。

"假肢制作是个细工出细活的行业",在谈及假肢制作安装行业在面临人工智能时代时的挑战与要求时,吕永兵指出,在互联网大数据时代,假肢行业也"是朝着智能化的方向在发展",而"上海是假肢技术的高地,也是上海制造、上海服务的一部分",如何在这一行业运用人工智能技术,以制作艺术品的态度打磨每一件产品,以增加假肢制作的技术含量,以满意患者对美好生活的追求,这是吕永兵和他的后辈下一步努力的方向。

10. 朱俊江　　　2019年上海工匠　　　上海和黄药业有限公司

朱俊江,上海和黄药业有限公司麝香保心丸技术专员、药物制剂高级工。自1984年参加工作以来,他几十年如一日,兢兢业业,刻苦钻研,掌握了一手过硬的手工泛丸技术。由他主导的创新成果曾先后荣获"2016年度上海市科技节"职工合理化建议优秀成果奖,2016年度全国能源化学地质系统职工技术创新成果一等奖,2017年第二届世界发明创新论坛"发明创业奖—项目奖"铜奖,2018年"第三十届上海市优秀发明选拔赛"金奖,2019年"首届上海职工优秀创新成果"一等奖。2019年入选第四批"上海工匠"榜单。

小药丸王国里的大手笔

朱俊江,1965年生,1984年加入上海中药制药一厂(上海和黄药业前身),当时还是一名学徒工,先被安排在片剂班组,后被调入细料丸班组,从此开启了职业生涯的成长历程。

然而,乍到这一行业的朱俊江就像步入了一个神奇的小药丸王国:六应丸、新消丸、蟾酥丸、珍珠丸、麝香保心丸……每一种小小的丸药都有一段"值得一书"的传奇。

其中,麝香保心丸刚研发投产没几年,就被国家医药管理局评为优质产品。而麝香保心丸最早起源于《太平惠民和剂局方》所记载的宋代宫廷御药苏合香丸,当这一丸剂被奉为"圣药"之后,便远传朝鲜、日本,对日韩汉方医学发展产生了深远影响。

20世纪70年代,日本汉方药"救心丹"进入大陆市场,掀起抢购狂潮。一时间"汉方药的优势已经不在中国"的舆论甚嚣尘上。国内中医界一片哗然,同时也在反思:"为什么我们自己不能对经典名方进行二次开发呢?"对此,中医药专家纷纷提出要开发一种治疗冠心病的新型成药。

1974年,在上海市卫生局牵头下,由上海中药制药一厂和以华山医院组成的专家组临危受命,开始新药研制工作。经过多个处方反复认证、修改和临床实验,最终在1981年,苏合香丸开始以麝香保心丸的身份从皇室深宫走进寻常百姓,以确切的疗效有效回击了日本救心丹的神话。

麝香保心丸,在宋代名方苏合香丸的基础上,以人工麝香、人参提取物、人工牛黄、肉桂、苏合香、蟾酥、冰片等7味中药研制而成,使之具有芳香温通、益气强心之功效。

麝香保心丸的研发故事深深烙在了年轻的朱俊江心里;而那一个个为小颗粒却具有显著疗效的丸药,似乎有一种魔力让他跃跃欲试。"丸药还不好做,不就是圆的?"然而他把事情想简单了,一上手,药粉、浆液,根本不听使唤,很快就黏成一团糨糊。他只能向师傅求助,担忧师傅责骂。但师傅并没有责备他,而是告诉他手制丸剂不能心急,要有耐心。就这样,朱俊江怀着浓厚的兴趣和好奇跟师傅们一步一步学,师傅们也手把手地一项一项教。

看到现在的徒弟有时的叛逆,朱俊江常常说的一句话是,"那时的师傅,确实是严厉而负责的;那时的徒弟,也确实是诚实和听话的"。

体会到手工制丸不易的朱俊江,开始越来越稳重了。备料、前处理、起模、丸药加大、打光……其中每一个步骤、每一个动作,他都认真刻苦地学,不厌其烦地练,直至达到师傅的要求。"麝香保心丸每一粒丸药只有22.5毫克、直径

2.85毫米",是中国产销量最大的中药微粒丸品种。"每一粒丸药的最大差异,国家标准是±15%,我们师傅要求的,以及工厂内控标准是±12%。要达到这个标准,是需要下功夫的。丸药在加大过程中,加粉量的控制、手势的掌握至关重要。平时对于操作人员重要的训练一环就是这个。"慢慢地,朱俊江将细料丸每一个工艺环节的操作都学得扎扎实实。在这之后的10多年里,他也谨遵师傅们的教导,勤勤恳恳,兢兢业业,力争做出更精致的丸药。

现实需要手工制丸的技术创新

随着时间的流逝,原先的中成药,特别是贵细药丸,逐渐受到原料稀缺的制约,产量很难上一个台阶。朱俊江照例重复师傅们交给他的每一动作。转眼到了2001年,公司变成了合资企业,一切都有了新的起点。

合资之后,麝香保心丸因其确切疗效,产量每年要大幅提升。朱俊江紧跟车间和班组的节奏,招人、带徒弟、扩大再生产。但他逐渐感觉力不从心。带人的速度远远跟不上市场产品的需求。

为了提高制丸效率,朱俊江开始走上艰难的技术创新之路。他首要的创新技术便是将泛丸锅改造成筛丸机,即将不同孔径的筛子做成筛筒连接起来,实现自动筛丸。刚开始,筛丸机的样机做好了,经过试验却发现,筛不干净。大丸药里掺杂了小丸药,这对于贵细料的微粒丸来说,是不可接受的。于是,他又经过反复分析、比较,修改孔径、网孔比等参数,最终,筛丸机获得成功:人工筛丸时,45千克批量的麝香保心丸需要4个专职筛丸工;使用自动筛丸机后,180千克的批量,同时生产4个批次,也只需2个筛丸工,生产效率得到显著提升。

从此,朱俊江的技术创新便一发而不可收。原先,麝香保心丸预处理使用的是球磨方式进行粉碎,该工艺耗时长、效率低,且不易清洗。为此,朱俊江通过多次试验,使用先进的超微粉碎替代传统的球磨粉碎,生产时间由原来的72小时缩短为4小时,且每批次可以彻底清洁。为方便所用工器具转运,他还发明了一部转移装置,获得了实用新型专利。

针对老式槽型混合机存在漏油、漏物料、不密闭、混合不均匀等缺点,他与车间及工程部门讨论分析,设计一台高效混粉机。该机器不但密闭性好,混合效率和均匀性也大幅提高,混合时间由原来的1小时缩短为15分钟。

麝香保心丸起模多年来一直保留着原始的竹编起模方式。为杜绝微生物污染,他带领起模人员多次试验,成功实现了筛网擦颗粒方式起模,进一步提高了产品质量。

2014年,老厂生产能力已满负荷,但麝香保心丸的市场需求还在日益增加。对此,他与工艺员仔细分析生产过程,挖掘余量,在生产的用工用时不变的情况下,提高批投料量。该方案执行后,每年多生产麝香保心丸700多万盒,共节约人工及检验成本30余万元。该建议获得当年合理化建议一等奖。

2016年,老厂搬迁至奉浦新厂。在新厂调试过程中,他发现带式干燥的物料损耗率太大,于是通过调整进料系统,使物料损耗降低到5%以内,每年可为公司创造价值1 000多万元。这个提案获得上海市总工会职工创新成果表彰。

由于对麝香保心丸制作工艺的诸如自动筛丸机、潮料混合机、高效混粉机、超微粉碎机、带式干燥机、筛网擦颗粒起模等多项技术革新极大提高了生产效率,提高了产品质量,朱俊江也因此获得诸如"上药药材工匠""创新能手""优秀员工"等诸多荣誉和表彰。

中药炮制技术传承寄望后来人

2010年,朱俊江从一线管理岗位退下来后,开始专注于产品技术工作。他视麝香保心丸为自己的孩子,把培育这个"孩子"健康成长当作人生最大的事业。并将自己钻研、总结出来的泛丸技术,通过"传帮带"活动,毫无保留地传授给新进青年员工。

陈嵩、黄慧德、徐捷、林冰清都曾是他的徒弟,如今都已是相应工段和车间的骨干。在他的推动之下,丸剂班组通过国家职业能力鉴定中心考评的人数达到26人。2001年以来,班组屡次被评为上药药材和上药集团的先进集体;2013年获评"上海市和全国质量信得过班组";2015年喜获"上海市模范集体"称号。

对于中医药的传承,身为一代制药人的朱俊江不无忧虑地指出:"我们的传统经典良方越来越少了,不是药方本身消失了,而是药材的消失、资源的枯竭。如何保护我们的资源、合理地利用,让这些经典良方可以继续造福我们的子孙后代,是我们亟须思考的问题。"

他认为,我们现在的责任,一方面是要呵护好产品,通过不断的创新使产品质量更稳定,能够服务更多的群体;另一方面是要把手中的技艺传承下去,让下一代能稳稳接住并延续下去。中药的传承,除了原料和工艺外,更重要的是人,我们需要更多立志于中医药事业的人。他希望现在的年轻人能静下心来,用心做好手头的事。"当你发自内心地做一件事,就会不断琢磨、精益求精、做到极致",这就是工匠精神。中医药的所谓传承,就是在这里坚守,所谓创新,也是从这里起步,而这也正是工匠精神的基本价值所在。

11. 于相武　　2019 年上海工匠　　众宏(上海)自动化股份有限公司

1973 年出生的于相武,20 多年来始终坚持研究学习智能机器人的研发生产设计,坚持对工业机器人技术的钻研,先后获得了 38 项知识产权、8 项发明专利、9 项实用新型专利、6 项外观专利、15 项软件著作权,并研发设计出 7 款适合中国企业的工业智能机器人。2019 年,于相武被评为"上海工匠",这个荣誉对他来说既是肯定,也是鞭策。肩上的使命感使得他为推动中国智能制造进一步发展贡献自己更多的力量。

新冠肺炎疫情发生后,于相武主动延后原有机器人制造的高额订单,转而生产全自动的"口罩机器人",他出品的这些机器已经在全国各地投入使用,开始生产口罩了。

3 年磨出的三维激光切割机器人　　已经超越国际先进水平

于相武毕业于哈尔滨工业大学,毕业后他在北京中关村工作了 10 余年。要求进步的他,放弃了北京稳定的工作后,前往日本继续学习深造。2010 年,一个偶然的机会看到上海对机器人行业在"招商",于是他和几个同学抱着"试一试"的想法来到了上海。

在中国制造业转型升级过程中,工业品的升级换代势不可当,尤其在汽车制造、高铁建设、矿山开发等领域,机器换人能大幅度提高工作质量和效率。而作为占据智能制造业半壁江山的工业机器人,正在步入一个高速发展的新阶段。在之前的调研之中,于相武却发现,三维激光切割机器人在国内需求很大,但机器人技术却被国外企业所把控,产品不但价格昂贵,而且在很大程度上并不一定完全符合中国企业的生产加工需求。

"嗅"到大趋势发展的于相武决定挑战当时世界最好的史陶比尔的机器人。"尽管三维激光切割早在20年前就有了,国内也有很多企业在研究,但当时都没有能在精度和速度上比史陶比尔做得更好的。"于相武说。

挑战巨人的难度可想而知。于相武坦言,当时失败成了常态,面对一次次的失败,他没有放弃,乐观的他决定去国内外各个厂家交流学习。单日本一个国家,于相武就去了6次,每一个点他都详细记录、勘查、测量。回来后,他再在机器人的机械理论、软件上再下功夫,但很遗憾,都以失败而告终。在此期间,于相武和团队也曾试过用国外的机器人进行本体集成,但效果却并不满意。

一次偶然的机会,他发现史陶比尔原有的理论体系可以被颠覆,"一个细小的动作启发了我,用整个手臂带动画圆很难画出,但是单独使用手腕,则很容易。"于相武解释道,用"三点定位"的方式怎么画都是圆的。得到启发后,他连夜召集团队到厂里实验,得到了满意的答案。

经过测试实验,于相武团队研发的三维激光切割机器人,切割的小圆精确到了1毫米。"之前最好的史陶比尔的机器人能划出精度为2毫米的小圆,每秒钟走40米。而我们研发的这款机器人能切割1毫米的小圆,每秒钟能走80米。比他们的数据好了50%!"于相武说道。

这款三维激光切割机器人不但斩获了被誉为机器人行业"诺贝尔奖"的恰佩克奖的优秀应用奖,也成为硬性加工过渡到柔性加工的变革性设备,环保、节能,大大提高使用企业的生产效率和产品质量。突破了核心技术,就能研发设计更多符合中国企业实际需求的机器人产品。

使命感在肩　　推掉高额订单转而生产"口罩机器人"

新冠肺炎疫情发生后,于相武通过新闻和朋友时刻关注疫情的发展和走势。2020年1月22日,于相武感觉疫情越来越严重,口罩的缺口非常大。如果能有生产口罩的机器,那么能从根本上解决口罩生产的需求。于是,于相武想着改造一款全自动的一拖二口罩生产线。然而这个做法,就意味着会有巨大的损失。机器人生产大额订单被推掉或延后,虽然得到客户的理解,但经济损失仍不可避免。于相武与团队开会,经过激烈的讨论,在使命感的驱使下,团队一致认可了于相武的方案。

说干就干,不眠不休 24 小时后,不仅全自动一拖二口罩生产线的构架在图纸上诞生,厂区内原有生产线也作好了调整。1 月 29 日,首台全自动一拖二口罩机生产线调试成功,已经可以开始生产口罩。这让于相武和团队都很有成就感。"这是我们 20 几个留厂工作人员共同努力的成果。他们也牺牲了与家人团聚的时间。"于相武告诉记者。

据估算,这种全自动一拖二口罩机生产线每分钟能生产 120 个口罩,每天能生产十几万个口罩。尽管市面上类似产品的价格已被炒得翻了几倍,但于相武出品的全自动一拖二口罩机生产线均以接近成本的价格销售。"我是一个老党员,国家有需要,我们就要上,为国家分忧。"于相武告诉记者。

工匠精神没有 99.99%,只有 100%

20 多年在机器人行业的深入历练和不懈耕耘,荣誉加身的他有一句座右铭——"规格严格,功夫到家",用于相武的话来说,这也是他的人生意义和价值所在。20 多年的研发经历和工作经验使他深刻明白,做事一定要有始有终,坚定信心。

未来工业是智能制造的世界,工业机器人将在更多的行业和领域的智能化生产中得到更加广泛的应用,他希望用互联网+智能制造来改善生产劳动条件,提高产品智能和劳动生产率,用自动化高科技为人们创造幸福生活。

于相武认为,从前的工匠只要有一项技术就能傍身,但现在随着我们国家的发展越来越快,这也迫使大家要不断学习和进步。今天的工匠需要具备更多的能力,需要提高自己的影响力对他人有启发、有复制的价值。在于相武看来,工匠精神就是不浮躁、踏实、努力,追求极致,精益求精。"每一次的成功都是来源于细节的工作与专心的程度,没有 99.99%,只有 100%。"

三、传统工艺

1. 李建钢　　2017 年上海工匠　　上海古猗园小笼食品有限公司

南翔古猗园旁有一栋古色古香的小楼,名曰"古猗园餐厅",是上海滩南翔小笼的源头。140年前,南翔小笼诞生在这里,制作技艺一直靠师徒间薪火相传。李建钢是南翔小笼的第六代传人,1975年起就在"古猗园餐厅"餐厅工作,至今已经40多年。对于他来说,小笼不仅是一种食物,更是海派文化的一个符号。

每天早上6点到餐厅"打杂",当厨师的诀窍是勤奋和努力

1975年,李建钢从嘉定二中毕业后,被分配到古猗园餐厅成为一名学徒。聊起刚开始工作的日子,李建钢坦言,那个年代做餐饮服务业是不被周围人所认可的,他自己也一度觉得自己的境遇不如分配去工厂的同学,但"既来之,则安之"的性格,让李建钢没有轻易放弃,坚持了下来。

南翔小笼制作工艺从第一代传人黄明贤开始,一直沿袭"师徒制"方式。进入古猗园餐厅后,李建钢成为第五代传承人封荣泉老先生的徒弟。冬冷夏热,厨房不通风,学艺的艰苦、师傅严格要求让他至今记忆犹新,每天早上6点就要到店里干杂活,烧煤、生火、揉面、蒸肉、给猪腿去皮削骨等。

渐渐地,他在日复一日地揉面包馅中,真正爱上了这门传统手艺。"师傅对我严格要求,说明了他对我寄予希望,他是希望我更加出色。"封荣泉让李建钢懂得,当厨师并没有什么诀窍,凭的只有勤奋和努力。

师傅严格到近苛刻的要求没有让李建钢产生退缩之心,反而让他明白精益求精的重要性。李建钢更加勤奋刻苦,他要证明师傅没有看错人,他有能力也有意愿担起重任。事实证明师傅确实对李建钢另眼相看,先后安排他到上海大鸿运酒楼和上海华侨饭店精进厨艺。

经过数十载的勤学苦练,学成归来后,拥有更加精湛手艺的李建钢正式从师傅手中接过南翔小笼制作的核心技艺,走上了小笼传承之路。

出台"南翔小笼"标准,让传统技艺规范化和标准化

1999年,李建钢前往日本商谈开设小笼店事宜时发现日本人对标准化的坚持,让他重新审视了手艺的内涵。"他们做菜算时间墙上都有秒表,所有流程都是很标准化的,今天菜做出来口味是这样,明天还是这样,这个对我影响很大。"李建钢回忆道。

回国后,李建钢经过梳理,根据南翔小笼的特色因地制宜,从食材挑选到成品制作,他都制定了一套标准。在食材的挑选上,水、面、油、肉均为上海本地产,面筋质达 30%~32% 的中筋粉、无色无味植物油与 20℃ 恒温的上海自来水,在根本上确保了南翔小笼品质的稳定,而精心挑选的猪前腿肉作为原料,在剔骨去皮后,需要将猪前腿肉切成直径 5 厘米、20 厘米长的肉条,盛入器皿在 0—5℃ 冷柜中,经冷藏 24 小时后放入搅拌机搅碎为肉糜,与经过秘制配方熬煮制成的皮冻做馅儿。

尽管如今他不需要再亲手包小笼,但面粉、猪肉、蔬菜等原材料都由他亲自挑选。每天早上 6 点,李建钢都会到公司检查食材、烹饪设备。

经过近一年的梳理,2000 年,他制定了《南翔小笼馒头制作技艺标准和规范》,这使得南翔小笼包这项传统技艺实现了规范化和标准化操作。"馅料以猪前腿肉为主料,肥瘦配比为 3∶7","每只小笼面皮厚 1.5 毫米,重 8 克,包入肉馅 16 克,成品直径 2.5 厘米,18 个折褶。"制作工艺更需要精准,和面、醒面、压面、搓条、摘胚、揉胚、擀皮、包馅、烹蒸九个步骤一步也不能省。

相比以前传统手艺的"口口相传",现在有更多的方式来制定标准,在李建钢看来,这些标准是保证传统品牌流传下去的根本。而且与其他小笼用擀面杖擀皮不同,南翔小笼的面皮完全由小笼师傅手工揉成,油面台上,面皮只用手工揉搓。这样做出来的小笼,皮的口感更软更滑。当被问及用手按压面皮的动作,为什么不交给机器?李建钢摇摇头说:用手按压油面,面皮上带着 37℃ 的温度,做出来的小笼包会有"生命"。

小笼包不仅是食物,更是海派文化符号

对于李建钢来说,小笼不仅是一种食物,更是海派文化的一个符号。40 多年来,李建钢的双手从未停歇,用工匠精神用心做好每一道制作工序,是他的坚持;让上海的文化标志随着南翔小笼的香气飘散四方,是他的心愿;传承,源自对南翔小笼最深的情感;而创新,是为了让南翔小笼顺应新时代的潮流。

2003 年的秋天,到澳门参加美食节的经历对李建钢创新南翔小笼的口味产生了重大影响。在以展示中餐为主的澳门美食节上,令李建钢没想到的是,南翔小笼以单一产品出击,却在 100 多家展示摊位中大受欢迎,这让他和他的团队信心大增。

"南翔小笼如此受欢迎大大超出我的预料,原先准备一天的食材到了下午6点就全部卖完了。"提及往事,李建钢喜悦之情溢于言表。但同时他观察到国内外美食点心的品种都很多,"小笼包还可以开发出更多口味,在传承中创新,给食客更多的美食体验。"经过数年不断探索、研究的李建钢把南翔小笼的单一品种开发成了包含高、中、低等系列的12个品种,既有经典口味,又有时尚风味,满足了不同消费群体的需求。

在秉承原味鲜肉小笼和蟹粉鲜肉小笼的基础上,先后推出了香菇鲜肉小笼、咸蛋黄鲜肉小笼、香蕉鲜肉小笼。还根据季节的不同推出时令荷藕鲜肉小笼、冬笋鲜肉小笼。其中荷藕鲜肉小笼更是国内首创,并已成功申报了国家外观专利。"五彩全家福"小笼是近期开发的一款新产品,一共红黄绿白黑5种颜色,每种小笼外皮"染色"完全使用蔬菜水果,馅料也是各异。比如黄色的是南瓜皮搭配咸蛋黄,绿色的是菠菜皮搭配香菇,黑色的是墨鱼汁搭配黑松露,红色是火龙果搭配香辣口味。2018年,古猗园餐厅又推出新品蕾丝小笼,它颠覆了南翔小笼的传统吃法,赋予了小笼新的活力,让人耳目一新。

创新是为了更好的传承,打造属于自己的文化名片和品牌

这些年来,李建钢多次至东京、澳门等地参加美食节活动,通过外国友人品小笼、小笼擂台赛等方式,在国内、国际打响品牌文化。同时还通过原创话剧《日华轩》、音乐剧《爱情小笼包》、舞蹈《小笼师傅》等艺术形式,演绎小笼制作技艺以及小笼历史发展脉络,制作小笼卡通形象,将南翔小笼的品牌进行了充分的延伸和拓展。

自2007年开始,李建钢团队在南翔举办一年一度的小笼文化展,始终以"小笼"聚焦文化,不断传承小笼的文化内涵和价值,拓展小笼文化的外延,使得"南翔小笼文化展"成了南翔乃至沪上的一张文化名片和品牌。南翔小笼也让当地群众收获了文化认同感和文化自豪感,成为当地群众的一种文化自信。

2014年,"南翔小笼馒头制作技艺"列入第四批国家级非物质文化遗产代表性项目,这让李建钢在欣喜之余深深地感受到:小笼制作技艺的传承必须要不断前进。

在李建钢看来,南翔小笼的传承之路,需要更多年轻人的加入。目前,他培养了陈亦鸿、陈海云等近20名年轻人,他们成了下一代传承人的中坚力量。2013年成立李建钢首席技师工作室,集聚企业和行业内的相同专业(工种)的技术人才,发挥团队技能优势,整合力量集中完成技术创新攻关和技术革新项目,发挥技能带教和传授技艺的功能。此外,李建钢在上海大众工业学校开设学习班,将南翔小笼的制作技艺教给烹饪班的学生。2014年10月起,他带领工作室成员在古猗小学开设小笼课程,让孩子们可以感受经典非遗技艺,体验包小笼的乐趣。

"40多年了,我没有职业倦怠,只有满腔的热忱与激情。"谈到自己热爱了一辈子的中华美食事业,年过半百的李建钢笑意满满。关于别人称他为"匠人",李建钢则很淡然,他认为每个勤奋的人,都可能在自己的领域成为一个"匠人"。

2. 邱锦仙　　上海博物馆—大英博物馆

她是让中国古代书画重新焕发光彩的"魔法师",她细腻的修复技艺惊呆了大英博物馆。30年间,邱锦仙在大英博物馆共修复了400多幅古画,其中包括近一半为敦煌画卷,截至2004年,邱锦仙把大英博物馆收藏的所有敦煌画都修复完成了。她希望这些技艺能传承下去,让更多的古画"重生"。

从学习裱画开启"古画郎中"的生涯

邱锦仙与中国古画的结缘可以追溯到1972年。这一年,在上海南汇农村插队的邱锦仙进入了上海博物馆。此时,上海博物馆的裱画人才青黄不接,经过了3个月的基本培训,邱锦仙和其他5人被分配到古画修复部门,从此开始了她一生"古画郎中"的生涯。

邱锦仙至今还记得师傅对她说的话:"你这一辈子就像糨糊和纸,跟修复黏在一起,分不开了。"

邱锦仙先后师从徐茂康和华启明两位师傅。"当时我们都住在博物馆宿舍,都非常珍惜这个机会,每天下班后也没有休闲活动,大家都继续练功夫,主要是练习手腕基本功,必须灵活稳定。"老师傅不遗余力地向徒弟传授技艺,她继承了师傅们裱画的特点,装裱古雅,用糊如水,镶缝平正、挺直、牢实,配色素净。

20世纪80年代,中国的改革开放政策使大批学子有机会走出国门,与世界交流。1987年,通过同事引荐,一位台湾古董商邀请邱锦仙去伦敦装裱古画,已经在上海博物馆裱画室工作了15年的邱锦仙,想到英国看看,也想了解国外的裱画业。在上海博物馆已经工作了15年的邱锦仙前往伦敦修复古画。

热水给古画"洗澡"惊呆英国专家　　在伦敦工作30年

因为技艺娴熟,邱锦仙很快在伦敦有了立足之地。当时,英国著名的汉学家、敦煌学和中国艺术史学者韦陀教授正在上海访问,得知邱锦仙去了伦敦,立刻返回伦敦与她会面,并极力邀请她去自己工作的大英博物馆演示裱画和修画技艺。邱锦仙演示的是修复一幅傅抱石的画,是韦陀教授买来的,据说是从火里抢出来的作品。当时那幅画有好几个大破洞,在英国专家看来是不可能修复的。

"我第一次在大英修复是一张傅抱石山水图,那张画是从大火里抢救出来的,破损严重。"邱锦仙说,"我一般先给画作'号脉',如果是绢本画,就要首先看画掉不掉色:不掉色,就用热水来洗;掉色,就用温水或冷水洗。"这次展示令人印象深刻,大英博物馆的专家都看呆了,那是他们第一次看到中国人用这种方式修复古画。

当时大英博物馆里原本只有日本和英国修复师,对中国古画没有办法。大英博物馆东方古物部主任罗森女士随即邀请邱锦仙到大英博物馆工作。看着成箱的古画破损严重,只能堆积在收藏室,还有数百片团成硬块的敦煌绢画,有的甚至残破到只有指甲盖大小,邱锦仙不忍心离开。这些曾经璀璨的作品已经暗无天日了上百年,"如果我不做这份工作,它们可能就毁掉了"。

在获得上海博物馆的许可后,邱锦仙在伦敦留了下来,继续进行中国古画修复工作,并且一做就是30年。

用混合糨糊在显微镜下修复《女史箴图》　　可再保存数百年

邱锦仙在大英博物馆修复的中国古画中,最著名的当属《女史箴图》唐摹本,这也是《女史箴图》现存于世的最早摹本。尽管是摹本,亦距今1 400多年了。据说这幅画曾经是乾隆皇帝的最爱。

《女史箴图》是大英博物馆的镇馆宝之一,这幅画已有1 600年的历史,当时八国联军攻占北京,英国军官克拉伦斯·约翰逊获得了这幅作品。1905年,约翰逊将《女史箴图》带到大英博物馆，想要卖掉画上的玉扣。在博物馆工作的历史学家西德尼·考尔文等人意识到这幅画的价值，用25英镑买下了这幅《女史箴图》。

由于年代久远，《女史箴图》在修复之前，画卷上的丝绸已经皲裂，僵硬而脆弱，绢都变成了一丝丝马上要脱落的样子。大英博物馆一直在考虑如何修复这幅画，但修复方案却迟迟没有确定。

2013年夏天，大英博物馆召开研讨会，邀请世界各地的学者和专家讨论如何修复《女史箴图》，最后决定不能重新装裱，只能在原画的基础上进行加固。邱锦仙根据过去的修复经验，提出使用由淀粉糨糊和化学糨糊混合起来的混合糨糊进行修补，这样既能保证合适的黏度，又不会留下糨糊的痕迹。为了谨慎起见，大英博物馆将这种混合糨糊送到实验室进行检验，结果发现这种糨糊非常理想。

于是，邱锦仙和她的助手们就用这种材料在显微镜下为《女史箴图》进行修复，每天不停地工作，用放大镜三寸三寸地添糨，用了整整两个月时间，终于将《女史箴图》修复完毕。邱锦仙还为《女史箴图》进行了全色，这是只有技艺高超的古画修复师才能完成的工作。她用藤黄、朱砂和墨调配出适合的颜色，将残缺破洞处补好，也重描了一些褪色部分，颜色和原画本色就拉平了。

经她之手，《女史箴图》再保存数百年没有问题。这幅画在2014年再次公开展出，并被永久陈列在博物馆的91号室。如今，《女史箴图》保存在两个由德国公司设计和制作的价值10万英镑的恒温恒湿的展示橱中，每年只有在中秋节、春节以及亚洲艺术节等重要日子观众才得以一睹真容。

把大英博物馆收藏的所有敦煌画都修复完成

除了《女史箴图》之外，邱锦仙修复的中国古画还有明代朱邦的《紫禁城》、元代赵孟的《双马图》、盛懋的《雪景图》以及明代张翀的《瑶池仙剧图》等。迄今为止，她已经修复了约400幅大英博物馆馆藏的中国古画，其中大约有一半是中国历代古画，另一半则是来自敦煌藏经洞的敦煌绢画。现在，大英博物馆里收藏的敦煌绢画已经全部被邱锦仙修复完毕，只留下了一幅，这是邱锦仙的主意，为了留给世人看看，这些敦煌绢画在修复之前究竟是什么样子。

邱锦仙印象最深刻的是她修复的一张敦煌绢画，"当时拿来时是37块零散碎片,有的还皱成硬块"。每一块经过漂洗、修整、去托纸,然后再精心装裱,最后在她合成了一幅两米长、两米宽的佛教大画,石青、大红、藤黄、粉白的矿石颜料依旧生动。这样的敦煌画,邱锦仙修复了数百幅。"到 2004 年,我把大英博物馆收藏的所有敦煌画都修复完成了。"

邱锦仙在大英博物馆的工作室里有一面墙,挂满了装裱工具和补绢。几十种不同大小和材质的刷子都被邱锦仙仔细标明了型号和质地,补绢更是她的心头宝,每一片都有故事。工作时,装裱织物摊开在裱桌或地面,邱锦仙不放心徒弟上手,总是自己伸直身体,整个人悬在空中,只有手轻轻接触画面。徒弟则蜷在一边,小心翼翼地递工具,屏息观摩,生怕唾沫和呼出的湿气影响修复。几十年来,邱锦仙一直和这些几百上千岁的一等藏品打交道。在身边的年轻学徒眼里,她是手艺高超的老师傅。但在邱锦仙眼中,自己只是一个有幸与画作创造者们对话的小人物。

希望手艺可以传承下去　　传播中国古画修复的传统技法

邱锦仙是第一个把中国传统修复技艺传到海外的裱画师,更是进入大英博物馆工作的第一个中国人。如今 60 多岁的邱锦仙已经退休,但是还有无数古画等着被修复。因此无论是大英博物馆还是她自己都舍不得退休。最后,她想了一个折中的办法:"这样吧,我一周工作三天!"

古画修复的工艺往往是师徒相承,因此从业者屈指可数。邱锦仙在中国参加一次研讨会时曾得知,中国当前的古画装裱修复师不到 100 人。不过,目前中国已经有大学开设了修复古画专业。邱锦仙也希望自己的手艺可以传承下去,但学徒换了一拨又一拨,现在的几个徒弟只能小修小补,离出师还很远。对于择徒要求,邱锦仙有着自己的标准:"我招收徒弟,首先要年轻,老一代的修复师都是从 14 岁就开始学艺,因为基本功的训练非常重要。"

现在,除了修复古画之外,邱锦仙还经常受邀回国,在各个博物馆、大学、美术学院等地演讲,介绍自己修复古画的经验,传播中国古画修复的传统技法。

3. 徐永良　　龙凤旗袍制作技艺非遗传承人

出生于 1965 年的徐永良从小就和"衣服"有着不解之缘。他的童年时代深受父亲的影响,同在上海龙凤旗袍工作的父亲每当他暑假期间就会带着徐永良进入工厂,在车间内部帮助其他师傅做些杂活,逐步形成了对中式服装制作的极大兴趣。徐永良不仅自己学着做,还经常询问其他师傅裁剪过程和盘扣的制作方法。不知不觉间,旗袍早已成为他生活里不可或缺的一部分。

2011年,龙凤旗袍"制作技艺"被上海市第一批选录为非物质文化遗产名录,徐永良同时被上海市非物质文化遗产评审组选为"龙凤旗袍制作技艺"第三代传承人。这是对他多年来对旗袍工艺孜孜不倦、在旗袍传承与创新之路上砥砺奋进、铿锵前行的最好肯定。

先看3年才能动手,做旗袍需要多方面的文化修养

徐永良从小学业毕业后就进入政协服装设计职业学校参加培训,正式开始了自己的"制衣一生"。这一干,就是30多年。

1985年学成之后,徐永良也如愿进入上海龙凤中式服装店,正式开始从事中式服装制作工作。虽然已经有一些做衣基础,但直到自己亲手上阵,才发现一件旗袍的制作从设计到完成是多么费心费时。

"过去我当学徒的时候,师傅先让我看了3年,根本就不让动手;3年过后,我对所有的环节、不同的布料特性等都牢记在心,师傅才允许我慢慢打样、裁剪。"徐永良说,旗袍里的学问很多,旗袍工艺涉及色彩、美学、设计等各个方面,需要手工艺者有多方面的文化修养。

初级、枯燥的制衣工作并没有让徐永良退缩。徐永良在进入上海龙凤中式服装店工作后,拜第二代传承人归顺元为师,日复一日地学习着各种风格的中式服装和旗袍制作工艺。为今后成为一名技术全面、制作精良的第三代传承人奠定了良好的基础。

渐渐地,徐永良凭着自幼聪明的才华、勤奋好学的态度,全面掌握了苏广成衣铺传承至今的技术精华,在同龄青年中成为一名佼佼者。他在工作中认真负责的态度,对技术的刻苦钻研精神,深受广大职工的好评。尤为突出的是针对中式服装各类门派的工艺和技术,根据时代的需求能有机地结合起来。

凭借丰富的实践经验,徐永良创建了独特的中式服装特色品牌。在他的主持下,把过去龙凤单一的产品款式和单一的中式服装布料,改变成现在的"真丝高档绣花"系列、"真丝烂花绒"系列、"真丝印花绸"系列、"真丝泰丝"系列、"真丝乔其绒"系列、"各式织锦锻"系列。这些系列的形成,为推动企业的经济发展起到了积极的作用。

完善制作技艺　　形成"镶、嵌、滚、岩、盘、绣"的制作工艺

为了能使传统的中式服装和旗袍制作技艺进一步得以完善,通过不断地挖掘整理,形成了"镶、嵌、滚、岩、盘、绣"的制作工艺,与胸省、腰省、装袖、肩缝等西式缝制工艺相结合,搭配各式各样通过手工镂、雕、绣形成的图案,以及寓意吉祥的盘扣,既表现了女性曼妙的曲线,又不失端庄稳重,更增加了旗袍的艺术观赏性。

徐永良传承之余在创新上也积极开动脑筋。为了让龙凤旗袍适应时代潮流,被更多人群所认可接受,他改变了过去中式服装的单一盘扣,创立了具有工艺性质的"龙凤呈祥"盘扣系列,"梅、兰、竹、菊"盘扣系列,"福、禄、寿、喜"盘扣系列,"花卉鸟型"等百余种盘扣系列,通过这些盘扣装点而成的中式服装,不仅呈现了东方服饰的线条美和造型美,更是与时俱进,让旗袍跳脱传统,赢得了广大消费者的好评和认可。

在传承海派旗袍的精髓,又经过一轮经营调整和设计出新后,旗袍已经开始深入年轻白领、时尚人群中。随后,龙凤旗袍开始引入时尚化设计元素。传统旗袍领口较高,看起来拘谨,改良后的旗袍推出高翻领、连领等设计,有的新款下摆还做成"A字"裙短款或宽松休闲款。设计图案上,设计师也跟随近年"复古风",引入侍女、京剧脸谱等古典花纹。

向年轻一代普及是传承的最好方法　　让国粹服饰更具有时代感和生命力

如今,龙凤旗袍的客户中,老、中、青都有,有人是日常穿着,有人则是想穿着旗袍当新娘或是出席特别场合,还有的海外华侨回国时特意赶来量体裁衣,要留一件名牌旗袍"压箱底"。订单多的时候,徐永良和其他老师傅们持续几周加班加点,订单少时他们就自己研究裁剪,开发新工艺。然而,与时尚潮流更替所带来的"外部压力"相比,更令他忧心的是非物质文化遗产缺少传承人这个"内部压力"。

现在的龙凤旗袍约有30名员工,而全手工旗袍面对巨大的市场需求,龙凤一直求才若渴。为了让龙凤旗袍制作技艺后继有人,徐永良将更多心思放在旗袍工艺的新人培育上。"今天要找一个好苗子太难了。年轻人面对的选择和诱惑太多,很难像过去我们那样沉下心、花个十几年来学习传统手工。没有个十几二十年的耳濡目染,是没法出师单独做旗袍的。"

"旗袍工艺和文化向年轻一代普及,是传承的最好方法。"徐永良除了自己带徒弟,还坚持每周到逸夫职校为学生上课。他表示,能将旗袍制作工艺送进职校,让学生们能近距离了解旗袍工艺,他也乐在其中。徐永良认为,他传授的不仅是旗袍制作工艺,更是技艺背后的文化。希望更多的人投身海派旗袍的制作工艺传承,让孩子们喜欢传统技艺,传承民族文化,使海派旗袍这富有曲线、体现女性魅力的国粹服饰更具有时代感和生命力。

除了在年轻人生活中普及旗袍制作,对于技艺的保护与宣传,徐永良还采取了很多保护措施,如将龙凤传承至今的各种款式成像制册、拍摄样本照片;将龙凤旗袍的各种盘扣做成实物,并开辟出新的传习所用于培养传承人的专用场地等。

如今,年过五旬的徐永良手上满是敲打旗袍、穿针走线磨出的是老茧,厚厚的已经发黄。茧和手似乎已经融为一体。他对于龙凤旗袍制作技艺的痴迷,是源于年少时期耳濡目染的影响,是对这份事业深深喜爱的痴迷,更是对工匠精神继往开来的坚守。

4. 张心一　　上海金银细工非遗传承人

张心一,中国最年轻的中国工艺美术大师、享受国务院特殊津贴专家、国家级非物质文化遗产"金银细工"传承人、全国劳模、五一劳动奖章获得者、全国职工创新能手、上海十大工人发明家……

这些数不清的荣誉和头衔对他而言更是一种鞭策和责任。张心一表示:"我只是在把这门手艺做到极致、精益求精见极致。"

耐住寂寞潜心学习,坚信能让黄金闪光成为传世艺术品

1958年2月,张心一出生于上海著名的中医世家。父母希望他继承祖业,做一个悬壶济世的良医。可从小他就喜欢摆弄家中的书画古玩,酷爱临摹。20世纪70年代初,国家建设急需大量外汇,纯手工精制的金饰玉器可以承担换汇的任务。于是,一批五六十岁的昔日银楼金匠被集中在上海的四五家工厂里。刚上初中的张心一被上海金属工艺一厂工业中学急招录取。他也就此走进了金银饰品的殿堂。

看着师傅能把延展性很好、特别柔软的黄金雕龙画凤做成摆件,张心一非常心动,他清楚地知道,入这行注定要吃苦,也难出名。几千年来黄金珠宝熠熠生辉,可有谁见过传下来的珍宝刻有工匠的名字?

当时"文革"刚结束百废待兴,一批身怀绝技的老师傅们退休了、许多同期的师兄弟也纷纷跳槽,但手艺最好的张心一矢志不渝,因为他坚信他能让黄金闪光,变成耀眼的艺术珍品。

从工业中学毕业后,他被分配到远东金银饰品厂(老凤祥前身)大件组工作,带教的是两位技艺高超、年届六旬的师傅,也是老凤祥1949年后的第一代工艺技师。张心一更为刻苦地学习,打下扎实的基本功,练就了一身真本事。制作摆件的工具没处买,他就自己一把一把地打,大大小小的工具打了有上百把。没日没夜地苦练基本功,让张心脱颖而出,刚满师就当上了生产组长。

经济社会的发展带来各种诱惑,同期的师兄弟们纷纷离开这个行业,只有张心一耐住了寂寞,悉心磨炼着技艺。工作之余,他利用大量时间了解和学习中外工艺美术史、世界雕塑史,参加各种培训班。

运用东方古老技艺,用大胆的创新设计夺得多次大奖

1985年,张心一被送往爱尔兰·克尔凯尼设计学院学习。在那里,10年积累的东方古老技艺与欧洲炫目的首饰文化碰撞出了激情的火花。学成归来,张心一设计制作了他的第一个成功作品——《百龙舞舟》摆件。龙头昂首吐珠,龙尾上翘劲摆,龙身筑有塔形建筑,镀金的小窗开启自如。更重要的是,张心一融牙雕、玉雕和摆件制作于一体,运用现代浇铸、喷砂、新型分色镀等技术,将一件传统题材作品演绎得大气磅礴。那年,他只有27岁。

1978年,他参加东南亚钻石首饰设计比赛,正当创意枯竭时,突然见到路上一位时髦小姐,身背一个蛇皮包袋。经此启发,他用蛇皮革与黄金钻石相结合设计制作了《蛇革项圈》，在材料和造型上均有大胆创新，一举夺得最佳设计奖。进入而立之年，张心一才思泉涌，佳作迭出。他设计的"飘逸"女士首饰三件套，以金刚钻为装饰主体，18K 黄白金为材料，用金银细工抬压打造的金属丝巾，犹如绸缎般飘柔逼真，镶嵌上百粒米粒大小的钻石。作品构思新颖、款式秀美、色彩亮丽，在 1990 年中国工艺美术品百花评审会上获优秀创作设计一等奖。次年，"飘逸"远渡重洋，参加保加利亚"国际青年发明奖展览"，为祖国赢得了荣誉。

1993 年，时年 35 岁的他成为中国最年轻的"中国工艺美术大师"。这一项傲人的纪录至今无人打破。

众人合力完成经典之作，希望搭建一座大舞台让年轻人大展身手

从 20 世纪 70 年代开始，金银器（摆）件的生产数量与品种逐年递升，80 年代后每年出口金摆件 300 万美元以上，最高达到 800 多万美元。他们的技艺和作品都被业内外人士高度评价，先后设计制作出一批代表中国金银细金技艺顶尖水平的摆件精品，其中部分杰作还被国家和地方认定为工艺美术精品。

成功带给张心一更多自信，使他的创作之路更加敢想敢干。老凤祥金银细工技艺的代表之作《八仙神葫》正是他不拘一格求突破的经典之作。这个别出心裁的大件，正是这位敢想敢干的总工艺师调集了众多高级技师，花费了近一年的时间，运用抬压、镂空雕、扳金、拗丝、镶嵌和雕琢等各种技艺的倾力之作：用 4.4 千克千足金雕琢 80 厘米高的葫芦，用翡翠、红宝石等 8 种宝石制作"八仙"的 8 样宝器，再在葫芦顶部、腰部和下部用上好的翡翠做装饰，四周还有 4 个足金护宝神兽，把黄金雕琢的"八仙"塑造得栩栩如生，金银细工绝技的超凡脱俗令人叹服。

张心一说，制作这样的大作品就是搭建一座大舞台，能让年轻人在上面大展身手，才能真正留住人。上演精彩戏，他愿意自己是那个舞台建筑师。

培养静得下心、吃得起苦、真心热爱这份工艺事业的接班人

尽管金银细工制造技艺曾达到了顶峰，但是从事金银细工技艺的人寥寥无几。随着机械化生产的发展，现在的金银饰品已经实现了生产机械化、品牌化，偶尔出现几个打造黄金首饰的店家，也只是按照机械加工的模具，制作现代样式的戒指、耳坠。金银细工依靠手工制作工艺，对体力、智力以及美术功底都有一

定要求,还要沉得下心来,因此很难吸引传承者。

当谈及人才培养,首席设计师张心一有自己择徒的一套简单却也严格的标准:"静得下心,吃得起苦,最主要的是,真心热爱这份工艺事业。"

他培养的沈国兴、吴倍青等徒弟,如今已是国内金银细金制作技艺方面顶尖的人才。他们从制作杯、碗、盆、叉、勺等餐饮器具到帽徽、肩章、盾牌、人像、景物等服饰摆件,为酒店、宾馆、国防、展设、名胜、建筑等行业服务。

2004年,张心一领衔的上海老凤祥名师设计中心就成为首批十一家"上海市原创设计大师工作室"之一。中心拥有包括张京羊、宋菁、陆莲莲、刘红宝、黄雯、杨喆等老中青3代设计师在内的国家级工艺美术大师8人、上海市工艺美术大师9人,是老凤祥傲视群雄的核心竞争力之一。传承经典、创新时尚。迄今为止,老凤祥的大师们和新锐设计师团队已在国内、国际的专业设计比赛中获得了300多项奖项,一些作品已被国内外知名博物馆馆藏。每年老凤祥都带着设计师们的精品力作远赴美国拉斯维加斯参展世界三大珠宝展之一的JCK国际珠宝展,刮起一阵阵金色的中国旋风。

即便如此,张心一还是忧心金银细工绝技后继无人。他说,有些有美术根底、有灵气的孩子不想学,就算有孩子愿学,听说十年寒窗才可能脱颖而出,做父母的往往又不乐意了。他现在想得最多的,是作为这份珍贵的国家级非物质文化遗产主要传承人,不仅仅要坚守、传承,更要创新、光大,让这门中华绝技在他这辈人手中不断提升含金量。

5. 张雄毅　　2016年上海工匠　　上海雷允上药业有限公司

细粉旋即在匾中舞动起来,忽而散开,忽而聚拢。约莫半小时,药粉变成了一颗颗细小均匀的药丸,每丸直径1.5毫米,仅重3.125毫克,达到微粒药丸之极致,超越了机器的极限。这是中成药六神丸制作的技艺,百年来,依旧完全依靠古法手工泛制。张雄毅是这项技艺代表性的传承人,被评为首批"上海工匠",同时被授予上海市五一劳动奖章。

神秘的六神丸　　自清代同治初年诞生以来配方一直是个秘密

在群星璀璨的中药百年老字号里,"雷允上"是上海乃至全国家喻户晓的一个中医药品牌,其标志性产品"六神丸",形如芥子,疗效显著,已然成为中华国药之瑰宝,六神丸制作技艺也已经成为国家级非物质文化遗产项目。

所谓六神丸,简言之,包含了六味药。要在1粒仅3毫克重的丸药里裹进多味药材,形成质地紧密、圆整均匀、药品质量与疗效都符合国家标准的小药丸,功夫讲究就全在匠人的手上。芝麻粒大小的药丸中包裹进处方所规定的各种药材,且质地紧密圆整均匀,最重要的是药效成分能快速、持久地释放,病人、医生也可以根据病情灵活调整用药量。

六神丸的精妙之处对制药而言就成了最具挑战性的地方,机器完全无法模拟人手的操作,只能手工泛丸中凭借操作手法、力度、频率以及经验才能做到。一粒粒药丸看似微小,却是由几位匠人手工制成,他们倾其一生让百年工艺得以传承。从雷氏传人雷子纯开始,奠基于雷滋蕃、拓展于雷善觉、遵承于陆志成、因承于王式训、继承于当代的劳三申。

自清代同治初年六神丸从雷允上诞生以来,它的配方一直是个秘密,历任厂长、医药界领导也从不过问六神丸的具体成分。

精益求精苦修技艺　　晚上回家后将大米放进筐里练手劲

1982年,20岁的张雄毅从技校毕业,进入雷允上六神丸班组,这一年又恰逢第六代候选人开始遴选。张雄毅回忆道,开始的时候看到师傅用传统的工具,通过双手轻巧翻转,就能将中药细粉慢慢变成一粒粒可爱的小药丸,感觉并不是很难,但工具到手上,仿佛端着一块沉重的石头,根本转不了。

进入六神房后,张雄毅首先要面对的,是一个类似竹匾的药匾。看着在师傅手上轻巧灵活的药匾到了自己手上却是"千斤重",更别提均匀翻转了。最初的几个月里,张雄毅就学两个手势:翻、转。粗竹编成的药匾磨破了多少次皮、流了多少回血,已经记不清。

争强好胜的张雄毅为了精益求精,不仅白天在单位练,晚上回家继续练。他将大米放进筐里练手劲,虎口磨破了皮也勤练不辍。那段时间,张雄毅家里总是吃不到整粒的米,都是他练功练碎的。没有什么藏起来的丹炉,更没有秘不示人的秘籍,对张雄毅来说,以往关于六神房的所有迷思被打破了。日复一日,只有一件事,翻竹匾。渐渐地,张雄毅的动作像样了,体会着师傅的心诀:什么时候转、翻;什么时候收。用眼看、用手摸,心里一清二楚,这叫手势。

谈及六神丸的制作手法,诀窍就是"翻转掂搭"。诀窍也只是"翻转掂搭"。半年后,张雄毅通过考核,和师兄弟正式端起药匾。通过考核后的张雄毅,开始了数十年如一日的药丸制作生涯。"枯燥"是张雄毅所能想到的第一个关于自己工作状态的词语,光药材的收集和处理就需耗时 6 个月,药丸的制作还需 1 个月左右。

只有 3 毫克多的六神丸面试　　粒与粒之间的误差在 10 微克内

时间流转,很多人坚持不下去离开了六神房,其他人也并不理解看似神秘的六神丸制作其实有多么乏味寂寞。张雄毅偶尔也会被枯燥和寂寞磨尽耐心,去留迷茫。但最终,内向不多言的他选择坚持下去。

在日复一日年复一年的"翻转掂搭"中,功夫不负有心人,张雄毅在前人的基础上进行了技术上的提高,如今他能制作出只有 3 毫克多的六神丸,粒与粒之间的误差在 10 微克内。手工旋出直径 0.8 毫米的小药丸,圆整度机械化远不能及。

"百年前六神丸是怎么制作的,我们现在也是怎么做。"经过 30 余年的磨砺,如今的张雄毅是中药行业微丸制作的佼佼者,是非遗传承人,是上海首批 88 位"上海工匠"之一,也是六神丸的掌门人,谈起六神丸制作,两鬓泛白的老师傅早已没有昔日的彷徨,更多的是一份源于内心的热忱与自豪。

"过去一个班组 4 个人,月均差不多才做两批六神丸;现在 6 个人,月均要做六七批,感觉有点接近极限了。"张雄毅虽然嘴上说年纪大了,但心里还是美滋滋的,因为他现在不仅有徒弟,连徒孙都有了。

徒弟必须吃得起苦、经得起熬、耐得住寂寞

文化需要传承,六神丸制作技艺作为中医药行业的优秀结晶,也面临继承与发展的问题。如何使这"弹丸之间的功夫"后继有人,是张雄毅最常思考的一个问题。一晃 30 年,张雄毅从年轻人变成老师傅。六神丸的销量也不断攀升。"销量增长,制作得连轴跟上。"张雄毅近年主动提出"扩招"徒弟。张雄毅清楚,想要延续六神丸的生命力,人的培养是关键。近年来,六神丸启动了"师带徒"扩大计划,按照国际机密产品的管理办法,在签订保密协议的前提下,进行保密教育,建立起一支老中青相结合的稳定人才梯队。

张雄毅对徒弟只提三点"必须"的要求:吃得起苦、经得起熬、耐得住寂寞。"一般基础学习过程需要3年时间,但要让技术达到炉火纯青的地步,从第一道分序开始到最后的整体能够一气呵成、融会贯通,这还得再学两年,那时候才能真正成为微丸制作人。"

年轻人刚踏入六神房开始学习制药时的辛苦与枯燥,但要把这一粒粒的药丸打磨均匀细微,却又不得不艰苦耐劳、岁岁月月地重复练习。当年劳三申师父的严格要求还历历在目,但对于如何培育新人,张雄毅有着自己的想法。他认为,教学方式需要根据年代、授课对象而及时调整。对于"70后"的徒弟,他承袭了师父劳三申的做法,采取了手把手教学的方式,严格细心;对于"80后",他努力制造家的氛围,给徒弟们归属感,关爱徒弟并培养他们的自觉性;而对于"90后",他则把他们当作自己的孩子,用尽悉心耐心爱心。

张雄毅深知,唯有工匠精神才能熬出良心精品国药。虽然耗时漫长,工序复杂,但这当中,有恪守与坚持的精神回音,有一代人对另一代人秘而不宣的叮嘱:热爱、专注、坚守、追求极致,正是工匠之路的"通关秘籍"。

6. 曹荣　　2016年上海工匠　　上海民族乐器一厂

作为上海民族乐器一厂的拉弦乐器制作师,曹荣正是一位传承者,通过手与耳的磨炼,使得二胡这一民族乐器制作技艺得以代代相传。如今,曹荣是上海民族乐器一厂里最年轻的拉弦乐器制作大师。他总说自己很幸运,第一份工作就是自己擅长且喜欢的事情。制琴给曹荣带来了数不清的荣誉,也为他的生活增添了许多乐趣。他享受精益求精的每一秒,2016年,曹荣获得首批"上海工匠"头衔,他对自己的总结很简单:坚持。

成绩不好又不喜欢读书,冲动之下报名乐器厂

1981年上海民族乐器一厂成立,厂址多次变换,不断地远离市中心。1997年的时候,打小在上海郊区长大的曹荣被招入厂里工作。在这之前,他从未见过二胡,在他生活的地方几乎没有人会演奏民族乐器。

"我从小读书成绩不好,也不喜欢读书。当时正好看到离家不远的上海民族

乐器一厂在招工,一冲动就报了名。"谈到入这行,曹荣坦言纯属偶然。从小生活在上海郊区的曹荣,对书本没感觉,倒是对制作一些小手艺比较喜欢。由于没有一点木工基础,更别提音乐知识,身为门外汉的曹荣在应聘时十分忐忑,没有想到竟然意外顺利地被录取了。

直至报道当天,曹荣才得知自己被录取的理由是因为厂里年轻人太少了,比他们大一届的师兄师姐们当时都已经40岁出头。也因此民族乐器一厂那一批招了不下三四十个年轻人,希望能从中培养出新鲜血液。

曹荣清楚地记得,1997年1月2日,老技师带着17岁的他参观了厂里一个又一个车间,二胡、高胡、中胡、板胡、越胡,光是胡琴的种类就让他目不暇接。刚刚进厂的曹荣虽也有过迷茫,但很快便从50多个新人中脱颖而出。曹荣说:"大概是因为手巧,从小在郊区长大,我们玩的东西比较多,动手能力强吧。所以我做东西比别人快还比别人好,这么多年一直都挺顺的,也没遇到过什么瓶颈。"

白天泡在车间里操练手艺,晚上到夜校补习声学乐理

二胡始于唐朝,至今已有1 000多年的历史,又名"胡琴",是一种中国传统拉弦乐器。要制作一把二胡并不难,但如何在外形和音色上都保证其精益求精的品质,那可是实打实的技术活儿。民族乐器制作的许多环节,至今还是手工,在技艺传承上,上海民族乐器一厂主要采用"传帮带"的传统传承方式。

带着茫然,又带着新鲜,曹荣暗下决心,既然选择了这一行,就要认认真真地做好。曹荣没有想到,这误打误撞的第一份工作,竟成了他毕生,也是最适合他的一份工作。

进厂后,厂里为他安排了老师傅手把手教授。于是,曹荣这位"新人小白"每天重复着最简单枯燥的基本功学习——手锯、手锉、刮刀、线钻等操作。二胡从原料开始制作至最后完成,有百余道工序。不管是在打磨上还是修整上都力求完美,绝不能出错。冬天的厂房里没有暖气,窗户开着,但师傅们各个满头大汗。"做这个太耗力气了,这还只是其中一道工序。每做完一个,手就要控制不住地抖很久。"

白天,曹荣泡在车间里操练手艺,晚上到夜校补习机械制图、声学、乐理等知识。曾经并不热爱学习的曹荣,却在这一片方寸的二胡制作车间里,深深地被这种悠扬婉转的乐器给吸引了,闲暇时间,他就央求师傅教他拉二胡,这样能进一步感受二胡使用过程中乐器本身的质感。

"我的满足感来得非常简单,我觉得我花心思做出来的东西,每一把去调试好,出来的是好琴,我心里是比较高兴的。"曹荣笑道。

每天睡觉前都在想如何把二胡做到更好

也许天生是干这行的料,同样的工作,曹荣学得比别人快,做得比别人好。不到一年,他已经被组里提拔制作二胡单件了。从此,曹荣更痴迷二胡手工制作了。佳器本天成,妙手偶得之。成就一双妙手却并不能只靠"天成",还须用心专注。一把二胡做得像主要是指在外观上,还有在标准的尺寸上做得精细,包括在琴筒外形的角度流线感强,和琴身的制作上光滑,琴头的制作上流线型比较强。在工艺上做好了,这把琴只能算是做像。

如何完美地装配一把琴,曹荣说基本熟练的技艺之外,全凭感觉,而哪怕至今工作已经数年,他仍在不停摸索。"每天睡觉前,我躺在床上都在思考,怎么把这板磨得更好?今年能不能做出更创新的产品?哪些环节我能有哪些地方改进……"

仿佛手艺匠人都有"讷于言而敏于行"的性格特点,曹荣也是如此。日常生活中,他是一个比较安静内向的人,但只要谈起二胡,他立刻变得神采飞扬,仿佛在诉说一个老朋友一般怎么都停不下来。曹荣说,他做琴做久了,就会和琴产生共鸣。他做的琴都和他自己的性格很像,直爽,声音显得干净洪亮,甚至当天工作的心情,会直接影响到成品的音色。

"80后"的曹荣在民族乐器一厂工作已经超过20余年,是民乐一厂最年轻的二胡技师,也算得上是"老师傅"了。白驹过隙60年,企业几经搬迁,从黄浦江畔到七宝古镇,工作台上的精工打磨却一如既往。"不是因为有希望才去坚持,而是因为坚持了才有希望",这是曹荣的座右铭。

最年轻的"老师傅"打造出"新概念民族乐器"

曹荣认真做琴的信念练就了高超的绝技。困扰所有技师的鞔皮工艺反而成为曹荣的绝技,蟒皮在曹荣手中一捻,他就能分辨出皮的松紧、厚薄,甚至雌雄。由曹荣制作的专业二胡,金牌率始终保持在80%以上。曹荣多次被评为企业、集团和区先进生产工作者,还获得了中国民族乐器(二胡)制作大赛工艺优胜奖、音质优胜奖。2016年,曹荣荣获首批"上海工匠"荣誉。他制作的二胡没有丝毫锉刀痕迹,声形兼优,所制二胡的金牌率高达85%以上。他所设计制作的珐琅系列雀之恋二胡、景泰蓝式二胡、蝴蝶式二胡等售价不菲的精品二胡,一度是二胡购买的"网红"产品。

作为上海民族乐器一厂的拉弦乐器制作师,曹荣正是这样一位传承者,通过手与耳的磨炼,使得二胡这一民族乐器制作技艺得以代代相传。但传承的同时,作为相对年轻的技艺工作人,曹荣却比其他老师傅更多地思考创新的重要性。

上海民族乐器一厂努力创新,鼓励年轻人施展拳脚。于是,能搭配"时尚版民乐"演员服装和演奏风格的"七彩二胡"、能站着弹奏的立式古筝、融入了卡通造型的球身琵琶……一样样"新概念民族乐器"应运而生。

2005年,交到曹荣手上要他放胆一试的是"透明二胡"。设计师画在图纸上的琴杆、琴把、琴筒都通体透明,要求用亚克力材质,但设计可以尽情想象,制作非得小心求证:新材料的锯切、黏合、打磨等,都是曹荣面对的新课题,比如制作琴筒,要将6块大小相同的亚克力拼成六边形柱体,用什么样的胶水既能黏得牢靠又不露痕迹?曹荣试了好多回。他发现,亚克力材质决定了琴声偏尖,琴筒上的发声膜需要调整,最终他找到一种纯白色的特殊皮料,替代常用的灰褐色蟒皮,时尚造型与经典音色完美结合。

这些年来,曹荣屡屡挑起制作"极品二胡"的重任,失败意味着贵重材料作废,所以只能一次成功。他愿意尝试,哪怕有时制作一把琴得磨上几个月。"红浆果的情怀"2006年做成,仅此一把,厂里本无意售卖,只想让人明白民族乐器的价值,但最终还是被人买走了,厂里另一把价值30万元的二胡"行云流水"同样觅着了买家,这让曹荣高兴了好一阵。

用"一生只做一事"的专注来演绎自己的生活观

在民乐一厂,像曹荣一样坚持做乐器的年轻制作师有很多。在如今的传承队伍中,有上海工匠、上海市杰出技术能手、上海市优秀农民工、上海轻工工匠、上海轻工"新生代优秀产业工人"等优秀人才,还有职工创新工作室、国家级"技能大师工作室"等优秀队伍,不断壮大传承规模,提高技术实力。他们在师傅的言传身教下,对制作技艺精益求精,敢于尝试,善于创新。在他们的手中,做出了仿古版、时尚版、巨型版、限量版等系列民族乐器,是精品优品,也是文化作品。

面对着科技的发展日新月异,曹荣也有着技艺如何传承的担忧。"当时我们进来的那批年轻人有三四十个,没多久就只剩下个位数了。更别提现在,我还算是厂里的'年轻人'。"近20年过去,优秀制琴师的缺口似乎愈来愈大。依照历年的规矩,入行拉弦乐器制作师的工具和行头都得按照师傅的要求,自己亲手打造。一是机器制造的和外面买的始终不顺手,即便是借同事的用起来也没感情;二是师傅希望新人从一开始就多动手,这样习惯养下来,看见什么都想试着做做看。制琴就和与人打交道是一样的,多沟通才不显生疏。曹荣也一直把这两点当作自己带徒弟的方式,无论是学徒还是实习生,都得让他们先打造一套属于自己的工具,既练手又长记性。

虽然不乏对未来技艺传承的忧虑,但曹荣始终坚信,民族乐器是我们中国的传统文化,传统的东西再怎么过时也要延续下去。"我把师傅教会我的学会,再加上我所积累的知识传承给下一代的民乐制作师。"这就是拉弦乐器传承者曹荣所坚守的"工匠精神"。

在这个言必匠心的时代,人们已经看惯了"匠心"的包装。而真正的匠人其实很简单,他们用"一生只做一事"的专注来演绎自己的生活观。有这么一群人,他们从不张扬,也不贪恋浮华,只遵循心底的那个声音——"专注地做点东西"。

7. 曹秀文　　2017年上海工匠　　中国农民画村

曹秀文常说:我热爱生活,热爱着金山的一草一木,享受着艺术给我带来的快乐。正是如此这般对艺术的执着、修为的专注、坚守的执着、高度的使命感、追求极致的快乐和不断自我的超越成就了这名"上海工匠"。

家庭的熏陶让艺术的种子从小深埋于心

曹秀文1956年生于上海金山中洪村一个普通木匠家庭,母亲是一个普通勤劳的绣花工。曹秀文有一个大家庭,妈妈共生了12个孩子,她排行第十一。虽然从小没有读过书,但得益于心灵手巧的木匠父亲和刺绣能手的母亲的遗传,从小的耳濡目染让曹秀文对艺术生活一直很向往。"记得有一次,我在田里放鸭子,看到小鸭子吃饱后,有的在梳理羽毛、有的在打打盹,形态可爱,我就来了兴趣,挖了块泥和着水,当作黏土捏了好几只各种姿态的小鸭子,做成泥塑后放在灶头里烧,烧好后的小鸭子我还给它们逐一上色,摆放在床头。"大概就是这一次,一颗需要浇水施肥的艺术种子深埋进了曹秀文的生命。

六七岁时,她养猪割草帮忙做家务,但想读书的愿望却不曾泯灭。直到1970年,国家颁布新规定16岁以下的未成年人不能做童工挣工分,她这才得以进入学堂,直接插班读五年级。虽然基础薄弱,但凭着之前断断续续的"旁听"学习打底,加上勤奋刻苦,曹秀文不落人后,顺利地毕业进入初中。隔年,她入了团,毕业时还作为全年级三名优秀推荐生之一,被选送到枫泾中学高中部。在之后的学习中,曹秀文作为宣传委员担任学校墙报的宣传制作,幼时创作的积累和绘画的天赋逐渐崭露出来。而此时的中洪村,正逢农民画艺术种子萌芽的阶段,一个发展的机遇正在来临。

机遇向准备好的人张开双臂,《采药姑娘》一举成名

1975年,韩和平等著名画家下放到金山体验生活,并进行农村宣传画的创作,吸引了不少村里的美术爱好者。金山因此掀起了轰轰烈烈的学习农民画的热潮。曹秀文对这群艺术家的崇拜之情不言而喻,于是经常去请教绘画艺术中的细枝末节,老师们见曹秀文天资聪明又善学好问,都不厌其烦地谆谆指导。在吴老师的辅导下,曹秀文用"移植法"把纸当布,把色彩当作绣线,"绣"出美妙的画卷。她的作品中不少图案来自父母的衣服纹样,色彩上吸收了蓝印花布、刺绣等民间配色方法,有时也直接把母亲的刺绣纹样画进来。之后,曹秀文在师长和家人的鼓励下,报名参加了第一期金山农民画培训班。次年,她毕业后进入村宣传委工作,更多的锻炼也让她迅速成长。至此,艺术大门正式为她敞开。

1976年,英籍作家韩素音女士单独采访了青年画师曹秀文,并在香港《七十年代》杂志上发表文章予以介绍,让世界了解金山农民画。1978年,20岁的曹秀文创作了自画像《采药姑娘》,她万万没有想到,一副源于"自画像"的创作,竟成了她的成名作品。"这幅《采药姑娘》画的就是我自己,年轻时候我在公社中负责采摘草药,被评为'五好'社员,回到家中突发奇想,想着用画笔记载下当时的那份自豪和快乐,因为是写实自己的生活,整个绘画过程可谓一气而成。许是这画透着的那股真实的乡土气,被许多人称赞并纳入中国民间美术博物馆收藏,这是我没有想到的,也给我带来了人生的转折。"《采药姑娘》被中国美术馆收藏,还入选了《世界农民画册》。从此,曹秀文和她的画从金山走向全国,从全国走向世界各地。每每遇到外国游客,或出国办展,尽管"一个单词也不认识,不会说",曹秀文却从不怯场:"语言不通不要紧,我可以通过动作、眼神、表演去介绍金山农民画。"

依托浓浓乡愁,在创作中坚持创新

农民画的创作,绝不能一成不变。为了更好地反映生活,她总是蹲在菜场、茶馆的一角,细细地看着人来人往、逐步地画着一横一竖,这"一屁股坐下"往往便是几个小时。确定主题、构图打样、绘描色彩,完成一张精品农民画作品需要30天左右。有时要连续伏案10多个小时,经年累月的操劳丝毫没有折损她的热情,丰富的生活经验给她带来了大量的创作源泉,伴随着宝贝女儿的出世,她创作也进入了丰沛期,收获了更高的荣誉。这期间,她创作的作品如《上夜校》《新年喜事多》《放风筝》等频频获奖。1982年,美国国务卿基辛格和夫人在上海锦江饭店访问金山农民画辅导员及部分作者,称赞金山农民画是"现代中国极为优秀的民间绘画"。就在那一次,曹秀文的《渔家乐》从成千上万幅画中被基辛格看中并收藏,这令曹秀文名声大噪。

曹秀文倡导"多动脑、多创新",有坚守亦要有创新,在留住乡情的同时,要从题材内容、绘画材料和创作手法上进行创新。在题材内容和创作手法上,她大量采用现代化农村的新元素,以大胆夸张的艺术表现手法、明快亮丽的色彩、外拙内巧的艺术风格,再现丰富的江南新农村民俗情态。在绘画材料上,她尝试过使用丙烯颜料与油画颜料在画布上创作,这些创作创新,让农民画更贴近生活,更受欢迎。这些年来,曹秀文的30多幅作品曾在区、市、全国展览中多次获金奖、一等奖及优秀奖。许多作品被国家博物馆、美术馆以及世界名人收藏。2010年世博会在上海召开,她创作的《春意》《渔家乐》二幅画被世博会选中,在世博会主题馆贵宾厅展出,代表中国民间文化艺术,向全世界展示了金山农民画的艺术风采。这两年,她又根据中洪村30年来的变化,创作了巨幅的农村三部曲《记住乡愁》:第一季反映了中洪村30年前的风貌,河道弯弯、两岸杨柳依依阡陌纵横,船只是当时最主要的出行工具;第二季,中洪村河道改成了公路,方便了南来北往,农舍整齐美观,丰收的农田流金溢彩,画面浑然天成一个吉祥的"福"字;第三季的村落树木妖娆,旅游车开进了中洪村,游客走进来观美景品美味,看新农村的人们老有所乐,先进的网络也缩短了村庄和都市之间的差距,七彩斑斓的美丽乡村蕴藏着无限生机和商机。

即使非遗传承工作困难重重,依旧砥砺前行

转眼间,40多年过去了,从绘画班学员到著名金山农民画画家,曹秀文已是第一批上海市非物质文化遗产项目(金山农民画艺术)代表性传承人,入选2017年"上海工匠"。谈及金山农民画的未来,曹秀文自豪中不乏一丝担忧,当前金山农民画确实面临着一些瓶颈问题,包括传统生活方式与绘画主题的变化、传统风格模式与探索创新的关系、农民画运作机制与农民画产业规范化运作等,需要从今天的生产生活、文化需求和民间艺术的发展规律出发进行深入探索。曹秀文认为金山农民画需要与时俱进,作品要高于生活,就要求画家无论是表现形式,还是表现手法都要创新,比如吸引其他地区、国家的画家相互交流,才能保持农民画的生命力。

"画画收入很不稳定,相比于现在受热捧的铁饭碗,绘画对年轻人的吸引力实在太小;再说认真地画一张画实在是很辛苦的,需要不断的积聚,现在社会通病都比较浮躁,许多人都追求立竿见影地得到回报,为此能在农民画上坚持下来的越来越少。"谈及未来虽然不乏担忧,但从主题到构图再到技法,从只会埋头画画到逐渐摸索出一套系统理论,曹秀文把自己40多年创作的经验总结出来,将之带进课堂,传授给有心学习农民画的爱好者,不论亲疏远近,毫无私藏。如今,曹秀文平均每年带教5~10名学生,有些学生已经学有所成,达到了一定的艺术高度。除了从小跟随她学习的女儿和侄女,更多的是来自五湖四海的农民画爱好者,每年都有上千人次来上她的课,一名日本学生更是成了"铁粉",还计划邀请她赴大阪办画展。她时常在枫泾成人学校带教各行各业的"徒弟",她也是枫泾中学的课外辅导员,手把手带小朋友们进行金山农民画的学习创作。在曹秀文老师的艺术工作室里,总有很多求师问道的学生和登门拜访的友人。

在从画的40多年时间里,曹秀文已创作了200多幅作品,得到了国际友人及美术专家的好评和赞誉。40多年的坚守,让她从一名普通农村姑娘成长为一代画师,成为金山农民画的一张"名片"。

8. 程美华　　2016 年上海工匠　　上海市金山丝毯厂

她是金山丝毯的"孤独"守望者,与丝毯艺术结缘的 40 余年,坚守工艺打了千万个八字结,如今手指变形,但她却认为丝毯赋予了她对生活的激情与憧憬。她就是金山丝毯厂厂长程美华。

手工要打 14 400 个 8 字结　　手指受伤是家常便饭

1954 年,程美华出生于江苏如皋一个技术工人家庭。由于哥哥、姐姐先后下乡插队,组织上对程美华家很照顾。"当时给了我两个选择,一个机械厂,一个丝毯厂。"于是,从小爱美、喜欢五彩缤纷新鲜事物的程美华在 20 岁这一年,与丝毯编织结缘。

一条优质的,长宽均约 2 米的手工丝毯,前后需要融合设计、绘制图样、点格、算色、染色、织线、上经、定经、过纬、平毛、剪花、整修、检验等 10 多道工序才算完成,而这个制作过程至少需要一年。每一个织造手工丝毯的人都要经过技艺的磨炼、艺术的洗礼、时间的沉淀。

刚开始学习丝毯编织时,其艰苦与枯燥无须多言。丝毯采用天然蚕丝手工编织而成,编织时,有一项"基本功",需要将前后两排经纬线做底板,左手食指把前纬线绕到经线后再按"8"字绕回打结,每打一个结就割一刀,一平方英尺的丝毯,手工要打 14 400 个 8 字结。这样的劳动,手指受伤是家常便饭。在学习的过程中,程美华的手指时刻忍受着刺心的疼痛、流血,甚至变形。但由于对职业的热爱,这一切程美华都咬咬牙忍受了。

"那时候按件计薪,一等品的报酬最高,多劳多得。"程美华在所有初学者中是出众的。"比别人多学一点"是她的执念。不过这份执念却给了她人生第一个惊喜,她做出来的《富贵牡丹》在老师傅对丝毯制作验收时获得了一等奖。程美华一步一个脚印,用端正、勤奋的态度打下了坚实的基础。

从样式和款式上开始创新　　打开丝毯新的销路

1981 年,程美华前往原中央工艺美术学院学习,在清华大学美术学院教授袁运甫的带领下,合作研制中国第一幅现代艺术挂毯《智慧之光》。作品描绘的是中国古代女子点燃智慧之光的场景。程美华打破多年的工艺配色常规,将一种色彩升华出15种韵色来表达颜色的丰富性。

一年以后,《智慧之光》被做"活"了,袁运甫老师带着这幅丝毯到来到美国艺术中心展出,被美国艺术界传为佳话,说这幅丝毯开拓了现代丝毯艺术,在当时没有一副丝毯作品可以与之相媲美。

1982年的5月,程美华作为中国唯一技术人员选拔到德国汉堡东方地毯博览会上进行现场表演,在当时欧洲人不相信中国地毯是手工制作的背景下,她用流畅的双手、娴熟的技法、精湛的制作,使现场的每一个人都信服了。艺术丝毯凭借"中国好手艺"的口碑打开了欧洲市场,开启了程美华丝毯人生艺术之路。

抛弃点格和固定色彩只是第一步,在后面的创作中,程美华不断进行实验,让丝毯制作更具创新性。首先是传统地毯的样式改革,相比伊朗波斯毯的色彩鲜艳、日本丝毯的淡雅规整、美国丝毯的田园风,20世纪90年代的中国传统手工丝毯只有二龙戏珠、龙凤呈祥、富贵牡丹的样式。程美华先从丝毯形状下手,将丝毯由原来的长方形和正方形转变为波浪形、椭圆形、圆形、布丁形,一时间让丝毯时尚了不少。

1980年代中期,程美华参与指导著名画家常沙娜设计的《和平与春天》艺术挂毯,色彩鲜明,别致精湛,被中国政府作为国礼赠送给联合国儿童基金会,至今陈列在联合国大厦。1985年,程美华曾参与指导制作的美国威斯康大学罗斯高教授的作品分别被美国艺术博物馆和纽约现代艺术博物馆收藏。

材料的创新让丝毯视觉更丰富　　熬过了丝毯厂的"寒冬"

20世纪80年代末至90年代初,还是浙江桑蚕丝制作手工丝毯的高峰期,大量桑蚕丝的使用,让材料面临严重短缺。这时,程美华开始大胆尝试使用北方高山上的柞蚕丝,经过温度、漂白、加工等复杂工序后生产出了没人想到却完全可以代替桑蚕丝的高弹性原料。她还带领金山丝毯厂吸收西方美学艺术,设计出海派图案,并大量使用蓝色、驼色等淡雅色系。

"丝毯虽是物,但也有着灵魂。支撑着它历久弥新、不断传承的秘诀就在于推陈出新。"程美华说。

独特的创新获得了俄罗斯客户的青睐,也为他们工厂赢得"十年订单、十年免检、十年收获"的辉煌业绩。创新是金山丝毯的灵魂。日本前首相村山富市收藏的金山丝毯《寿》被评为全日本最高奖项"村山富市奖"。由京剧脸谱设计的"寿"字艺术壁挂毯得到中日友好人士的高度评价。

2003年,丝毯厂迎来寒冬。上海原来的6家工厂先后停产关闭,中国丝毯行业遭遇到了前所未有的冲击。但面临绝境,程美华毫无畏,而是干脆利用市场淡季创新研发,打破传统的"大红大绿""大花大绿"设计风格,创作凹凸素配艺术新风格。壁挂毯有了强烈的凹凸立体感,仿佛"活"了起来,让视觉效果更丰富多彩。

将"编"与"织"相融合

"编"与"织",本来是两种截然不同的工艺,但是在手工丝毯的制造中,它们必须有机结合在一起。将"编"与"织"相融合,这一大胆的想法,源于程美华在迪拜博物馆的一次参观经历。"博物馆有一幅布艺作品,远远望去如同立体一般。当时我就在想,为什么丝毯不能做成立体的呢?"同行的几位姐妹笑她异想天开,唯有程美华默不作声,拿起相机定格了这一视觉效果。传统丝毯皆采用"织"的方式,这"编"与"织"本是截然不同的两种工艺,为达到效果,程美华甘愿从头学起。

"摸索了半年学会了如何去编,又花了半年研究出编织一体的走线方法。"长达两年的编织过程中,样稿上图案曾无数次出现在程美华的梦中,她甚至会感到晕眩。

电剪刀镂刻完最后一条边缘,《笑迎世博》终于横空出世。铺开丝毯的一瞬间,在场所有人都露出了惊诧的表情,程美华脑中回想的是当时拍下的那张照片。"灵感总会关照那些善于发现、热爱思考的人。当然,还要有一颗敢于尝试的心。"

丝毯传承道路上孤独的守望者　　希望技艺可以走进孩子们的课本

和大多数手工技艺一样,金丝挂毯也面临着人才短缺、传承困难的问题。这些年,前前后后有1 000多名学员在程美华这里拜师学艺,但最终坚持下来的却很少。程美华说,现在的自己是一名孤独的守望者。虽然没有以前那么艰苦,但制作一张大型挂毯仍然耗费心力,至少需要一年时间才能完成。"卖一条丝毯的利润只有5%。年轻人来了赚不到钱,我们留不住人。"

"我希望有一天,承载着文化的技艺可以走进孩子们的课本,让他们知道做一名工匠也很荣耀。我等待着后继有人,但不管怎么样,只要我还做得动,便会一直坚守下去。"

时光荏苒,岁月如诗。走过辉煌3 000载的中国传统手工艺丝毯,在传承和创新中发展。如何将蕴藏历史悠久和多民族智慧的艺术瑰宝进一步发扬光大,已成为中国地毯专家、工艺美术大师程美华带领的金山丝毯创意团队的崇高使命。如今,为了不让艺术珍品藏在深闺无人识,"上海工匠"程美华正忙着在丝毯制作体验馆、上海非遗传承教育基地把她美丽的绝活无私地亮出来、传下去。

9. 华国津　　　2019年上海工匠　　　上海工艺美术职业学院

华国津,国家职业玉雕鉴定评估师、上海工艺美术学院教师,云南省工艺美术行业协会副会长、云南省工艺美术大师、云南省玉雕大师。与很多匠人不同,华国津的匠心独运更多的是运用在了偏远地区的学生教学事业上。

机缘巧合,奔赴云南初创工艺美术基地

20世纪七八十年代,华国津进入上海玉雕厂成为一名雕刻工人,在玉雕岗位上一干就是15年,刻苦努力,兢兢业业。他深深热爱着玉雕工作,从初出茅庐的新人到学得一身技艺,完成了从学徒到玉雕名师的艺术修炼。原本,他在厂内将继续自己的岗位,持续"上海人的安稳生活"。但一次机缘巧合,华国津与千里之外的地区——云南产生了联系。

2008年,华国津赴云南省德宏傣族景颇族自治州潞西市职业教育中心,正式开始自己的"支教之路",为当地学生传授玉器设计与工艺技术。谈起第一次上课,华国津介绍到,学生由15名德昂族、3名傣族、3名汉族和1名壮族组成。当他有些忐忑地走上讲台时,看着台下年轻学子闪闪发亮、满是期待的眼神。华国津心里想着,一定要将自己毕生所学在有限的时间里尽可能多地传授给他们。

授课不到一个星期,华国津就用他那专业的知识、生动的教学、热情洋溢的讲授征服了孩子们的心。孩子们在私下里议论道:"听津津老师的课,真的津津有味。"华国津也真切地感受到孩子们对玉雕的强烈兴趣,只可惜首期授课只有短短的3周时间,所能传授的知识也不过是九牛一毛,华国津和孩子们刚熟悉,就要分开了。课程结束后,在华国津的努力下,在上海民族宗教委员会、工艺美院等单位与潞西职中的精心组织和安排下,华国津以带队教师的身份把7名云南学生带到上海,进入老凤祥公司见习。在学习之余,华国津还把学生们带到自己家中,把他们当作自己的孩子一般热情招待。

当年冬天,因为忘不了同学们期盼的目光,华国津又排除万难,再一次回到滇西这片热土,此次的义务支教时间长达1个月。然而让华国津自己都没想到的是,这一次,他就再也没有离开过这片土地,少数民族地区淳朴的民风民情感染着他,孩子们渴望求知的目光激励着他,他最终选择在云南落地生根,直接落户云南,将心思扑到培养边疆玉雕人才上。用华国津的话说:"我的心在这块土地上沉淀了下来。"

此后连续好几年的春节,华国津都没有回上海,而是在当地村寨同学们家中度过。村寨百姓以最高礼节热情接待了他们心目中这位德高望重却又亲切如父亲一般的贵宾。

成立玉雕见习基地,为学生进一步增设就业机会

数年如一日的授课教学,华国津眼看着学生们从"空有一腔热情"到慢慢学习基本功,持之以恒地磨炼手艺,逐渐一个个学有所成。华国津深深为自己的学生感到自豪欣慰,但同时对整个云南玉雕行业表现出担忧。在云南玉雕行业中,多数的玉雕师缺乏必要的文化素养和知识积淀,基本功不扎实,创意不足。而且玉雕人才的培养往往需要十几年的学习和实践,现在短短3年的学制,如何能培养出真正的玉雕后备力量?课堂教学的时间毕竟有限,离开了学校,孩子们到哪里去做玉雕呢?学到的手艺能够帮助他们过上理想的生活吗?

通过和潞西职中领导的彻夜讨论,华国津意识到,扶贫不仅仅需要资金投入、人才培训,同样也需要产业帮扶,帮他们建立起自己的产业。为此,华国津决定成立玉雕见习基地,给离校的学生提供更多进行玉雕创作的机会。在国家少数民族扶贫战略的旗帜下,2007年9月,上海市民族和宗教事务委员会授牌芒市职业教育中心设立"工艺美术从业人员创业基地",由上海老凤祥有限公司、上海工艺美术职业学院支持建设。学院由玉雕专业华国津领衔,组织青年工艺美术师团队支持基地建设。2008年7月15日,在美丽的德宏,少数民族地区工艺美术创新创业培训第一期开班。这对华国津来说,既是对自己多年帮扶工作的肯定,更是对未来的一种鼓励和期许。"帮扶不仅是人力财力投入,而是要找到好的融合点,帮扶要发挥自身的技艺和行业优势,并匹配当地少数民族地区的资源特点和产业环境。"华国津说。同时,华国津结合自身多年的玉雕实践经验和教育经验编写了教材《玉雕设计与创意》,陆续被多所院校用作玉雕专业的教科书。

数年人才培养,佳绩迭出

学生们在基地打造磨炼之后,手艺日益纯熟,也对玉雕产业有了更深入的认识。为了进一步推动可持续的发展机制,华国津决定要帮助他们构建起自我发展的产业环境。带学生们至上海考察调研,推动云南省工艺美术协会等关注少数民族学员,引导他们加入行业组织,参与各类赛事展览活动,评定职称和荣誉……华国津时时刻刻不忘学生,为他们争取更多的资源和市场机会。"花的功夫和心血都值得,辛苦没白费!"这给华国津带来很大的欣慰。

这些年来,华国津先后在芒市职业教育中心、德宏州中等职业学校等支教,共培养了5届学生约150人。2017年举行的云南省玉石雕刻技能大赛中,华国津教授的学生获得了多个名次的好成绩。获奖的学生来自多个地区与民族,既有傣族、德昂族、景颇族等少数民族学生,也有来自沪滇两地的汉族学生。在华国津的精心指导下,很多学生都被授予了"云南玉雕名师"的称号,成为独当一面的行家里手。"人才是行业发展的关键,就目前来看,有的学校虽然开设了玉雕专业,但由于玉石材料昂贵,理论同实践结合得不是很好;传统的师带徒方式又偏重于雕刻技法,缺少理论方面的提升。"华国津说。

坚持佳作输出,自我造血是关键

除了在云南开办学堂,授课招生,华国津自己的玉雕技艺也从未荒废。这些年,华国津在自己的玉雕工作上刻苦钻研,其作品雕工精湛,所雕刻的器皿线条不但阴阳分明,而且刚中不失柔腻之笔,深受市场欢迎。华国津的玉雕题材侧重于古代器皿,早前以黄龙玉为主要材料,但随着翡翠器皿在市场逐渐受到热捧,华国津现在更多的是尝试用料翡翠。作品《德宏瓶》(黄龙玉)荣获云南省玉雕大师作品展金奖;作品《对话》(翡翠)获云南工美奖银奖;作品《景颇壶》(黄龙玉)获云南泛亚石博展金三奖,同时选送的其他作品均获银奖、铜奖;作品《白玉金鸡异》获中宝协天工奖,同时选送的其他作品获得优秀奖;另外还获得了上海神工奖和黄龙玉四大奖"最佳工艺奖、最佳创意奖、银奖、铜奖";《白玉观音》获上海宝协(银奖)等奖项。

2009年,由于在玉雕事业上的突出贡献,华国津被云南省文产办、省商务厅、省国土资源厅、省技术监督局等13家单位联合授予"云南优秀玉雕名师"称号。特别是2010年8月,在上海第三届玉雕"神工奖"评选中,华国津玉雕器皿工作室一举获得了四项大奖——最佳创意奖、最佳工艺奖和银奖、铜奖各一项。

如今的华国津任职于上海工艺美术职业学院。然而在他内心深处,没有一刻忘记过云南的工作室与学生们。只要有时间,只要他们需要,华国津总是能在第一时间回到云南。比起普通匠人在自己的手艺事业上打磨一辈子,华国津深入探索出的这条少数民族地区帮扶之路更称得上匠心传承与创新的楷模。

10. 钱月芳　　2017年上海工匠　　上海松江顾绣研究所

20世纪70年代松江工艺品厂恢复了顾绣项目,并开始传承推广。在戴明教师傅和梁景惠画师的指导下,19岁的钱月芳开始了顾绣基本功练习和绣制研究,迄今已有40余年。多年以来,钱月芳不断钻研,不仅将顾绣原本"平、齐、密、细、韵、直、光、顺"的八字口诀做到淋漓尽致,还加入了许多自己的创作。

保护和发掘民族优秀文化遗产　　400多年前的顾绣再现光芒

顾绣因其源于明代松江府顾名世家而得名,又称"露香园顾绣",民间还有个名字为"闺阁绣"。是古代大家闺秀和文人雅士交流的产物。画绣结合是顾绣的一大特点,与别的绣种不同,名画、书法、花鸟等众多事物皆是可绣之物,有着独一份的灵动与典雅。

顾绣作为江南唯一以家族冠名的绣艺流派,成名早于苏绣等四大名绣。明代崇祯年间《松江县志》记载:"顾绣,斗方作花鸟,香囊作人物,刻划精巧,为他郡所未有。"400多年间,顾绣曾盛极一时,其后衰落、沉浮,又从闺阁走向社会、走向重生。

中华人民共和国成立后,党和国家十分重视保护和发掘民族优秀文化遗产。20世纪70年代,在周恩来总理指示发掘传统工艺美术品后,当时小有名气的松江设计师梁景惠等人建议重拾顾绣,松江县领导召回了散落在民间的绣娘。就这样,松江工艺品厂顾绣车间应运而生。也就是从这时起,钱月芳一头扎进了顾绣的世界,师从当时顾绣唯一的国家级传承人戴明教。

3年只能掌握最基本的技巧　　每天要坚持锻炼眼力

1972年,19岁的钱月芳被分配到松江工艺品厂。眼看着同龄伙伴在上山下乡的洪流里颠沛,而自己可以安安静静绣"又好看又有艺术性"的绣品,钱月芳立下了"好好绣"的大志。从此之后,即使在特殊时期顾绣停办,她也没有放弃过刺绣。

和其他手工技艺一样,顾绣日复一日的练习艰苦而枯燥,但钱月芳也是在学习期间真正爱上了顾绣。她心无旁骛,精耕细作,尽管当时浑然不知,只是凭本能去做。钱月芳前前后后绣过100多对绣花枕套,包括自己结婚的、姐妹的、朋友的枕套都是她一手包办。绣艺就在这过程中越来越精湛。钱月芳说,自己平时不能休息,每天要锻炼眼力,一旦一天不干活,第二天重新拿起绣针眼睛就无法聚光。钱月芳说她绣过的最细的线,是蚕宝宝吐出的两根丝。这么细的线一天绣下来,只能绣半片叶子,一幅图绣下来,至少一年。

1978年顾绣车间恢复,钱月芳凭借着自己的努力和天赋很快就脱颖而出,成为业务尖子。钱月芳表示,虽说"顾绣"上手不难,但你学三年只能算是掌握了最基本的技巧。"刺绣就像作画一样,想要什么,就能绣出什么。从什么都不懂的绣娘开始,3年练基本功,可以出作品,10年能比较精通。20年速度上去了,30年开始有自己的设计,等到40年,积累经验,就能逐步形成自己的风格。"

1991年,钱月芳随上海文化局赴日本参加中国民族传统艺术交流。在日本,她精彩的表演、高超的技艺、十指的灵巧,使观赏者惊叹不已,更有一位日本妇女因目睹了她高超的绣技而成为她的"粉丝",追随团队辗转多地。经询问,她流露出想在心爱服装上留下顾绣的愿望。钱月芳得知她属马,就在3天的时间为她设计绣制了徐悲鸿作品中的一匹奔马图案,这位日本妇女如获珍宝,连连鞠躬道谢。

以针代笔、以线代墨,在尺许绣棚之上绣出图画的神韵

与顾绣结缘40余年,钱月芳不仅将顾绣原本"平、齐、密、细、韵、直、光、顺"的八字口诀做到淋漓尽致,还加入了许多自己的创作。她还做到以针代笔、以线代墨的艺术特效。在尺许绣棚之上,绣出图画的神韵,绣品上的人物神采奕奕、栩栩如生、呼之欲出,花鸟虫鱼生气灵动,不乏名画原作之韵味,使人难辨是画是绣。

在绣制名画《五牛图》时,为了熟悉牛的习性,钱月芳还特意去农村奶牛场看牛,耗时两年时间才完成。仅用到的针法就有施、搂、抢、摘、铺、齐以及套针等数十种。

近几年来,钱月芳绣制的《红叶喜鹊》《饮鹅》《海棠蝴蝶》《吉祥天女》《群鱼戏藻》等作品,参加国家级和省市级举办的大师精品博览会展,荣获金奖16个、银奖4个、铜奖3个以及珍品奖、精品奖、传承奖等。

2006年,顾绣被列入第一批国家非物资文化遗产名录。同年的深圳第二届国际文化产业博览会,钱月芳与伙伴绣制的郎世宁16幅"仙萼长春图"系列作品获金奖。自此,钱月芳的热情一发不可收,能量被纳入轨道,梦想被注入活力。此后的10余年间,她常随政府有关部门赴以色列、美国、意大利等国家,参加民间传统艺术交流,弘扬中国文化。

将经验整理成册,培养接班人从最简单的拿针、穿线教起

为了顾绣艺术的传承和发展,2002年开办了顾绣学习班,由钱月芳挑起了培养顾绣接班人的重任。对于人才培养,钱月芳深知道阻且长。钱月芳尽心尽力,倾其所能,把自己30年来的经验整理成册,从最简单的拿针、穿线教起,到色彩搭配,几十种针法如何运用,毫不保留地教给学生,经过两年的传教,27位学生当时全部进入了工厂工作。更有胜者已能独立完成难度较大的作品,已参加了两次展览会,得到参观者的好评和赞扬。2016年,作品郎世宁系列在全国工艺美术精品暨非遗产业博览会上，获得"国匠杯"银奖。同时，松江成立了集保护、研究、创新于一体的顾绣研究所。

四、时尚文体

1. 马如高　　2016年上海工匠　　上海博物馆

从业20余年他修复过300多件古家具，最长一件历时8个月，经他修复过的古家具在海外展览过。他是上海博物馆第四代古家具修复师马如高。近年来，随着《我在故宫修文物》这部纪录片的走红，文物修复师这个神秘的职业也一下走向了台前。修复师展现出的沉静、细致，以及巧夺天工的技艺，迷倒了一片"80后""90后"。

从小爱动手　　放学就溜去家具厂玩耍，19岁高考失利后开始学习木工

马如高出生在江苏盐城，小时候，他就是个动手能力超强的孩子，每当放学，他会溜到家附近的家具厂看工人们制作家具。刨木头、锯木头、装订家具，这些其他人看似无聊的流程，马如高却觉得很有意思。抱着好玩儿的心态，马如高开始了与木头的缘分。

古语有言，荒田饿不死手艺人。马如高回忆，高考差了一些分数，父母觉得有了手艺不会挨饿，加上他也喜欢、愿意学，就让他跟着村里的一位老木工师傅学了3年，头两年都是在干粗活，没有工钱，师傅要求非常严格，农忙的时候还得帮忙。师傅休息的时候他不休息，自己偷师、钻研。他19岁开始学家具制作，做了10年木工。

1991年，马如高来到上海，凭着一手好手艺，做起了装潢生意。一个偶然的契机，1994年，马如高作为"好手"被招录进上海博物馆，主要负责修复古家具，特别是清代家具。

当时正值上海博物馆新馆要开馆，马如高回忆，当时一共只有3个人，两年内要完成100多件文物的修复工作，在1996年12月总算赶出来了。那段时间基本都泡在工作室里。

从"不敢碰"文物到修复超 300 件明清家具

虽然文物修复上没有所谓的"海派",但上海对全国文物修复还是有所贡献的:20 世纪 50 年代公私合营时,曾把江南一带从事古董修复的人员全部集中到上海,再派往全国。现在,不少省市博物馆的文物修复工艺和技能都是那时候从上海传过去的。上海博物馆 1958 年建立文物修复部,1960 年又建立文物保护实验室。

古董家具不可再生,珍贵性不言而喻。刚进入上博时,马如高并不敢下手。与制作家具的流程不同,修复古董家具有着自己的流程。需要先拍照记录入档案;再开始对这些家具进行专业的清洗;拼接时,如果有不完整的还需要修复师找到同样的原材料进行制作;最后再根据整体风格进行打磨。

跟着师傅学习的过程中,马如高边观察边仔细研究,慢慢地开始了他的修复古家具之路,他慢慢调整自己的心态。1995 年,他修复了一把明代的交椅,在当时能拍卖到 50 万美元,听到手里摆弄的木头价值不菲,马如高认为能够接触到文物是自己的荣幸,而能够修复它们更是一件有成就感的事。"先别想它值多少钱,先把自己的活做到位。"他说。

因为有着纯熟过硬的木工技术,不仅上海博物馆,现在整个上海文博系统,只要涉及木器修复,都会找马如高帮忙。大到自己家的家具,小到孩子的玩具手枪,马如高都亲手制作。迄今为止,马如高已修复超过 300 件明清家具。

历时 8 个月将 200 多块碎片拼出清代紫檀木宝座

马如高想起曾经修复过的最难的一件文物——清代紫檀木雕刻而成的莲叶龙纹宝座。为了修复这件文物,他足足花了 8 个月。马如高回忆道,当时在库房的角落里堆放着一箱碎掉的木头,长长短短。清代时紫檀木已经十分珍贵,这把宝座用的又都是碎料,给修复造成了极大的困难。

修复工作并不是按照照片或者图纸拼接起来就行,家具缺的部件都是不规则的,得在零部件里找,一个个按照雕刻的花纹或者木头的纹理对起来。缺失的部件得自己做,先用石膏打样,再用木头雕刻,尽量找到跟原木相同的木料。宝座上的浅浮雕、高浮雕、镂雕,凡拐角处他用刀迟缓,不能有重复刀痕。完工后打磨宝座毛刺,用了 3 种不同型号的砂纸。

如今，这张莲叶龙纹宝座摆放在上海博物馆家具陈列室，座屉呈月牙形，后背正中部位以硕大的莲叶为饰，叶脉清晰，上刻"寿"字，莲叶上方雕一正面龙，莲叶下端雕蛟龙出水图样，莲叶两侧围屏均作缠枝莲镂空围栏，十分精美。

除了拼接，修旧如旧给修复师们提出了更高的要求，这些不仅需要经验的积累，也需要对化学知识的学习。以生漆为例，是漆树上长出来的，漆色自然光鲜，也很牢固，不容易褪色，用来修复古家具再适合不过。马如高说，补好色后还需要用瓦灰"磨蹭"，这是做旧，"颜色可以补起来，但不是补好了就行，原工艺是什么样，还得恢复那时候的味道，做旧是为了更加贴近历史的气息"。

静得下心、耐得住寂寞，5个徒弟走了4个

工作忙起来，他着实想有人分担，更重要的是，这门手艺亟须传承。自豪的同时，他有些担忧，马如高坦言，想招一个徒弟并不容易，"现在的年轻人都是高学历，不爱学手艺。上海这座城市发展很快，我们这个行业苦、脏，留不住人"。

马如高收过5个徒弟，1个入门一星期就放弃了，3个转行去做生意，如今门下只有一个小徒弟贾涛。2008年，马如高收了一个徒弟，但没想到，只教了一个星期基本功，徒弟突然"消失"了，后来才知道原因，他参加同学聚会，被同学嘲笑是做木匠，再加上天天锯木头、刨木料，工作实在辛苦，所以放弃了。

修复工作要善于动手，这份差事在古代称为"工"。近10年来，各地博物馆开始重视文物修复，并有意识地培养这方面人才，而"大量缺失"依然是事实，待修复的文物数量与干活的人差距一直较大。

师资缺乏是人才培养的一大难题。他举例说，高等教育一级学科的考古、科技史等专业，也会涵盖文物保护，但均为理论。大学毕业生即便专业对口，在学校里也难有机会实践训练。

近10年来，文物保护行业才产生了数十个国家标准与行业标准，如今传统修复还需要与现代科技相结合，"进步是必须的，引进仪器设备的同时，手艺也必须得到传承"。

马如高感慨道，古代的工匠们一辈子就做几件东西，不顾时间成本，慢工出细活。现代社会，对于修复师的要求越来越高，为了更好地了解文物和修复的技术，马如高经常与国内外的专家进行交流学习。

2. 沈琼　　上海男子排球队

从核心队员到五冠主帅华丽转身　　上海男排是种传承更是种精神

他曾是上海男排夺取九连冠的核心球员,现在是率领上海男排夺得联赛五连冠的主帅,他叫沈琼,一位帮助上海男排先后夺得15次冠军的人。在他的身上,我们看到上海男排的精神在传承。

"试一试"选出"亚洲第一主攻",童年放弃玩耍,每天除了学习就是练习颠球

1981年,沈琼出生于上海市静安区,从小他的身体素质就非常好,有着极强的运动天赋。8岁那年,静安区少体校的教练到他就读的北京西路第二小学招排球运动员,刚下课的沈琼从教室里跑出来,准备去操场上玩耍时,被教练看到。教练上去找到沈琼,希望他"试一试"打排球。对此,父母也非常支持他去打排球,希望他将来能为国争光。

和其他优秀的运动员一样,沈琼儿时的生活也非常枯燥,每天放学回家不是先写作业和吃饭,而是趁着间隙先去练球。父亲会带着他到弄堂里练习颠球。在沈琼看来,相较于其他项目,排球的基础练习更为枯燥乏味,一般小孩很难从中找到乐趣。在父亲的监督下,他每天都是在周而复始练习颠球,从10个到20个,到50个,再到后来想颠几个颠几个。对于每天的练习,父亲会制成图表,每当到一个重要节点时,父亲都会"放大招"。只要沈琼能突破父亲制定的目标,就可以得到心仪的玩具、游戏机等小奖品。

武定路、威海路、江宁路、凤阳路,这是沈琼每天上学和训练的活动范围,为了训练,儿时舍弃了很多次出去玩的机会。至今沈琼的相册里还保留着一张在扬州瘦西湖练习颠球的照片,在他的记忆里,哪怕外出游玩爸爸也都会带着排球,见缝插针地督促他练习。

付出不一定有回报,但不付出肯定没有回报。在这一点上,沈琼是幸运的,他1999年入选国少,2000年入选国青,2001年便进了国家队,可以说他通过自己的努力,实现了一年升一个台阶的目标。12年的国家队生涯,沈琼当了5年中国男排的队长,是这两代中鲜有获得过参加奥运会的男排选手。北京奥运会时,沈琼作为男排队长,带领球队获得了第五名的好成绩。此外,他还随国家队分别在2006年多哈亚运会和2010年男排亚洲杯上获得了亚军。因为赛场上的突出表现,他被誉为"亚洲第一主攻"。

国内战绩至今不曾被超越,助力上海男排拿下史无前例的"九连冠"

在国内赛场,他的战绩更为辉煌。作为上海本土球员,沈琼在2003—2012年间帮助上海男排取得了联赛历史上史无前例的"九连冠",为上海男排开创了一个时代。在全运赛场,他主打的上海男排也曾两次登顶。职业生涯的辉煌,当今国内排坛难有人可望其项背。

儿时扎实的基本功为他打下了良好的基础,尽管如此,成名后的沈琼为了保持良好的状态,每天除了加练,还会根据自己的情况进行针对性的练习。此外,在饮食上也格外注意。每当到成都、重庆这样的"美食城"打比赛,就会很煎熬,整个城市都弥漫着火锅的香味。但为了比赛,只能将这些舍弃。

伤病是每个运动员都无法逃避的,以前医疗保障和现在也没法比,即便受伤了,只要能坚持,队员们都会咬紧牙关奋战到底。沈琼笑言,一直咬牙坚持,牙都碎了。

运动员的职业生涯终归有结束的那一天,在沈琼职业生涯的最后一年,上海男排先是在联赛止步半决赛,后又在冲击全运三连冠的最后一场比赛与冠军擦肩而过。年过而立的沈琼止不住流泪,无数球迷陪着他崩溃。职业生涯最后一场比赛,用这样不圆满的表现落幕,对于好强的沈琼而言无疑是极大的打击。2013年全运会结束后,沈琼退役。很多人,甚至是热爱他的球迷,都以为他会就此告别排球。

精益求精的男人是最帅的,沈琼以教练身份重返赛场保持100%联赛夺冠率

退役后的沈琼毅然决然放弃了出国深造的机会,他选择坚守在自己喜爱的排球领域,先后参加了国家体育总局的教练员培训班以及上海的"百人计划"教练员培训。2014年,沈琼参加了上海男排主帅的竞聘,提出要重新夺回失去的全国冠军,而当时的男排联赛,正是北京队如日中天之时,连续两年分别战胜八一队和上海队夺得了联赛冠军。

作为上海男排九连冠的功勋队员,沈琼开出的并不是一张空头支票,上任第一年就带领上海男排时隔2年再度捧起了冠军奖杯。随后5年,沈琼也力保冠军奖杯再未旁落,一步步从自己口中的"一年级生"成长为大家公认的冠军教头。

沈琼坦言,这5年压力一直蛮大,2014年刚接手球队的时候还好,那时候是以一种冲击冠军的态度去打比赛,不会有太多的想法,打好每一场比赛就可以了。当运动员刚下来的第一年,真的是可以用"初生牛犊不怕虎"来形容。

第一次比赛是南昌大奖赛,拿了个冠军,紧接着锦标赛以及之后的2014—2015赛季全国男排联赛,沈琼都以教练身份带队拿到了冠军,也是联赛历史上以球员、教练两种身份获得冠军的第一人,同时也是第一次拿到"最佳教练"。

在竞技体育领域一直有句老话——摘金容易守金难。谈起这些年的执教之路,沈琼将其总结为一个精益求精的过程。在比赛之前、训练之前,沈琼都会把工作做得更细致一些,特别是在主场的时候,会更注意一些细节。制定比赛战术、辅导球员心理、更换球队阵容,沈琼承担着"成功容易守功难"巨大压力。

一路走来,他是最懂球员的教练,赛场上与球员同呼吸共情绪,还要及时调整技战术

压力来自方方面面,对沈琼来说,上任后到现在赢下的每场比赛都谈不上有多轻松,表面上的轻松获胜背后则是更多倍的前期准备。赛场外,沈琼常常会一个人把所有的压力都藏着,喜欢自己在房间慢慢消化。累了就倒头睡觉,体力充沛了,就又开始了新的工作。

当队长的经历为他当教练做了极好的铺垫,因为对每位队员的特点都十分熟悉。从球员变身成教练,一路走来,沈琼比其他人更能懂得球员们的情绪,但随着角色的切换,压力不减反增。随着比赛的推进,除了对技战术进行调整,他还通过喊话、表情等来对球员们进行情绪的疏导。因为表情极为丰富,沈琼俨然成了赛场上的"表情包"。

竞技体育的残酷在于有太多的不稳定因素,可能下一秒就会受伤,或是心理波动太大、状态不佳,都会影响比赛的结果。沈琼认为,成功是给有准备的人,其他事就顺其自然,把自己准备好就行了。此外,还需要坚持,从小打排球都是一路坚持过来的。

在联赛中发现了不少"好苗子",未来希望有更多的优秀人才进入国家队

2018年雅加达亚运会,沈琼挂帅中国男排二队出战,在手里缺少好牌以及消息不够灵通的情况下,负于巴基斯坦队无缘亚运会八强。这次不算成功的国家队执教经历一直是沈琼心中难以抹去的痛。

值得庆幸的是,回到联赛时,沈琼发现了不少"好苗子",假以时日,这些"好苗子"经过历练将给国家队补强。尽管上海男排的成绩不错,居安思危的沈琼近期还利用休假的时间去全国各地物色"好苗子",希望为上海男排补充更优质的后备力量。这本不该由主教练去做的事情,他却亲自走访,可以看出沈琼对储备人才的重视程度。

沈琼明白,在执教路上总会遇上各式各样的困难,有上坡也难免有下坡,如何在失利中汲取经验教训才是一个合格的教练成长的关键。作为一个土生土长的上海人,沈琼热爱着这座城市,也希望用更多的成绩来回馈上海。他希望能让上海排球队作为一支本土球队,取得更多的荣誉。

3. 徐根宝　　根宝足球基地创办人

从球员到教练,再到蛰伏崇明岛"磨剑"的拓荒人,徐根宝是中国足球暗黑时代的追光者。75岁的徐根宝,虽然已远离一线数载,但在中国足球的骨血里,依然随处流淌着他的DNA。时代决定了徐根宝的底色,徐根宝自认为对中国足球怀有一份责任。

"十年磨一剑,不敢试锋芒,再磨十年剑,泰山不敢挡。"这是徐根宝在2000年创办根宝足球基地时立下的豪言壮语,低调却又不失霸气。斑驳的时光剪影里,徐根宝用自己的行动证明,他一个人撑起了上海足球的精神图腾。

**弄堂里走出来的"替补拎包",儿时的徐根宝感受到了命运的召唤
从国足队长到金牌教练**

1944年1月,徐根宝生于上海。童年时期,徐根宝和小伙伴们在静安别墅

的弄堂里踢球。那时弄堂里共有前弄、中弄和后弄3支足球队。踢的是橡皮做的小皮球。由于年龄小,徐根宝那时负责拎包,有谁踢不动或者来的人少他才能顶上去。就这样一玩就是两三个小时,练习用肩、头顶停球,一练就半天。

就是在这样的弄堂足球环境中,身材瘦小的"替补拎包"根宝找到了诀窍,抢不过大孩子,就等着足球滚出来,自己再上前。就是凭借自得其乐的聪明,少年时的徐根宝感受到命运的召唤,要把踢球作为人生追求的目标。

早年的徐根宝在上海足坛的发展并不顺利,之后转去南京军区体工队,后进八一队踢球。球员时期,徐根宝在1966—1975年入选中国国家队并担任队长,球员时代的徐根宝或许并不出挑,但作为教练的他却功勋卓著。

徐根宝是个严厉的人,早在1989年执教中国国奥队时,对球员们"嘻嘻哈哈"的毛病,他没有些许纵容。他明白,训练中无法做到严谨认真的球员上了赛场,只会出现盲目的犯规和失误。而在那个时候,徐根宝指导对中国球员"抢逼围"的战术思路已经有了眉目。

挖掘10岁的高洪波,又培养出亚洲足球先生范志毅,徐根宝源源不断地给国家队"输血"

正因坚持这样的理念,徐根宝成功地带出了一批又一批优秀的球员。徐根宝在北京少体校当了两年足球教练,发掘了当时只有10岁的高洪波。高洪波算是徐根宝真正从小带大的,也是他最早的弟子之一。那时候高洪波家住在丰台,由于距离远,后来就搬到徐根宝家里住了一段时间。退役后的高洪波曾两次执教中国国家队。第二次执教国家队的时候,恰逢国足参加四十强赛的低谷时期,接手国足的烂摊子,并且成功带队晋级。

徐根宝在执教国家队时,弟子有范志毅、郝海东、彭伟国、黎兵、胡志军、徐弘等人,他们后来都成了职业化甲A时代的当红球星。当时最牛的当属范志毅。从国奥到申花,他一直是徐根宝委以重任的队长,后来还被评为亚洲足球先生。

1994—1996年担任上海申花队主教练3年间率队获得甲A联赛季军、冠军、亚军和一次超霸杯冠军、两次沪港杯冠军。1998—1999年担任大连万达队主教练,获得甲A联赛冠军、亚俱杯亚军。

从零开始　　一砖一瓦打造中国最知名的足球基地，毕生积蓄800万元全部用于基地启动资金

徐根宝成立了"上海02足球俱乐部"，目的是为中国足球培养2002年世界杯的人才，主要是1981、1982年龄段的球员。这批队员里出了杜威、孙吉、孙祥、于涛等人，2001年代表上海拿了全运会的银牌，而杜威最终如愿代表中国国家队征战了2002年世界杯。2002年，上海02队被申花收编，完成了历史使命。

看到中国足球的每况愈下，真心热爱足球的徐根宝横下一条心，在上海的崇明岛圈了一片地，扎扎实实地搞起了他的青训营。崇明虽大，但对于繁华的上海来说，是一个偏僻的角落。从上海北边的码头坐船过去，要1个小时时间。而徐根宝的基地，又选在了这个偏僻的岛上一个偏僻的位置。

第一张基地图纸是徐根宝请一位学建筑设计的邻居手绘在一张A4纸上的，当时徐根宝以为600万元差不多能造了，后来一位有经验的领导一看说大概要4 000万元，徐根宝赶紧重新设计。尽管徐根宝调整心态，把投资额提高到自己的全部积蓄800万元，但随着2000年6月1日第一铲奠基土的挖掘，资金像流水一样填入，后来基地扩建，不仅将原有土地从租借变更为购买，而且还并入那一片桃林，形成总共100亩的规模，800万元很快消耗殆尽。

徐根宝一再追求的高标准使得钱更不经花。比如，三片半室外训练场，用的都是最好的草料，季节变化大时，全部铲除重铺；再比如，他的室内训练场钢构外体全部是德国进口，是当时全国最好的，因为徐根宝希望它长久耐用。

根宝基地很大一笔投入，就是经他几番推倒重金建设的高标准足球宾馆。这是没办法的选择，因为他需要以宾馆养球场。由于开支太大，自己的积蓄全部填入后开始贷款，到2001年足球宾馆建成营业，他总共投入3 000万元，其中2 000多万元来自几家银行的贷款，别说偿还本金，当时一年140万元的贷款利息偿还就让徐根宝大皱眉头了。

徐根宝坦言，初期压力大，就是钱。就这样，足坛名教头成了宾馆大掌柜，隔行如隔山，他的角色转换之难不言而喻。无奈之下徐根宝放下身价，陪吃饭、陪聊天，最后还要陪着拍照合影，俨然成了一个"三陪老板"。这些还不够，一次为贷款利息调整的事，根宝陪大客户吃饭，因为对方坚持要求，已经很久时间滴酒

不沾的根宝一下喝了两瓶酒,后来还是费了一番周折才把事情解决。

缔造中国的曼联,十年磨一剑,不敢试锋芒,再磨十年剑,泰山不可挡

徐根宝从创办根宝基地之初就放出豪言要缔造中国的曼联。十年磨一剑,不敢试锋芒,再磨十年剑,泰山不可挡。这就是当年著名的"十年磨一剑"精神,不过在外界普遍赞颂的同时,也有不少怀疑的目光投向了徐根宝和他的根宝基地。

打造足球基地并不容易,从盖宿舍到挑选队员,再到 2006 年组队打联赛,武磊、颜骏凌这批人是根宝从小看着长大并带出来的一批人。不夸张地说,徐根宝是看着他们和自己基地的一草一木共同成长的。每一个队员都是他的孩子,是他精心挑选的宝贝。

2007 年,带领上海东亚夺得中乙冠军;2009 年,带领上海队夺得全运会男足甲组冠军;2012 年,带领上海东亚中甲夺冠成功冲超;2018 年,上海上港夺得中超冠军。这一切的一切都是徐根宝殚精竭虑下的成果。

中国顶级职业联赛史上有 3 支球队是从中乙最终走到中超冠军,而上港是用时最长的队伍,2006 赛季参加中乙,到 2018 赛季登顶中超,用 13 年才一梦成真。扎根崇明的徐根宝,放出豪言要缔造中国曼联,13 年时间,上港终于触碰到成为中国曼联的第一步,让徐根宝的豪言壮语没有落空。在与争冠直接竞争对手广州恒大的比赛中,守门员颜骏凌的高开低挡,吕文君、武磊和蔡慧康等人的进球,徐根宝的弟子们展现出的极强战斗力,是上海上港夺冠道路上一块重要的拼图。

放眼当今足坛,徐根宝的弟子更是遍布世界各地。从武磊、颜骏凌、张琳芃等现役国家队主力球员,再到朱辰杰、刘若钒、蒋圣龙等一大批国字号的未来希望,同是师出徐根宝的他们都已成为上海乃至中国足坛不同时代的标志人物。

徐根宝坦言,自己会在崇明继续努力,还要再工作 10 年,争取做到 90 岁,培养真正的球星。不可否认,徐根宝对中国足球事业的这一份执着与热爱,值得每一位球迷献上掌声。

4. 颜骏凌　　上海上港集团俱乐部

颜骏凌是中国国家男子足球队的主力守门员。从小他的梦想就是进入国家队，为国争光。从中乙联赛到中甲联赛再到中超联赛，他始终通过自己不懈的努力，一步一步、稳扎稳打实现着最初的那个梦想。2018年，他所在的上海上港集团俱乐部时隔23年后再次获得中超联赛冠军。在此后的亚洲杯上，他大放异彩，被各方肯定，成为球队最后一道稳固的防线。

作为新时代的青年，颜骏凌用自己的努力诠释着什么是当代的奋斗者。

因为调皮而被送去踢球　　9岁到崇明根宝基地

赛场外的颜骏凌看上去有些内向和腼腆，是一个带着书卷气的上海邻家大男孩。谁都不会相信，小时候的他十分顽皮。父母商量之后，决定把他送到足球特色的普陀区真如第三小学。

初来乍到的颜骏凌很快发现自己在这打架没了优势，于是开始认真训练、专心踢球。可能是看到他对于足球的喜爱，2000年，徐根宝为基地选人时，父亲带着9岁的颜骏凌去参加了"面试"，经过两次的"面试"，最终被选入根宝基地。

那时的根宝基地还是个大工地，连房间都没有，十几个人挤在一个蒙古包里。床是两个大通铺，中间只有一个狭小的过道。由于条件艰苦，不少球员的家长轮流去给孩子们洗衣服。后来条件稍有改善，他们从蒙古包搬到了一个体育场上面的铁皮房子里，上下铺，一个房间住8个人。冬冷夏热，房间里有个温度计，夏天只有温度超过30℃才能开空调，而且仅限于晚上睡觉的时候。教练会给他们定时，空调凌晨两三点自动关机。

2009年之前，上海与崇明岛的交通还是渡轮。每隔一周，父亲都会骑着摩托车载上母亲去基地看他，给他带些好吃的，严寒酷暑风雨无阻。颜骏凌回忆道，那时他家住在长宁区，父母早上5点就要从家出发，骑2个小时的摩托车到宝山的码头，再乘摆渡船到崇明的南门，再骑车去基地，这样单程一趟就要5个小时。每每回忆起在崇明岛的岁月时，颜骏凌会觉得很开心，他说可能因为那个时候年龄小，也没觉得苦。

从小励志为国争光　　青春叛逆期也曾想过彻底不踢球了

2002年,颜骏凌第一次乘飞机去日本大分县参加比赛,那时的对手除了日本队还有韩国队。这也是他第一次出国门比赛。2004年,颜骏凌代表中国U14国少队参加亚洲U14亚洲少年足球锦标赛东亚区比赛,作为主力门将打满全部比赛并获得冠军。2005年进入上海东亚足球队身披1号球衣。2006年入选U16国少队。

随着年龄的增长,青春叛逆期也随之而来。2010年时,他生病了一段时间,后来回到基地发现自己再也打不上主力,有时连比赛名单都进不了。长期踢不上比赛让他产生了放弃的念头,直接离开基地回家了。回家后,整天无所事事,也给了他静下来思考的时间,再加上徐根宝、宿茂臻等教练的开导,他又重新回到了崇明基地。自从那之后,他再也没有过放弃的念头。

也许失去后才懂得珍惜,颜骏凌直言,2007年第一次参加职业联赛后,他就坚定了想把足球这条路走下去。经过这次事件后,他更加坚定足球将是他毕生为之奋斗的目标。那时的东亚队很苦,他18岁时才开始从俱乐部领到薪水,每月600元。那时的队友们也很纯粹,为了梦想而坚持。

质疑是努力的催化剂　　竞技体育没有捷径多练才会熟能生巧

很多人以为颜骏凌的职业生涯非常顺利,从徐根宝足球基地起步,一步一个脚印,从青少年队到成年队、从中甲冠军到中超冠军,他几乎一直是球队的主力门将,本届亚洲杯他也成为国家队1号门将。然而,竞技体育哪有轻而易举的收获,每个成功者都是在负重前行,颜骏凌也不例外。

小时候的颜骏凌身材有些瘦弱,加上性格腼腆,外界对于他的质疑一直不曾停止。面对质疑,颜骏凌也曾迷茫过,他更加努力训练,让自己的身材更加强壮、技术变得更好。勤能补拙的理念根植于心中,从2009年开始,在过去的10年里,颜骏凌每次都会"早到晚退",常规训练完成后,都会给自己安排额外的训练,每次半小时至2个小时不等。加练时除了练全身的肌肉力量,还练习各项技术。作为守门员,需要全身的力量全面提高,肌肉除了能防止受伤,还能给身体做支撑,因为扑球时,手、手腕、小臂、腿、脚腕等各个部位都有可能要肌肉发力,所以他会有针对性地去加练。

10年间,颜骏凌每个阶段的侧重点也不同,针对自己薄弱的环节加以强化,让技术更为全面。守门员的倒地速度在比赛中至关重要,早年颜骏凌在强化倒地练习时,每天额外练习的倒地数量都大于100次。而在加强长传时,训练结束后,他拉着长传技术好的队友一起练习,每天左、右脚至少各100次。

随着现代守门员功能的不断开发,要求也随之增加。从传统守门员门线扑救、门线反应等技能的强化外,颜骏凌还积极练习现代守门员的技巧,如脚下技术、出击范围等。无解的世界波令守门员最为头疼,为了让自己能找答案,颜骏凌会查阅成功的视频案例,一遍又一遍反复看视频,针对世界波,他调整了自己的选位、自己的脚步,在训练和比赛中不断提升。2019年亚洲杯时,在与泰国队比赛的补时第3分钟,一记看似就要逆转形势的世界波飞往中国队球门。颜骏凌展现了他的神勇,纵身跃起,将球扑了出去。

每场比赛结束后,无论身体上多么疲劳,分析自己比赛时的视频已经成了颜骏凌的习惯。正面、侧面各个角度研究自己的成功扑救和被进球的原因,根据分析的结果在训练时进行弥补。

颜骏凌认为,任何事情都没有捷径,竞技体育更是如此,技术的部分只能靠多练。守门员最重要就是一瞬间的判断和反应,不断的训练就是为了那一瞬间。因为多练就会熟能生巧。面对颜骏凌的各种神级扑救,网友脑洞大开,另类解释"严丝合缝"的新含义:"颜"丝合缝,指颜骏凌把守的球门缝隙闭合,不给对方留下一丝可乘之机。

左手小拇指快断了疼到麻木　　带四肢手套代表国家队踢十二强赛

西方有谚语说:意志的力量,大于手的力量。这句谚语放在颜骏凌身上,刚刚好。如果你仔细看颜骏凌的手,会发现手指是变形的,这双手受过很多伤,关节错位、韧带撕裂、骨折。在颜骏凌的眼里,这些都是选择这个职业必然带来的"副产品",要想取得更多成就,就一定要付出更多。

2016年4月,颜骏凌的小手指断了,当时小指有一节已经耷拉下来了,不能用力,那时候每次接球都痛。他当时就跟埃里克森(时任上港主帅)沟通过,希望能去做个手术,埃里克森告诉他,再坚持一下,赛季结束后再去手术。最开始,他训练时会找一个专门的手指板,然后把小拇指和这个板子绑在一起。虽然起到了固定作用,但每次训练时还是疼。每天训练时,只要碰到足球,就会钻心的疼,这种疼普通人很难想象。后来,赞助商给他制作了一个只有4个手指的特殊手套,他把小拇指和无名指放在一起,再加上之前的护板,疼痛感缓解了不少。

就这样,颜骏凌带着伤痛又比了6个月的赛。2016年年底,颜骏凌完成了俱乐部的比赛后,计划立即去做手术,不料被新上任的国家队主教练里皮征召进了国家队,不想错过机会的颜骏凌决定带伤出征。就这样,在心理和身体的双重考验下,颜骏凌完成了自己的十二强赛首秀。

国家队比赛结束后,他回到上海立刻前往医院检查手指,拍摄完X光片后医生对他说,这个太严重了,晚来3个月可能这个手指就彻底不行了,连手术都没法做了。后来,顺利完成了手术,但他的左手小拇指到目前都没法像正常人一样弯曲。

颜骏凌不曾想到,他在伤手、高烧上场比赛的坚持,帮助他自己创造了一项纪录,2013年10月20—2018年11月7日,5年间,他连续出战152场比赛,创造了中国足球顶级联赛连续出战的纪录。

更多的压力来自精神层面　　不断自我鞭策突破职业生涯新高度

面对面的交流,一眼就能看出颜骏凌的那些白头发。他需要背负的压力可想而知。每次代表国家队出战,更多的压力来自精神层面。颜骏凌说,强大的内心是靠一点点的积累完成的,他小时候也会因为紧张、压力大而做噩梦,他会梦见自己在比赛的时候出现低级失误,然后一下子惊醒,醒来之后觉得特别失落。随着年龄的增长,现在他的心态平稳了很多。

对于自己热爱的足球,颜骏凌还是有自己要去努力实现的梦想,他想参与全世界最好的联赛。时刻保持清醒的头脑,不断鞭策自己、提高自己,不断突破职业生涯新高度。

谈及后辈,颜骏凌认为现在有不少水平不错的年轻球员都有很大提升空间,年轻球员要在训练中主动弥补自己的弱项,加强身体训练。年轻要多练,要时刻准备好迎接机会的到来,如果机会来了因自己没准备好而错失,会遗憾终身。

5. 雍和　　摄影师

过去30年间,雍和坚持记录上海,记录这座城市的巨变。那些在当时看来还属日常的新闻照片在经过时间洗礼后,成了上海人的集体城市影像记忆。雍和的身上有一种理应在他这个年纪已经消失的东西,一种罕见的对于最初理想的坚持。而在上海乃至全国的摄影圈,雍和的徒子、徒孙们都已能独当一面,记录着世界的美好。

摄影之路上最早的启蒙来自父亲

雍和的父亲雍文远,是老革命中的知识分子,父亲有一个老的德国照相机,"文革"前给家中的3个小孩抓拍了不少照片,在家里、弄堂里,或者是在公园里、马路上,他们各有一本照相册。正因如此,雍和从小对照相机就不陌生,一年总有那么几次拍照的机会。雍和说自己走上摄影之路最早的启蒙就是来自父亲。

下过乡、当过售票员,工作后的雍和发现,他喜欢上了拍照片。雍和回忆道,第一次拿起照相机拍摄是在20世纪70年代中学毕业的时候,那个时候没有意识要去拍别人,只是拍自己,纯粹是留影纪念。那时,哥哥就在自己家里做暗房,花70元钱买了西湖牌放大机,在1980年代初又买了一台亚西卡fx3,当时是很贵的,这些机器他都会拿来用。1982年,雍和才开始有意识地去拍,看到好的景、有趣的人和事,就用照相机把它拍下来。

1982年,他曾去虹口区文化馆参加摄影学习班,在一个老教堂里听过几堂摄影基础课。有一次,公交公司搞职工运动会,他拍了一张职工比赛滚轮胎的照片,发在《解放日报》头版,在单位里引起轰动。

1985年,《中国城市导报》创刊,雍和在正式出报前的一个月调进报社。报纸是周报,内容以城市建设为主,20世纪80年代的上海还没有什么大的工程建设,所有上海标志性的新建筑都是1990年代以后的。所以那时候拍工作照片,其实花不了多少时间,也没有什么好拍的。但是有了摄影记者的身份,可以去一些地方,这给了他一个平台。

1982—1987年,被他称为热衷于摄影的初期阶段,其间所拍摄的照片,除了少数几张有点纪实意味的之外,大多数具有沙龙摄影的风格。

从 20 世纪 80 年代末开始，雍和把镜头对准了上海这座城市，拍摄最多的内容是关于上海的。其间也拍摄过一些外地的题材，比如 1991 年的华东地区水灾、九七香港回归、九九澳门回归等，但他用力追逐、用心最深的还是上海。他把上海作为取之不尽的灵感源泉。他成千上万张的照片都是关于上海的，作为都市的视觉文献，这些照片见证了上海前所未有的巨变，记录了上海人在其中的生活状态和精神面貌，他们悲欢交集的表情，他们命运浮沉的人生、他们坚韧的生存意志。雍和用朴素无华的摄影语言将图像中潜藏的可能性充分打开。这些照片是历史给予的机会，也是雍和对经验、情感、思想、生活的整理和重塑，是一个人围绕自身对世界进行的勘探和编撰。

不经意中拍的成名作

20 世纪 80 年代后期，雍和的摄影观发生了根本性的转变。时值改革开放，整个社会欣欣向荣，只争朝夕。雍和开始专注于新闻纪录摄影的拍摄，从此再没有对现实生活背过身去。

雍和立志从事新闻摄影之后，正好目睹和体验了上海那时期翻天覆地的变化过程。他拍过车展、楼市、股票市场、司法案件、商业活动、文化娱乐、浦东开发、交通建设、城市改造、中外交流等各方面的社会民生形态。在他的镜头里保存了许多发生在那个年代的第一次：1990 年 12 月 19 日，中华人民共和国成立以来第一家证券交易所成立设在上海浦江饭店；1991 年 11 月 19 日，第一座跨越黄浦江的大桥南浦大桥通车；1992 年 1 月 19 日，开始上海发行股票认购证；1992 年 5 月 28 日，中国第一个国家级期货市场上海金属交易所开业；1992 年 12 月 11 日，中华人民共和国成立以来首次批准成立的外国保险公司美国友邦保险有限公司上海分公司成立；1992 年 12 月 24 日，上海第一次重新公开庆祝圣诞节；1993 年 1 月 1 日，浦东新区挂牌成立；1993 年，上海第一次开通免费直拨美国电话，对方付费中文台；1993 年，上海首家中外合资大型零售商业企业东方商厦开门迎客；1993 年，上海第一家超市八仙桥超市开业；1993 年 4 月 18 日，全国第一个保税区，上海外高桥保税区封关运营；1993 年 6 月，上海展览中心举办了第一次全国性的大型房产展；1994 年 8 月 22 日，全国首家中外合资超市家乐福超市开业；1995 年 4 月 10 日，上海地铁一号线试运营通车；1996 年 3 月 18

日,第一届上海双年展开幕;1996年9月14日,上海至南京的沪宁高速公路通车,被誉为长三角黄金走廊;1998年1月27日,中国最大的远洋集装箱运输企业及中远集装箱运输有限公司在浦东新区成立……

提起雍和的摄影经历和摄影成就,"偏偏轮到我"是绕不过去的。其实拍这张照片完全是偶然。当时他去虹口公园游玩,路过一片草地,看到许多年轻人在做击鼓传花的游戏,一张张真诚的无拘无束的笑脸让雍和感到一股朝气升腾。当年是胶卷时代,胶片有限,他就拍了几张。回家后冲洗放大,记得好像放了七八英寸,之后就压在桌上的玻璃板下面。有亲戚朋友来,看到了都说好,还有人建议雍和投稿。他想试试看,就为照片取名为"偏偏轮到我",投到了《大众摄影》。因为没有指望被选上,所以又投了香港的《摄影画报》。过了一两个月,两家先后来了通知,而且都被选中了。后来,这幅照片被多家报刊选用,《中国青年报》还配了诗。可以说,这幅照片成了雍和打开摄影之门的敲门砖。

许多场景只有镜头能保存

做一个长时期的城市影像记录工作者,首先要持之以恒,经得起各种考验和诱惑,其次要有比较清晰的时代感和大局观,别只见树木不见森林,还要有抽丝剥茧的眼光和拍摄能力,眼高手低,将无法见证这段精彩的历史片段。雍和觉得自己就是一个影像记录工作者,他喜欢从小角度来反映大历史。2010年世博会开幕前,中国馆主题电影需要一些改革开放前后上海的照片,编导找到他,雍和选了一些照片给他们。

平时也接触一些国外的新闻摄影师、纪实摄影师,他们都认为当下的中国是纪实摄影人的宝地。因为社会在剧烈变化,出现了很多新生的事物,不管是好的还是坏的。比如,因为城镇化的关系,大量的东西消失,包括文化,人们的生活方式也起了很大变化。有些地方,特别是欧洲,一个城市的面貌可能100年不变,比如巴黎。而像上海,5年、10年就发生着翻天覆地的变化,包括人的举止行为、生活方式。所以对新闻摄影来说,当下中国是最好的地方。雍和觉得现在还有缺憾,很多题材的照片都没有出现,接触到了那个题材,但拍得不够好。当下中国可以拍摄的好题材还是很多的,比如失独、劳教、计划生育、食品安全、污染。因为很多问题是只有在特定时期才会出现,往前30年、往后30年都没有。而像知识产权的问题,现在还没有人太重视,但他相信以后会有人关注。

在雍和看来,一张照片可以体现作者的所思所想。相片是会说话的,体现着摄影者的发现,也体现着摄影者的记录和观点、记录和感悟。

雍和说:"我浸润于都市生活,专注于拍摄上海都市生活,作为一个对时代和历史有切身体会和认识的都市掌镜人,我用镜头留存了不可复制的历史,这是我的责任,也是我的荣幸。"在雍和30多年的记者生涯中,他的大多数精力和兴趣都在新闻和纪实方面,记录上海这几十年的变化。他的照片都是一些"碎片",但是把它们重新组合起来,大家看这些照片的时候,不仅仅可以观赏到光和影,最重要的是可以随着上海这座城市的脉动,重新回到那个时光隧道当中,去看一看这座城市,看看上海滩上的人民是怎么走过来的。

6. 朱洁静　　上海歌舞团

"85后"的朱洁静现任上海歌舞团有限公司首席、国家一级演员。近年来,在舞剧《野斑马》《霸王别姬》《天边的红云》《舞台姐妹》《王羲之》《一起跳舞吧》《朱鹮》等诸多原创舞蹈大戏中担任女一号的重要角色。2018年还获"全国五一劳动奖章"。朱洁静说自己选择跳舞理由很简单,小时候并没有想过把它当成职业,也没想过舞蹈演员命运如何,就因为爱漂亮。

"跟风"去考了上海市舞蹈学校　　3 000人竞争30个名额

1995年,看到嘉兴市少年宫贴的那份招生简章,想着去大上海见见世面,朱洁静就这样"跟风"去考了上海市舞蹈学校。那时的她根本不知道舞蹈学校,也不知道跳舞是怎么一回事。跟着同乡的10多个女孩子一起,朱洁静踏上了去上海的绿皮火车,就此驶上了和此前完全不同的生活道路。

第一次到上海的她,看到什么都兴奋。到了舞蹈学校,和来自全国各地的3 000多个孩子一起竞争30多个名额,她却说自己没什么压力。考试分3个阶段,第一个是初试,老师会检查考生的开绷直和韧带,量骨骼比例,下身要比上身长至少15厘米以上;复试的时候,测验孩子的乐感、节奏感;总复试的时候,所有的考生都住在一个大的练功房里,每人一张小席子,共同生活了3天,测验每个孩子独立的思考能力和集体生活的自理性。

那时候的朱洁静因为发育得晚,特别瘦,像只小猴子,在人群中很不起眼。朱洁静回忆道,发榜日看到自己的名字出现在那张红色的榜单上,并没有感觉到特别兴奋。

乏味的训练对孩子们来说是巨大的折磨　　很多人选择放弃

从踏进舞校的那一刻开始,朱洁静就知道自己错了。开始上课以后,一切都和她当初想象的生活不一样。没有人穿漂亮裙子,也不是每天都跳好看的舞。舞校生活是半军事化管理,早上眼睛还没张开,就得去操场跑步,每天就是扶着把杆练功,一站2个小时,做一样的动作,特别单一、枯燥。

舞蹈演员对饮食的要求也是极其严苛的。早饭包子不能吃肉,只能吃半个包子皮,老师会来检查的,如果谁的餐盘里没有一颗肉圆和半块包子皮,就要被老师罚跑一节课。朱洁静说,米饭只能吃一格米饭(2两)的1/4。10多岁的孩子正在长身体,有的人就会忍不住藏点零食,一旦被发现,一样逃不过罚跑。

控制饮食,归根到底还是为了形体标准。每天老师都会给孩子们测量体重、头围、腿围、胳膊围……如果超了,就要被罚。朱洁静一直严于律己,从来都没有被罚过。

此外,孩子最爱动、最爱闹,乏味的训练对他们来说真的是一种巨大的折磨。这对于儿时的朱洁静来说也不例外,压腿很痛,饿了不能吃,还想妈妈,她回忆道,身边很多小朋友都退学,除了自己坚持不下去之外,也有家长心疼孩子接回家的。那时经历的磨炼,现在来看,强化了朱洁静的心智,让她有勇气在漫长的舞蹈岁月中挑战自己的生理极限。

伤病曾让医生诊断她"不能跳舞"　　选择非人的高强度康复训练

跳舞生涯中,朱洁静小伤无数,而最严重的两次受伤,一次在2009年,一次在2018年。2009年,排练舞剧让她膝盖髌骨错位,韧带严重拉伤。医生给出了"不能跳舞"的诊断,朱洁静哭了整整2天。之后,她选择了非人的高强度康复训练,用5个月不到的时间,将肿如馒头的膝盖和僵直细瘦、肌肉萎缩的左腿,还原成了几近健康的状态。

此后,朱洁静在北京录制"中美舞林争霸",再度受伤。当时她以为只是日常扭伤，没有在意，还跟舞伴刘福洋说："你等我一天，我休息一下，后天就排练。"第二天早上起来，她的脚变成了"熊掌"，去医院拍片才发现骨裂了。医生告诉她，石膏得打一个月，但12月是舞剧《朱鹮》在北京国家大剧院的中国区首演，朱洁静是A组主角。

骨裂之后，朱洁静退出了"中美争霸"的舞台。她永远记得那天，自己打电话告诉团里受伤的事，电话那头沉默了很久很久。"我知道，他们又心疼我，又想骂我，觉得我太不小心。"绑了3个星期，她就把石膏拆了，"静养的过程中我特别内疚自责，但我有种直觉，觉得自己能好"。拆完石膏，她用一个星期使自己恢复到了最佳状态，12月9号、10号两天，《朱鹮》首演时她跳得比以往都好。

受伤的时候，觉得老天很不公平，怎么别人不伤，伤的永远是我？但事后会反思，朱洁静感谢这一个又一个伤痛，是它们让她得到了真正的成长。

苦练加自律成就了今天的"鹮仙"　　演示怎样才是成熟的大演员

朱洁静主演《朱鹮》多年，早已成为观众心中公认的"鹮仙"。她认为最大的看点之一，是舞者们曼妙的肢体语汇将朱鹮最具代表的"涉""栖""翔"等3种优雅的姿态呈现出来，"再辅以唯美恬静的舞台布景和优美感人的音乐，简约精美，融合了古典芭蕾和民族舞蹈的精髓，音乐意蕴丰厚"。朱洁静有着一流舞者高度的自律，她身材纤细，裸露的手臂线条优美，看不到一丝赘肉。为了舞台最佳状态，她也牺牲不少。

如今，朱洁静的生活依旧简单、规律。早晨8点起床，9点到单位，9点30分开始基本的肌肉训练，11点排练，12点午饭，下午再从1点开始排练，状态好就多练一会儿，练到第二天凌晨也是家常便饭。

现在的工作氛围和工作状态是朱洁静特别喜欢的，她是一个很向往自由的人，向往做一个很散漫的艺术家，不要被条条框框束缚住，现在的她不会再随心所欲的做自己了。年轻时候的她更多考虑到自己，要比赛、要更多的荣誉、要大家的认可；而现在，面对团里越来越多的师弟师妹，她越发体会到一个舞者的责任和担当。

朱洁静觉得自己要树立一个榜样给年轻的团员看，怎么样才是一个成熟的大演员。舞蹈演员在舞蹈这件事上消耗了自己太多的青春，她不希望他们浪费美好的岁月。朱洁静觉得，让更多观众看见他们这群舞者，看到他们在舞台上的爆发,比"独善其身"更有意义。而对于未来,朱洁静在艺术追求上亦有着更高的追求和目标。

五、先进制造业

1. 徐小平　　2016年上海工匠　　上汽集团大众汽车有限公司

徐小平,上汽集团大众汽车有限公司发动机厂维修科高级经理,先后为企业贡献了十几项发明专利,创造了数以亿元计的经济效益。1977年,徐小平高中毕业,分配到宝山县一家冷冻设备厂,曾被评为宝山县新长征突击手。1989年,徐小平应聘进入上海大众公司;2001年,通过上海外国语大学举办的高级德语翻译考核,被誉为"上海德语说得最溜的工人";2005年,被评为全国劳动模范;2008年,任上海大众发动机厂维修技术总监,主持参与完成了一大批技术革新攻关项目;2012年,"徐小平维修技术工作室"被上海市总工会命名为"上海市劳模创新工作室";2016年,入选"上海工匠"。

从一名普通维修工逐渐成长为技术专家

徐小平的父亲是一名修理工,也许是因为从小就受到父亲的耳濡目染,他对机械维修有着浓厚的兴趣。1977年,18岁的徐小平高中毕业后被分配到上海宝山一家冷冻设备厂当学徒。1989年,上海大众(现为上汽大众)发动机厂招聘机修工。"当时这个厂的设备、技术都很先进,对技术工人吸引力很大。"凭借10多年的积累,他从1 000多名报考者中以第四名的成绩顺利进厂,走上发动机厂维修岗位,一干就是几十年。

电主轴是数控加工中心的核心部件,由于精度高、转速快、制造难度大,国外供应商一直把它作为工艺机密赚取大额利润。按照国际标准,一根电主轴连续工作8 000小时为合格产品,1年检修一次,2年报废。在上汽集团,这样的电主轴有200多根。"按照我们现在的产量,每年光检修费就要花掉上百万元。"徐小平说,"过去坏了只要给供应商说,换了新的我们就继续生产,但我们一是钱没了,二还损失了学习的机会。"徐小平觉得这种依赖并不好。钻研的劲儿一上来,他决定成立电主轴小组,自己搞研发,争取把技术攻关下来。刚起步时研发异常艰难,国外供应商知道他们要自己研发,连备件都不提供,更别说图纸资料和关键参数。此时徐小平手里除了一张写满天价数字的备件价格清单,几乎什么都没有。在这种情况下,徐小平根据每位同事的特长,分成电气、机械、流体等若干课题,通过拆解报废的电主轴,边测边绘制图纸。"没有关键参数,电主轴2小时就下来了,震动太大,磨损也太大,"徐小平说,于是他拿着图纸和预先设想的精度,一家一家地找国外供应商做专用的工具,不断优化。同时还自行设计制作了多种功能的实验装置和专用工具,通过模拟和实验,关键参数逐步建立,这使得电子主轴自助维修逐步走向正轨,使用寿命也从起初的2 000小时提高到现在的6 000小时以上,仅一年就节约维修费用七八百万元。

激光裂解工艺是当今世界发动机制造行业流行的连杆加工新工艺,但是设备经常出现形变超差问题,会严重地干扰正常的生产秩序,而且该设备采用的光源是不可见光,对视力有影响。徐小平就提出利用可见光代替激光。2002年6月,由徐小平自行设计的激光可视对焦仪制作完成,整个激光调整过程所需时间从原来的10多个小时缩短至现在的1小时,而且焦点准确,无须试用工件。2007年,激光可视对焦技术得到了国内外行家的肯定,获得国家发明专利。2011年,该项技术再次获得中国机械工业科学技术奖一等奖和上海市科技进步二等奖。

工匠是练出来的,工匠就是感觉

徐小平从做学徒开始,跟过6个中国师傅、10多个德国师傅,他觉得中国师傅和德国师傅的教法完全不一样。中国师傅带徒弟不多说就是让你去做。德国师傅教的是数据,他们有一套规范的流程,先上理论课,再教具体步骤,第一步做什么,第二步做什么,写得十分清楚,再难的操作,两三个小时就会了,所以,那时的他非常崇拜数据。直到有一天,德国专家来厂修故障,修了8天也没修好,难道是德国的数据失效了吗?领导就叫徐小平去试试,徐小平按照自己的想法调参数,"一个钢体,一个发动机,四个活塞孔,两个孔可以加工,两个孔不行。德国师傅会质疑我们早就把刀具的尺寸和转速这些参数设好了,轮到你的时候怎么不行了呢?我认为,机床用了一段时间以后,初期磨损过后参数就要跟着调整,德国师傅是造机床的,不是修机床的,所以他是按照新的设备在修。当我调好参数后,故障就排除了。后来他们问我做了什么,我说调了参数,他们反问我怎么能动他们的参数？我说不清楚,就是有那个感觉,事实证明我是对的。"徐小平认为中国师傅教的是感觉,是道；德国师傅教的是数据,是术。中国师傅比德国师傅技高一筹。"我们为了习得一项技能可能要花两三年时间,这就是工匠精神。工匠是练出来的,钻研两三年,感觉就出来了,工匠就是'感觉',而且是讲不出来的感觉。"此后,他在带徒时一直强调要在"经验＋数据"上多下功夫。

高端制造、精品制造是制造业的未来发展趋势

改革开放 40 多年来,我国制造业技术水平、设备维修技术取得了长足的发展,但徐小平觉得不能一味引进、依靠国外技术,支撑未来高端制造的核心技术要靠自己掌握研发能力。如今,我们国家提出了"中国制造 2025"发展战略,汽车制造业要努力抓住这个黄金时期,大力发展精细加工、精细装配、精细检测、精细化材料热处理,以及高精度传感器研发,补上短板走向高端制造、精品制造。

为适应先进设备维护管理方式,维修团队也要掌握更加专业化、高水平、高智能的维修技术。于是,徐小平提出人才培养机制"X＋1"模式,"X"指综合素质,"1"指掌握专项技能。为了帮助人才实现"1"项专长,"徐小平维修技术工作室"设电主轴专业、电子电气专业、精密测量专业、机器人专业等 15 个专业化工作室,成员被分到不同工作室,各司其职积极开展各类专业维修探索。他要求技术工人必须既要有过硬的综合能力,还要有出众的专业技能,在掌握广泛知识面的基础上,具备一项与众不同的技能特长,努力成为某一领域的专家。

自 2011 年起,工作室制订三年发展计划,近几年,每年都要确立十大攻关课题。徐小平拿出一项最新的成果——金属 3D 打印技术终于能在感应器制作工艺中应用了。随着移动互联网技术和传统工业融合,工作室又在开发基于大数据的智能故障诊断系统。"现场维修人员在繁忙紧张的抢修中经常遇到一个问题,无法迅速排查故障、查询备件是否有货,造成时间的浪费。开发这个 App 系统,员工可以通过手机报修,用大数据查询标准维修作业法,了解是否有备件,大大提高了工作效率和准确率。"面向未来,创新团队脚踏实地,一步步让梦想照进现实。

2. 李建伟　　2016年上海工匠　　上海隧道机械制造分公司

李建伟，上海隧道机械制造分公司总装车间主任。1975年，李建伟怀揣"隧道梦"进入公司，从学徒工做到班组长，再到车间主任，一步一个脚印。20世纪90年代以来，中国盾构市场被外国产品所垄断，他带领技术人员攻坚克难，填补了我国在大直径泥水平衡盾构机的设计制造核心技术领域的空白，改变了大直径盾构完全依赖进口的局面。他利用自己掌握的专业技术知识，研制出300余套管片、近100个盾构和成百上千个模具。先后参与了上海、南京、宁波、武汉等50多个重大工程，以及新加坡、印度、中国香港等境外项目建设，积累了丰富的实践经验。2016年，入选"上海工匠"。

从学徒工到盾构大家

1975年，19岁的李建伟高中毕业后被分配到上海隧道机械制造分公司当一名钳工，开始与盾构结缘。刚进厂一年，李建伟虽作为学徒，跟着师傅学习盾构技术，但骨子里总有种不服输的劲儿，"那时师傅教我打孔，他将零件交给我让我操作，但是我刚毕业就连盾构基本的操作都不太懂，下班后骑自行车回家，我琢磨了一路，骑到一半我决定回车间，一个人连夜将剩下的零件全部打完"。正是对自己的这份严格要求，李建伟的基础功底越打越牢靠，几乎每一个零件、每一个步骤都烂熟于心。3年学徒刚结束，1979年，李建伟被任命为钳工四班副班长。除了潜心学习各种技能，抓住一切机会锻炼提高，他还利用晚上和周末到上海业余大学黄浦区分校自学了制图、液压传动等理论知识，为之后的工作奠定了坚实的理论和技能基础。1980年，由于技能娴熟、工作出色，李建伟被提拔为班长。1986年，宁波北仑电厂施工，李建伟被派往现场"保环"。"这是我第一次独立保环，别人保环可能在地面专门的保环室等电话，有问题再下去解决。我却一直待在地下施工现场，我要确切了解盾构机现场工作情况，方便以后设计、制造盾构时可以更好地改进。"此后，李建伟的技术越来越娴熟，可以独当一面，并在1991年第一次与法国有关方面合作，为上海地铁制造6.34米的盾构。

2005年，隧道机械承接制造了2台长江隧桥盾构——长江一号和长江二号。这是当时世界上最大的盾构，直径达15.43米，当年在上海乃至全中国都没有一个机床可以承重1 000多吨,并对如此之大的盾构壳体内圆进行精加工。"办法总比困难多。"这是李建伟经常挂在嘴边的口头禅。为了解决这一问题,李建伟和他的团队凭借丰富的经验和刻苦钻研的韧劲,充分利用闲置设备和零件,组装出一台"土立车",实现了"工件不动立车动"的反式加工模式,创造了国内超大直径盾构壳体内圆精加工的立车设备,出色地完成了超大直径盾构壳体的精加工任务,刷新了超大直径盾构壳体内圆精加工的新工艺,创造了巨大的经济效益。

只要有盾构"只进不退"的精神,没有什么事儿是做不好的

盾构亦即隧道掘进机,在我国习惯称为盾构,工期紧且持续时间长,用李建伟自己的话讲:"工程等着呢,容不得休息的。"有时工期长、压力大时,"老烟民"李建伟一天能抽上一盒烟,由于吸烟量过多,还曾住进过医院。在徒弟们眼中,师傅永远是个"乐天派",却也还是个"只进不退"的"老顽固"。李建伟常常和徒弟讲:"只要有盾构'只进不退'的精神,没有什么事儿是做不好的。"

2013年,在新加坡地铁工程C902标 Φ6.64米复合铰接式土压平衡盾构项目中,以李建伟为带头人的项目组负责盾构机现场安装调试和保坏工作。根据施工需要,盾构机在一个区间完成掘进后,需要将除壳体以外的所有部件从隧道内拆卸出来运至始发工作井。隧道空间狭小,有时深度高达40米,还面临着缺乏大型起重设备,使得这一工作异常艰巨。李建伟在对施工现场仔细考察分析后,通过反复调试改进、总结归纳,整理出了一套符合现场施工情况的"轨道运输法工艺",这项将机械手操作平台和稳固装置相结合的最佳方案,提高了拆卸进度,将施工周期从32天减少至25天,塑造了国产盾构在海外的优质品牌形象。

这个中国人让德国人服了

一提起"工匠精神",人们首先想起的就是德国,这个只有8 000万人口的国家拥有2 300多个世界名牌,德国人严谨务实的工作态度让德国的品牌行销全世界。但面对"要强"的李建伟,一向严谨的德国人都不得不佩服。

"2004年,建设沪崇苏越江隧道时,我们和德国海瑞克公司第一次合作,当时的盾构是世界上最大的,直径是15.43米,安装到拼装机时,原来设计图上的吊点与我们的设备部分地方不太符合,不具备吊装的能力,德国人当时坚持自己的方案无误,师傅和他们沟通说,如果按照这样的吊点,吊起来时会出现撕裂的情况,但是德国人依然坚持原有的方案。"李建伟的徒弟董宾回忆。

果然,当盾构吊到3米左右时真的掉下并撕裂,与李建伟当初预想的一样。这事儿过去后,德国工程师在接下来的工作中只要遇到困难就去请教他,只要李建伟在工地现场,都会第一时间主动询问他的看法,甚至经常登门拜访。

2014年,武汉三阳路隧道15.73米盾构的制造过程中,因为吊架设计问题,李建伟同德国人争得面红耳赤。"国内生产的钢丝做钓丝,越粗的越做不短,因为越粗接头弯回越难,占用长度越长。后来德国人听从我们的建议,往德国总公司汇报并申请更改设计,制造才最终顺利进行。"

但李建伟也坦言,德国人的敬业精神是值得世界上任何一个国家学习的,当然包括中国。"德国人其实善于虚心学习,他们这种态度其实也是值得我们学习的,我们做工程的就应该这样,不怕犯错,就怕不知道错在哪,下次就会继续错。"

"盾构制造是群体作业,没有团队共同努力,就没有我们今天的成就。"在李建伟看来,个人的力量从来不是成功的主要因素,所有拿得出手的成果都是集体的心血。这几年,他先后培养出杨晨平、丁宏伟等高级技师8名,董宾、徐文彬等高级工32名,还通过"双师"培养带教出具有"技师+工程师"职称的范连、程瀛等青年骨干能手,为该行业输送了大批高技能人才。

李建伟的职业梦想是成为世界顶尖的盾构技术专家,职业格言是:价值在于点滴积累,目标在于不断超越。几十年来,李建伟每天早出晚归,就是想在盾构研究方面走得更远。

3. 李斌　　2016年上海工匠　　上海电气液压气动有限公司

李斌上海电气液压气动有限公司液压泵厂数控机床操作工。1980年技校毕业进入上海液压泵厂工作。30多年来,从一个技校生、普通机床操作工,成长为一名大学本科生、高级技师、高级工程师,数控机床调试、维修、编程等领域的专家型工人。多年来,他运用所学知识、技能,与同事一起,克服了企业在产品加工中所遇到的种种困难,为企业产能提高、产品能级提升作出了重要贡献。他被评为全国优秀共产党员,获得过5次上海市劳动模范、4次全国劳动模范,上海市首届十大工人发明家、全国十大高技能人才楷模、全国道德模范(敬业奉献)、上海市市长质量奖(个人)等称号。

"我的愿望很简单,就是做一名好工人。"

"我的愿望很简单,就是做一名好工人。"这是一句朴实的话,但李斌就是在这一平凡的追求中,一点点探索、一步步向前,用自己的实际行动生动地向世人诠释了何谓平凡之中见伟大。

1978年,李斌参加高考,比本科录取分数线差了几分没被录取。出身工人家庭的李斌,毅然选择进入上海液压泵厂技术学校求学。"那个时候年轻人的首选也是考大学,但并不像现在,如果考不上大学会觉得是人生很大的失败,读技工学校、中专都是很好的选择,技术工人的社会地位也很高,成为一名有技能的工人是很光荣的事情。"就这样,在上海液压泵厂技术学校,18岁的李斌开启了自己的技工生涯。

李斌上的是车工班,学习车床操作,课程设置里面也有液压传动。学校就设在上海液压泵厂(上海电气液压气动有限公司前身)里面,所以课外时间,李斌除了看书,就是跟着工人师傅干活,车间里几乎每天都能看到他的身影。

"我天生性格比较内向,不会花太多时间去交际,只知道闷头干活,只想把事情做好。我性格最好的一点,就是听从上级安排,什么活都可以干,到哪里都可以发光发热。"回想自己的人生发展轨迹,李斌觉得性格是决定因素。肯干、不计较、任劳任怨,就是李斌的性格特征。刚参加工作时的李斌,既不是党员也不是劳模,只有一个简单的想法:做人就要做对社会有用的人,做事就一定要把事情做好。

李斌刚参加工作时,虽然仍是大锅饭时代,他却从来没有"干多干少一个样"的想法,哪里有需要就去哪里,长此以往,所有加工设备他都接触过,掌握了车、钳、刨、铣、磨等多种操作技术,真正成了一名技能型工人,这为他今后的工艺创新打下了坚实的基础。

好奇、好学是内在动力

很多年前,厂里从德国引进了世界先进的液压泵,不比不知道,一比较才知道我们的同类产品在性能指标上与德国的差距非常大,得知工程技术人员长时间没能找到缩小差距的办法时,好奇心驱使李斌一头扎进了对此项工作的研究中,运用多年学习的专业知识和在车间积累的实践经验,深入工段、走访科研部,终于取得了突破,使得该系列产品的性能达到了进口产品的性能。

刚参加工作赴瑞士企业学习时,李斌的行李中比别人多了几本厚厚的德汉词典,公司只要求他们学习最简单的加工操作,但他不甘心,利用各种机会,把每一个调试步骤、每一项程序都记在心里。30多年来,他不断学习进修,每到读书日,下班后赶10多千米路程到学校,如饥似渴地学习掌握各类知识。他把学习成果全部用于生产实践和发展企业之中,成为全国同行业知名的数控技术应用专家,实现了由一名操作型工人成为知识型工人,进而成为创新型工人、专家型工人的飞跃。

斜轴泵主轴是产品的"心脏"部件,主轴顶端平面有7个球窝,恰如"心脏瓣膜",加工的设备、技术及操作程序是全套引进的,然而,主轴球窝与柱塞球面配合的间隙超过产品标准。"难道瑞士人设计的加工程序会有问题?"李斌下决心要弄个明白。他查阅有关技术资料并进行了初步推测:是进口设备设定的纵横配合的补偿参数有误。他端坐在电脑屏幕前,一次次仔细观察刀尖放大至200倍后的工作轨迹,终于发现屏幕上出现了椭圆形状。经与瑞士公司设计的球窝成形曲线叠合比较,存在差异。他反复思考,大胆调整了轨迹设定,调整后,主轴球窝与柱塞球面的配合达到了标准。

为提高液压技术,李斌主动提出并承担了"高压轴向柱塞泵/马达国产化关键技术"的重点攻关项目。当时,企业液压泵的最高转速总在2 000转以下,比世界最高水平的6 000转低很多。李斌和他的团队针对高压轴向柱塞泵/马达国产化中所遇到的柱塞坏、壳体、缸体、主轴、端盖等重要复杂零部件的加工制造方法及工艺等关键技术进行了刻苦钻研与技术攻关,成功开发出接近国际一流水准、最高转速达到6 000转的高压轴向柱塞泵/马达系列,有力推动了企业的技术发展,打破了国外产品的长期垄断和技术封锁,目前,该系列产品已经进入中国的主要工程机械制造厂商,也为国防事业作出了积极贡献。该项目的相关技术已先后申请国家专利40项,其中发明专利19项、实用新型专利21项,并在2009年荣获中国机械工业科技进步一等奖,2010年荣获国家科技进步二等奖。

培育、传承

1996年,为了充分发挥李斌的带头作用,培养更多爱岗敬业的技能人才,厂工会成立了李斌工作室。给工作室添置了一些先进设备,这个平台也是新产品试制车间,促进技术攻关,开创新成果。到目前为止,李斌共有3名徒弟被评为上海市劳动模范,五六位徒弟成为数控技师。这些同志都是零起步,从无技能等级、无学历背景下成长起来的。"我挑选人才,品德第一,能力第二,我在乎的是理想抱负和职业道德。如果一个人没有前进的目标,动力肯定是有限的。即使一个人有很好的技能,没有良好的职业道德,个性自我、爱讲条件的话,这个人肯定难有成就。"所以进李斌工作室的工人,不一定能力超群、天资聪慧,但肯定是勤劳肯干、踏实敬业。他们在李斌的带领下,竭尽全力地工作,都有很大的成长和成就。一些农民工徒弟成为劳模后,在组织的帮助下相继解决了户口、住房问题。

工厂里总流传一句话:教会徒弟,饿死师傅。但李斌始终认为,带徒弟的最终目标,就是让徒弟超越师傅,青出于蓝而胜于蓝,这才是真正的传承,这样的师傅才是成功的师傅。2003年,上海电气李斌技师学院由上海市机电工会发起成立,已培育10多万名学生,现已是人社部和全国总工会的高技能人才培训基地,也是全国职业技能大赛的培训点,曾获得过人社部高级技能人才特殊贡献奖。学校主要进行业内职工培训,毕业后颁发国家职业技能鉴定证书。

李斌始终认为,学校除了具体的专业技能的教育培养,更重要的是精神和思想方面的塑造。学校还聘请了几位上海市知名劳模担任外聘讲师,李斌和这些劳模讲师一起,课堂上除了传授知识和技能,还进行人生观、价值观、世界观的引导和教育。

树工匠精神

改革开放以后,经济快速发展,社会上出现了一些快速致富的现象,很多人由此认为只要有机遇就能飞黄腾达,造成攀比心理、浮躁心理、跳槽现象普遍,各个领域的能工巧匠十分缺乏。李斌认为,对于大部分人来说,靠运气成功非常不现实。确实有少数人能依靠背景、运气等因素走上好岗位、拿高薪,但也必须承认,对于绝大部分普通人来说,要想成才、要想有所成就,必须付出艰辛、勤奋工作、不断学习。

问及对"工匠精神"的理解,李斌说:"现在提的工匠精神,不一定要去为工作拼命,而是要传承这种对待工作精益求精、孜孜不倦、长期坚守的精神。怎样才能做到坚守? 就是要把职业、把工作当成事业来做,而不仅仅是养家糊口的需要,这样才不会急功近利、轻易动摇。咱们做液压的也一样,一定要有把液压产品做到国际先进水平的决心,不把产品性能、加工工艺、检验检测等研究透彻绝不甘心、不罢休。这就是我理解的工匠精神。"

4. 苗俭　　2016 年上海工匠　　上海航天控制技术研究所精密加工中心

苗俭,上海航天控制技术研究所精密加工中心双工种高级技师。从事数控加工中心编程及操作工作 21 年,先后参与运载火箭、战术武器和飞船等型号关键零部件的研制与生产。1992 年,她从劳动局第二技工学校毕业后,进入上海航天局成为一名铣工及加工中心操作工,在解决型号研制生产过程中,凭借精益求精的工作态度、攻坚克难的技术追求,以及与时俱进的不断学习与创新,先后获得航天技术能手、上海市杰出技术能手、全国技术能手、中国十大杰出青年岗位能手、全国五四奖章、中华技能大奖、中国高技能人才楷模等荣誉。2011 年,成为航天科技集团八院控制所国家级技能大师工作室的首席技师。2016 年,入选"上海工匠"。

落榜不等于没前途,念技校一样有出息

1992 年,平时学习成绩一向优秀的苗俭却在决定命运的"中考"中发挥失常,以 10 分之差无缘重点高中。当她收到上海市劳动局第二技工学校录取通知书,看到"铣工班"3 个字时,对其中"铣"字的含义还是一头雾水,她好奇地问妈妈:"这个字怎么念? 和洗衣服有关系吗?"这一年,苗俭 16 岁。

50 多名同学的铣工班上只有几名女生,苗俭有些迷惘。同为女性的带教老师朱红新敏锐地发现了她的小情绪,并告诉她,女性一样可以有着精湛的技能。在朱红新的指导下,苗俭逐渐掌握了铣加工的基本技能,并在校铣工竞赛中战胜所有的男同学,取得第一名。随后更是通过层层考试,在全校 200 多名学生中脱颖而出成为12人数控精英班的一员。毕业时,她手持数控、铣工、车工3张技术资格证书,成为一名响应时代需求的复合型技术工人。

但如此出色的苗俭却在毕业分配时被"泼了一盆冷水"。当时的用人单位招聘技工,都希望要男生。苗俭笑言:"班里的男生早就被'抢'光了。"成绩最好又是班长的苗俭反倒成了班里最后几个没有找到工作的学生之一。后来班级老师把她推荐到上海航天局。"男孩子能干的,我也能干。"倔强的苗俭表态道。

刚开始走上铣工工作岗位的苗俭,心底也曾有过失落。"看着老师傅们利用手里的绝技绝活,鬼斧神工般地将一件件毛坯变出一个个精密复杂的航天零部件,而我却连图纸也没看明白。真弄不明白为什么自己在学校里也算优等生,怎么一进入航天领域竟然什么也不会做了呢?"苗俭常常懊恼地自问。但要强的苗俭没有选择放弃,她默默对自己说:一定要做个有出息的人。

车间里没有空调,苗俭夏天要在接近40℃高温的环境中工作,几乎每天都在洗桑拿。而冬天,即使气温再低,为了保持好的手感也必须直接拿着冰冷的金属件操作,而不能戴手套。同班的女同学,有的一毕业就改行,有的坚持了几年也换到相对轻松的检验岗位。只有苗俭整整坚持了8年,伴随而来的是冷却液在手上留下的污渍和操作中飞溅出的铁屑在双臂上留下的大小不一的烫伤。

一个人只有不断学习,才能获得新知识、掌握新技能

"一个人只有不断学习,才能获得新知识、掌握新技能。"好学的苗俭深刻认识到这点。于是,她再次锁定了那个曾经近在咫尺的目标:上大学。1996年,她考入了上海机电职工大学数控专业大专班,2004年,她考入同济大学机械设计与自动化专业本科班,终圆大学梦。"持续不断的学习使我能够将理论与实践紧密结合,融会贯通,让我的技术本领得到了长足进步。"对于那段学习经历,苗俭如是说。而此后,她的技术能力更是在实践中得到了充分发挥。

当时加工的航天产品中有一个零件叫作"翼板",需要铣工在不锈钢材料上完成5条圆弧筋板的加工,还有平衡试验小于2克的技术要求。如今,用数控加工这种零件是相对容易的事,但在当时没有数控设备的情况下要靠铣床近20次的装夹、定位才能完成,而且不锈钢材料较难切削。以往这种难度的任务都是由经验丰富的老师傅来承担的,但车间领导为了给年轻人多压担子,把这个艰巨的任务交给了苗俭。苗俭通过反复琢磨，并结合书本上学到的知识加以改进，提高重复定位的精度和装卸时间，同时修磨合理的刀具角度，提高加工性能和效率，终于让自己加工的零件合格率达到100%。

2002年，单位引进了第一台龙门数控加工设备，设备上遍布的英文标志以及厚厚的软件资料吓退了不少操作能手。但苗俭却主动请缨，领导经再三考虑，最终决定让苗俭独立承担操作数控机床的任务。毕业时便渴望从事数控操作的苗俭终于得偿所愿。"2003年，年轻的我有机会走出国门，在集团的安排下去往数控设备更先进的欧洲国家进行学习交流。这次走出去，让我明白自己是井底之蛙，很多专业领域上的先进理念从未想过，但国外已经普遍运用。欧洲之行让我感触很大，也给我今后在航天数控领域的精密加工带来很多启发性思考。回国后，我在工作中思考该如何创新突破，来解决一些技术难题。"

后来，苗俭开创性地自行设计工装，使国家航天重点工程某型号重要部件的产品合格率从10%提高至100%；采用多软件计算，解决了国家航天大型件的高精度加工问题。在几乎没有进行编程和专项操作培训的情况下，她为所里加工的各类型号产品零件，产值达20多万元，为研究所节约了大量费用，缩短了制造周期，使研究所的制造水平上了一个台阶。

从事数控加工的4年间，苗俭被破格评为铣工和数控加工双料高级技师，加工了大量高难度复杂零部件，还先后多次在各类竞赛中取得好成绩。

能拼搏，也会巧干

身处信息化时代，知识更新越来越快，对技术工人的要求也随之提高，技术工人要敢拼敢闯、能干会干，要突破一个个技术难关。

2000年之后，苗俭作为所里最年轻的高级技工开始担当重任，而她不负重任为研究所解决了不少技术难题。

在航天舰载防空设备、防空武器、运载火箭、遥感卫星等多个领域，关键零部件普遍具有复杂结构、薄壁等加工工艺难的特征，同时要求高精度制造、长期可靠服役。苗俭通过"巧"用回转抛物面加工技巧及精度控制方法，"专"攻航天高强高韧材料复杂结构加工技巧，"钻"研航天多面形非圆曲面数控加工研制技巧，"精"益航天高精度薄壁铝合金陀螺台体数控加工技术4个代表性技术创新点，应用简单设备,开发出合适的新工艺,突破航天关键零部件精密制造技术瓶颈,解决航天型号生产研制过程中的技术难题和效率问题,为航天型号的成功提供了工艺技术支撑。

还如,某卫星是八院在"十二五"期间承担的一颗长寿命、高精度、高可靠卫星,控制所主要承担卫星控制系统及其核心单机的研制。控制系统的惯性测量部件是半球谐振陀螺组合,测量精度要求非常高,比以往陀螺组合的测量精度提高了一个数量级,且寿命达10年以上。苗俭开展了以数控高速加工、超精密研磨、稳定化处理相结合的精密加工技术研究,突破薄壁结构件精密、高速、高效加工的关键技术,提高薄壁结构件的加工精度及质量,最终使产品合格率由原30%提高至100%,效益提升了70%,且攻关技术成果可应用于运载火箭、卫星、战术武器等型号产品中类似结构零件的加工。

前面的道路依然漫长,苗俭也将和所有年轻人一样,用拼搏鼓起生命的风帆,走向更加灿烂的明天。

5. 陆凯忠　　2016年上海工匠　　上海市基础工程集团有限公司

陆凯忠,上海市基础工程集团有限公司电工组长。20多年来,他始终身在盾构工地、心在盾构工地,与盾构结下了不解之缘,被同行称为"盾构电气通",被国外盾构专家喊作"盾构陆"。他参与了100多台次不同原理、不同直径、不同型号的盾构机安装调试工作,熟练掌握了各种类型盾构机的电气工作原理。参与了轨道交通、电厂、取排水管道等全国各地近百项工程的施工。先后获上海市工人发明家、上海市五一劳动奖章、全国建设系统技术能手、全国优秀技术能手、全国五一劳动奖章等殊荣。2004年,被评为全国劳动模范,同年,以他的名字命名的劳模创新工作室成立。2016年,入选"上海工匠"。

基础集团的"王进喜"

陆凯忠是崇明人,20世纪80年代末,为了"跳出农门",他选择了读中专,到上海市技工学校学习建筑电工,1991年毕业后便进入了上海建工基础集团。从艰苦的农村走出来,陆凯忠记忆犹新的是刚进企业时,大门上的8个大字:艰苦创业,四海为家。再次面临"艰苦"二字,陆凯忠没有退缩,而是如企业精神所指引,选择了扎根基础工程——整整5年都没回过家。作为盾构工程的"救火队员",哪里有故障,他就奔向哪里。有一次冬季施工中,泥浆搅拌机几十斤的搅拌棒落进了1米深的泥浆池中,盾构机停止运转。日本厂方技术人员见状就发号施令:清空池内泥浆,清洗浆池,准备抢修。若据此操作,抢修前期准备工作就需4个多小时,再加上维修、安装、调试、回注泥浆,所需时间更长,既影响工程进度,又造成环境污染……面对日方指令,现场人员不禁犹豫。采取安全保障措施后,陆凯忠义无反顾地跳进了冰冷的泥浆池中,他独辟蹊径地想在泥浆池中摸排故障。这并非易事:蹲得太浅,手够不到;蹲得太深,泥浆就会灌入口鼻之中。艰难之中,他屏气凝神,在冰冷稠厚的泥浆中仔细排摸,日方技术人员也在他的带动下跳进泥浆协助处置。故障最终得以排除,1个多小时后设备就恢复了运行。这次处置,陆凯忠成了"泥人",更成了同事们眼中的"铁人",成了基础集团的"王进喜"!

手里有金刚钻才能揽瓷器活

刚到基础工程公司时,陆凯忠还只是一个技校毕业生,面对现代化的大型设备,面对施工中遭遇的技术难题,在学校所学的知识根本就不够用,同时,他也看到了自己的差距,与此同时就有了奋斗的目标。他在繁忙的工作之余挤出时间学习。

陆凯忠负责隧道掘进的利器——盾构机的安装调试、维修保养。作为高精尖设备,盾构机技术门槛高、迭代快,不服输的性格驱使这位崇明农家子弟成为"考证狂魔"。当盾构机出了故障,是机械问题,还是程序问题?陆凯忠意识到知识储备存在欠缺,便跑去上海理工大学学习机电一体化专业的专科课程,成功从单一的电工工种转型为综合专业人才。有了各项专业技能,陆凯忠修理盾构机也得心应手。早些年进口的盾构机虽然坚守"岗位",但对应不同的工程需求,需要适度更新。这个担子就交给了陆凯忠和他的团队。在他们的巧手之下,进口盾构机的壳体保留了最初的模样,但是配件和功能早就"今时不同往日"了。

1 000千米以外的盾构掘进现况只需延时1秒,多达500余种的各类现场画面就可以在远离现场的公司监控室显示,并且可以在控制室进行操作指导和相关数据调整。这项"盾构远程数据采集监控系统"的创新发明,是陆凯忠和他的团队为适应企业越来越多地参与外埠地铁建设而自主创造的,被上海市科委课题验收评价为:国内首创、经济实用、值得推广和达到国内先进水平。在陆凯忠及其团队的努力下,公司从3台盾构机同时施工,跳跃发展到同时进行16台盾构掘进,50多米长的盾构设备犹如钢铁巨龙在地下深处潜行游弋。

"人生有限,知识无限。"学习让陆凯忠的技术水平越来越高,学习也成了他进一步学习的动力。他谦虚地说,在电气行业做了近30年,才只了解到这个行业的20%。在快速发展的新时代,他结合自己的工作实际,进一步学习了盾构远程监控知识。

"干一行就要爱一行"

陆凯忠常说"干一行就要爱一行"。正是源于他的这份热爱,陆凯忠对工作精益求精,在工作方式、方法上不断创新,不断提高技术水平,降低工程成本。

参加工作20多年来,陆凯忠先后参与了100多台次不同原理、不同直径、不同型号的盾构机安装调试工作,熟练掌握了各种类型盾构机的电气工作原理,并在盾构机械自动化、配件国产化、施工信息化改进等方面取得了较大突破。

陆凯忠自主研发的"网格式盾构水力机械PLC自动控制器",使企业节约盾构掘进维修人员每千米200人工;他改造的进口盾构机转接回油箱和循环冷却水系统,为企业节约成本近100万元;他自主研发的"盾构远程数据采集分析系统",使1100千米外的天津地铁盾构掘进各类动态信息实现远程异地监控。他自主研制的"海瑞克盾构的水循环辅助系统"成功应用于施工项目,并已累计申报4项国家专利。

陆凯忠辗转在地铁2号线、轨道交通明珠线、M8线、L6线等市重点工程,参加过海口开发区等重大工程建设。还多次赴日本参加进口设备的谈判,体现出的行家谈判水准让对方折服。

2004年,基础工程公司以陆凯忠的名字命名成立了"陆凯忠工作室",工作室汇集了一批技术能力强、素质高,对技术改进、科技创新有着浓厚兴趣的技术骨干,在陆凯忠的带领下,一起探讨盾构机械等专业设备的电气施工技术,研究新技术、新工艺的运用,根据实际需要开展施工现场科技攻关以及对员工的技术培训。"陆凯忠工作室"就像一个巨大的磁场,吸引着无数年轻的技术工人,为他们的发展提供了一个展示才能和相互学习的平台。这个团队近年来已先后累计技术创新、发明创造16项,设备方面的技术改进和技术改造12项,合理化建议27条,解决各类施工技术难题54项,给企业带来直接经济效益3 200多万元。

陆凯忠将目光瞄向了远方,在这个智能化的时代,他希望通过不断的学习、探索和实践,做出更多更好的成绩。

6. 黄华　　2018年上海工匠　　上海国际港务(集团)股份有限公司

黄华,上海国际港务(集团)股份有限公司尚东集装箱码头分公司营运操作部桥吊远程操作员,曾获中国技能大赛第九届全国交通行业"上港杯"电动港机装卸机械司机职业技能竞赛第一名、一等奖,荣获全国五一劳动奖章,2018年,入选"上海工匠"。

任何一项手艺都离不开勤学苦练

从2004年进入上港集团起,黄华就一直从事轮吊、桥吊司机工作,累计安全装卸集装箱42万个,叠加起来相当于123个珠穆朗玛峰那么高。2017年,洋山四期无人码头启用全新的桥吊远程操作法,在没有领路人的情况下,黄华开始自己摸索操作技巧。

反复操练、细心钻研,黄华练就了在40多米高空精准目测的能力。在没有辅助对位设施的情况下,一次性着箱成功率可以超过90%,他借此在全国30个港口138名高手参加的行业技能竞赛中摘得个人一等奖。黄华并不满足,他利用空余时间整理出160多万字的工作文档,并花了8个月编出一份操作手册,帮公司培养出了一批专门服务于自动化码头的桥吊远程操作员。

上港集团尚东分公司桥吊远程操作员们对他赞不绝口,纷纷表示很多业务的优化方案,包括现场管理制度的制定,他都有参与进去,而且他还会亲身示范,把重点的、难点的、危险源都告诉他们。而黄华却说:"随着生产节奏不断加快、规模不断扩大,其实要学习的东西还有很多很多。"

追求卓越,永不懈怠

黄华认为,自己早就不是第一代靠肩挑手扛的码头工人,需要实干苦干,更需要钻研最新的技术提升码头的科技含量,带来更高的效率。"北方某港口运用了美国的设备和操作系统,核心技术掌握在外国人手里,不仅导致维护成本高企,同时大数据也会落入其他国家之手。所以参与到研发创新当中,刻苦钻研,是我们这一代中国港口人的职责。"尽管谈论起来轻松,但实际的情况是,无论是桥吊驾驶还是机器人的研究,基本都不是黄华在大学里的专业所学,他说:"我学的是船舶驾驶专业,到码头后,也经历了一段相当痛苦的转型期,好在当时团队氛围特别包容,帮助我成功度过了这么一段时间。平时在工作中,公司也会送我们去国外学习,我自己带的团队,也特别希望能够经常进行头脑风暴、博采众长。闭门造车是绝对不行的,技术的发展离不开开放的心态。"黄华认为进博会是个特别好的平台,可以看到国外先进的技术和理念。

年轻的黄华有一个心愿,那就是他想成为上海港桥远程操作系统中卓越的一员,贡献自己的绝活。他也正为这这一梦想,一路马不停蹄,勇往直前。

7. 金德华　　　2018年上海工匠　　　上海电气上海锅炉厂有限公司

金德华,上海电气上海锅炉厂有限公司设备维护技术主管,维修电工高级技师和电气高级工程师复合的双师型高技能人才、大型电站锅炉制造设备维护改造领域的领军人物。上海市劳动模范、上海市杰出技术能手、上海市十大工人发明家、全国机械工业职工技术创新能手、全国技术能手,享受国务院政府特殊津贴。2018年,入选"上海工匠"。

要有"五干"精神

金德华认为做事情要有"五干"精神:一是"苦干",即吃苦耐劳,长期坚守,不断学习;二是"能干",即懂规矩、守规矩,事事力争第一,关键难题突破;三是"巧干",即前提熟练掌握本岗位技术技能,意识上破旧、变通、创新,做法上探索新工艺、新方法、新技术;四是"肯干",即肯付出,不居功自傲,大气无私才会被企业和社会所认可;五是"同干",即注重团队协作并起到带头作用,甘做后辈成长的"引路人"。厚积才能薄发,金德华认为,真正的工匠不仅想干事、能干事,还要沉下心钻进去,经受岁月的磨砺和检验,磐石不移志、宠辱不惊心。

得益于这"五干"精神,面临着企业从美国进口的波形板生产系统瘫痪,不能修复的难题,如果让美国公司进行维修,费用高、时间长,工程又急。关键时刻,金德华说:"我来干,给我 20 天时间!"凭着他丰富的工作经验与知识积累,他向公司领导立下了军令状,立刻组建了攻关团队:系统设计 5 天,材料采购 3 天,控制柜制造 6 天,安装调试 6 天,20 天按期完成,改造成功。

"用心去做,几十年如一日地做同一件事情,肯定是能做好的"

金德华所在的上海锅炉厂有职工 1 900 人,其中技术工人 1 000 多人,整体来看,技术工人队伍是不错的。他认为,有了基本技能之后,重要的是个人要有自我学习的能力,要有进取心。"用心去做,几十年如一日地做同一件事情,肯定是能做好的。这其实就是精神的一种表现。"

金德华还有以自己名字命名的工作室,这里聚集着近 10 人的高技能人才。工作室承担着三大任务:一是攻坚克难,对精大稀设备和进口设备控制系统老化及故障等问题技术改造,使其重新焕发青春;二是带徒弟,金德华每年都要带一两个徒弟,传授技术;三是知识传承,一方面,他组织开设了设备维修技术系列讲座,为维修人员授课,有针对性地传授技术原理和维修保养技术,另一方面,则是形成书面的先进操作法。

开阔视野,不断学习

随着进博会在上海的召开,国外企业将最先进的技术和设备在这里集中展示,金德华也积极去参观学习,他说:"进博会上,我想来看看机器人、人工智能方面的技术和设备。进博会是一个开阔眼界、装备思想的好机会。看到新的技术和设备,一方面可以借鉴,打开思路和眼光;另一方面,也看到差距,是一种鞭策和激励,从而提升自己的能力。"

对工匠精神的理解

谈及对于工匠精神的理解,金德华认为可能包含如下几点:对本行业、本专业的工作规范有充分的尊重和敬畏之心;对本专业的技能技艺刻苦钻研,精益求精,成为行业领先;在深刻领会和掌握本专业技术技能的基础上突破创新,登上新的高度。

附录1 上海工匠队伍建设发展情况报告
——以2016—2018年上海工匠为例

劳动者素质对国家和民族发展振兴至关重要。党中央高度重视职工队伍素质建设,党的十八大以来,习近平总书记多次强调:要把提高职工队伍整体素质作为一项战略任务抓紧抓好,努力建设知识型、技能型、创新型职工队伍。中共中央、国务院印发的《新时期产业工人队伍建设改革方案》和国务院《关于强化实施创新驱动发展战略,进一步推进大众创业万众创新深入发展的意见》对广大产业工人提升技能素质和创新能力提出了更高要求。在新的历史条件下,科技发展日新月异,新技术、新产业、新业态和新模式已广泛融入社会经济发展中,上海建设"五个中心"、打造"四大品牌",必须着力培养与之相适应的一大批高技能人才。

2018年10月29日,习近平总书记在同全国总工会新一届领导班子成员集体谈话时强调:劳动模范是民族的精英、人民的楷模。大国工匠是职工队伍中的高技能人才。工会要协同各个方面为劳动模范、大国工匠发挥作用搭建平台、提供舞台,培养造就更多劳动模范、大国工匠。中国工会第十七次代表大会明确提出:扎实推进产业工人队伍建设改革,围绕实施"中国制造2025",推动完善产业工人技能形成体系,畅通产业工人发展通道。工会组织具有政治性、先进性、群众性的鲜明特征,作为党联系职工群众的桥梁和纽带,要全面贯彻落实习近平总书记重要讲话和全国总工会第十七次代表大会精神,大力培育工匠人才,为提升一线职工技能素质搭建平台,深入实施职工素质工程,不断完善"培训、交流、竞赛、晋级、激励"五位一体的职业技能提升发展模式,努力增强职工岗位学习、岗位创新、岗位成才、岗位奉献的积极性和主动性,为广大产业工人成长成才开辟快速通道。

一、工匠精神的传承与弘扬

古往今来,能工巧匠创造性劳动推动社会进步、促进历史发展的例子举不胜举,以古代建筑祖师鲁班、纺织祖师黄道婆、炼铁祖师老君、纸坊祖师蔡伦、酒坊祖师杜康等为代表的一大批匠人先辈令人敬仰、名垂青史;赵州桥、都江堰、紫禁城以及丝绸、瓷器、火药等匠人杰作千古流传、造福世界,彰显了古代中国就是匠人之国、创造之国。术业有专攻,古代能工巧匠们无不展示"择一业而终其生""精雕细琢、精思巧做"的工匠精神。

中华人民共和国成立以来,上海产业工人秉承"精于工、匠于心、品于行"的职业操守,创造了我国现代工业无数个第一:如 20 世纪 50 年代,上海汽轮机厂、上海电机厂、上海锅炉厂等通力合作,成功制造了我国第一台 6 000 千瓦汽轮发电机组;60 年代,上海江南造船厂自主研制了我国第一台 1.2 万吨水压机;70 年代,上海机床厂研制成功我国第一台超大型齿轮磨床,等等。这一时期,上海产业工人中涌现出以"钻头革新家"著称的倪志福、"蚂蚁啃骨头"精神攻克难关的刘海珊、"智多星"朱恒、"电光源专家"蔡祖泉等一批杰出的上海发明家代表。上海是我国近代工业发祥地、产业工人摇篮。新中国的上海产业工人展现出了"精诚合作、刻苦钻研、攻坚克难、创造发明"的工匠精神。

改革开放后,上海产业工人在科技革命和产业变革的浪潮中,继续传承和弘扬工匠精神,涌现出以"抓斗大工"包起帆、"知识型工人楷模"李斌等为代表的新一代产业工人和技能人才,他们用勤劳双手和匠心精神,创造了一个又一个先进制造的奇迹。上海制造在全国人民心中曾是优质免检信得过产品的代名词,上海宏大的技能人才队伍为国家的工业建设和技术进步作出了突出的历史性贡献。该时期新一代上海产业工人充分展现了"爱岗敬业、善于学习、精益求精、崇尚创新"的工匠精神。

党的十八大以来,随着新技术、新产业、新业态、新模式"四新"经济的发展,

"互联网+"时代的到来,"创新"在工匠精神中的分量越来越重,特别是"中国制造2025"战略的实施,在上海的建设和发展中不断涌现出各行各业的"匠心智造"的工匠们:"汽车心脏"的守护神徐小平;30余年从未出现过次品的国产大飞机首席钳工胡双钱;掌握100多种焊材焊接技术的"焊神"张翼飞;"太空之吻"缔造者、中国航天特级技师王曙群;接待过60余批外国元首和国宾要人的"中华精师"陆亚明;上海职务发明第一人,获授权专利430余项的工人发明家孔利明;宝钢蓝领科学家、创新导师王军;大型陶艺装置设计艺术大师蒋国兴等,各行各业的领军人才在各自的行业中发挥了极大的示范效应和引领作用。他们集中展现出"严谨专注、精益求精、爱岗敬业、乐于传承、创造极致、创新超越"的新时代工匠精神,已成为上海"海纳百川、追求卓越、开明睿智、大气谦和"城市精神的重要组成部分。

虽经历史变迁,工匠精神的核心要义始终传承如一。我们梳理了2016—2018年上海工匠对工匠精神的理解,据统计,出现频率较高的词依次是"精益求精""创新""专注""敬业""极致""完美""坚持"等,可见虽然280名工匠来自不同的行业、不同的领域,但一致认为工匠精神是职业道德、职业能力、职业品质的核心要义,是从业者价值取向和职业追求的集中体现。工匠精神是劳动者劳动、智慧、创新的结晶,不同历史阶段赋予工匠精神鲜明的时代特征和丰富内涵。新时代的工匠精神,就是大力倡导和弘扬精益求精的专注精神、久久为功的敬业精神、追求卓越的创新精神、精诚合作的团队精神。敬业是基本点,刻苦钻研、满腔热忱;创新是时代要求,是推动历史发展的不竭动力。工匠精神本质特征是辛勤劳动、诚实劳动、创造性劳动。"严"是工匠基本的态度,"专"是工匠自信的标签,"精"是工匠永恒的追求。一座城市有一座城市的品格。上海文化是江南文化、红色文化和海派文化的融合。新时代上海工匠的精神集中体现了上海文化之精髓、之品格。上海工匠有着江南文化之韵、红色文化之魂、海派文化之灵。"严谨专注、精益求精",是一种职业素养,包含职业操守和职业习惯;"爱岗敬业、乐于传承",是一种职业态度,是对自身岗位、所处行业的认可度;"创造极致、创新超越",是一种职业理念,是对职业价值追求的表现。我们传承和弘扬工匠精神,就是彰显上海文化的魅力和活力,让全体劳动者爱上这座城,让全体劳动者以更加开放、创新、包容的心态和胸襟,立足本职岗位,发挥聪明才智,建设美好上海,享受美好生活,让劳动光荣、创造伟大成为新时代主旋律。

二、全面推进工匠人才培育选树工作

2015年12月,上海市总工会印发了《关于在本市开展上海工匠培育选树千人计划的实施意见》,明确提出要结合上海经济社会发展实际,每年培育选树100名工匠人才,到2025年将选树1 000名上海工匠,更好发挥上海工匠的示范引领作用。2016年首批上海工匠选树活动正式启动。

(一)制定标准,严格审核,确保质量

实施上海工匠培育选树千人计划,坚持公正、公开、公平和接受监督原则,确立了逐级推荐、层层选拔、严格把关的基本原则,以确保培育选树活动健康有序开展。一是明确申报范围。工匠候选人推荐面向全市各行各业,重点聚焦先进制造业、现代服务业和战略性新兴产业,重点关注一线产业工人,并向岗位操作技能人才倾斜。二是制定选树标准。提出了"参选申报之时,须在一线岗位上直接从事生产、技术、研发等工作,具有工艺专长、掌握高超技能、体现领军作用、作出突出贡献"的工匠人才推荐评审标准。三是拓展推荐途径。以工会组织和社会团体推荐为主渠道,也可个人自荐。四是严格审核把关。以工匠选树宁缺毋滥为原则,坚持德才兼备、好中选优,建立由相关领域知名专家、委办领导、行业协会、社会组织、新闻媒体等各方组成的遴选审核工作委员会,在市总工会和相关部门对推荐人选初审的基础上,进一步审核把关、选贤举能,2016—2018年的三届工匠评审,每年都未满百名人选。五是建立激励机制。获选的职工,由市总工会授予"上海工匠"荣誉称号,并颁发证书、专制大铜章和一次性奖金5 000元,2016年、2017年,对符合条件的同时授了"上海市五一劳动奖章"。

(二)广泛参与,以点带面,交流培养

一是各级工会和社会各方广泛参与。2016年,首批上海工匠培育选树活动以来,各区局、产业工会和社会团体高度重视、积极响应,经逐级推荐,共有1 906名职工推荐至市级层面参与角逐。其中,88个区、局(产业)工会推荐1 321人,16个行业协会、学会推荐123人,个人经申工社App网自荐462人,推荐活动成

为宣传工匠精神的大平台,工匠选树的辐射力与示范效应突出。二是积极发挥工匠的带动引领作用。鼓励各区局、产业工会结合本区域、本行业发展实际,深入开展"工匠"选树培养活动,推动所在单位建立以工匠名字命名的创新工作室等;引导工匠积极参与"高师(名师)带徒"活动,更好发挥"1+N"的育人效应;以工匠的技能传授、经验传递和精神感召为抓手,在一线技术工人中广泛开展"一线职工也能成名成才,一线职工也能成就职业梦想"的职业观教育与实践活动。三是积极创造培训交流机会,搭建工匠俱乐部等,为各类工匠人才提供切磋技艺、交流经验、展示技能、研修深造的机会,促进一线工人技能素质提升。

(三)大力宣传,示范引领,营造氛围

近年来,本市各级工会把建设知识型、技能型、创新型产业工人队伍作为围绕中心、服务大局的着力点,大力实施上海工匠"千人计划",不断提升一线工人技术技能素质,上海工匠在全社会的知名度和美誉度越来越高。一是加大工匠精神与工匠人才宣传力度。连续3年制作了大型纪录片《上海工匠》,加大对工匠的宣传力度,推动劳模精神、劳动精神、工匠精神进园区、进社区、进校区,工匠精神越来越深入人心。二是组织开展工匠精神大讨论活动。分层分级组织职工、班组、企业、行业开展工匠精神大讨论,了解工匠成长经历,学习传承工匠精神,鼓励引导职工以工匠为榜样,专研技术、提升技能、比学赶超、争作贡献。三是营造工匠精神养成氛围。挖掘工匠故事,开设工匠论坛,编制《上海工匠》画册,隆重召开工匠表彰大会,全方位、多渠道、系统性展示上海工匠的时代风貌,在全社会营造"劳动光荣、创造伟大"的浓厚氛围。

三、工匠人才队伍基本情况与特征分析

2016—2018年,先后3次选树了上海工匠280人,其中2016年88人,2017年94人、2018年98人。上海工匠都是各行业、各领域的佼佼者,政治素质高、专业能力强、覆盖领域广,其中一线职工、产业工人、国有企业占比高。具体情况如下:

（一）工匠队伍以产业工人为主体，政治素质高

年份	工匠人数	产业工人人数/占比	平均年龄	中共党员人数/占比	女性人数/占比
2016	88	71/80.7%	49	59/67%	8/11%
2017	94	72/76.6%	46	61/65%	10/10.6%
2018	98	77/78.6%	45	67/68%	10/10.2
合计	280	220/78.6%	46	187/67%	28/10%

数据显示，280名上海工匠中，产业工人220人，占78.6%，反映了上海工匠队伍以制造业、建筑业和电力、热气、燃气及水生产和供应业，以及交通运输、仓储及邮政业和信息传输、软件和信息技术服务业等行业的产业工人为主体；工匠平均年龄46岁，其中最大71岁、最小26岁，上海工匠们正是具有高超技艺技能、实践经验丰富、精力活力十足的一群人；中共党员187名，占67%，工匠队伍整体政治素质优秀；女性工匠28人，占10%，凸显了女职工作用不可或缺，是当代职业女性的杰出代表。

（二）工匠队伍以国有企业为主体，涵盖领域广

年份	企业性质/人数/占比 国有企业	企业性质/人数/占比 非公企业	专业技术人数/占比	农民工人数/占比
2016	62/70.5%	26/29.5%	19/22%	10/11%
2017	71/75.5%	23/24.5%	25/27%	8/9%
2018	75/76.5%	23/23.5%	30/31%	13/13.3%
合计	208/74%	72/26%	74/26%	28/11%

数据显示，280名上海工匠中，国有企业208人，占74%；非公企业72人，占26%；专业技术人员74人，占26%；农民工28人，占11%。数据反映了上海工匠来源广泛，既有国有企业，也有非公企业，既有专业技术人员，也有农民工；工匠人才覆盖面广，涵盖了机械、电力、钢铁、航天、汽车、船舶、通讯、建筑、交通、医疗、文化、教育、科技等多个领域。从数据中我们可以清晰地看到，工匠队伍中，国有企业占比较高，充分显示出国有企业是中国特色社会主义的重要物质基础

和政治基础,是我们党执政兴国的重要支柱和依靠力量。但来自非公企业的工匠数量明显不足,并有下降趋势,农民工身份的工匠也相当稀缺。

(三)工匠队伍以一线职工为主体,技术技能强

年份	一线职工人数/占比	平均工作年限	技能等级/人数			高级职称人数/占比	学历/人数				
			高级技师	技师	高级工		博士	硕士	本科	专科	高中以下
2016	69/78%	29	51	10	4	14/16%	1	5	22	28	32
2017	68/72%	26	50	8	11	30/32%	8	6	35	29	16
2018	68/69%	25	48	11	9	44/45%	10	9	46	25	8
合计	205/73%	26.6	149	29	24	72/26%	19	20	103	82	56

数据显示,280名工匠大多来自生产一线,共205名,占73%;工匠平均工作年限26.6年;本科以上学历142人,占总数的51%。其中,硕士、博士学历呈上升趋势,高中以下学历呈递减趋势;有高级技能等级证书的202人,占总数的72%。其中,技师、高级技师178人,占总数的63.5%;有高级职称的72人,占总数的26%;表明工匠人才技艺精湛、专业能力突出。

(四)工匠队伍创新能力强,专利发明多

年份	各项专利数量及拥有专利发明					
	发明专利项目数	人数	实用新型专利项目数	人数	外观设计专利项目数	人数
2016	384	29	772	32	130	9
2017	227	38	386	39	170	14
2018	432	53	440	52	25	7
合计	1 043	120	1 598	123	325	30

数据显示,280名上海工匠,在获得工匠称号时,有120人已拥有发明专利,有123人已拥有实用新型专利,有30人已拥有外观设计专利。据调查统计,前两届工匠在获得称号后,发明创造仍在不断增加,荣誉称号也在不断增加。两年以来,2016年获评的88名上海工匠人均新增授权发明专

利2项,26名工匠获得省部级及以上奖项或荣誉;2017年获评的94名上海工匠人均新增授权发明专利1项,其中22名工匠获得省部级及以上奖项或荣誉。

以上分析可见,上海工匠人才队伍呈现3个基本特征:一是长期在制造一线摸爬滚打、日积月累、厚积薄发的成长特征。数据显示,280名工匠人才中,来自国有先进制造业的生产一线的有205名、占73%,平均年龄46岁,平均工作年限达26.6年,表明其成长成才是在一线岗位长期历练的结果,也是执着坚守、潜心钻研、心无旁骛的深厚积淀。二是始终将理想信念与个人职业生涯发展有机结合的精神特征。数据显示,280名工匠人才中,中共党员占比64%,既凸显其政治性、先进性和表率作用,也表明了所在单位对工匠人才政治上的培养培育。调研发现,绝大多数工匠人才都能始终将理想信念与个人职业生涯发展有机结合,自身对工匠精神都有独特的理解表述并执着践行,呈现了追求卓越、开明睿智的时代风貌,高度契合上海城市精神。三是扎实的技能功底和卓越的创造能力相结合的技术特征。数据显示,280工匠人才中大多具有较高的文化程度,大专以上学历有224人,占80%,且知识储备扎实、学有所长。2018年98名工匠中,具有高技能等级证书,同时具有高级技术职称的"双师型"人才34人,占比34.7%。工匠们始终瞄准科技进步与技术发展目标,将创新创造作为执着追求和不竭动力,练就了扎实的技能功底、敢于创新的真才实学和卓越的创造能力,更折射出上海复合型人才队伍建设的良好成效。

四、工匠人才队伍发展所面临的问题和挑战

上海工匠人才队伍发展取得了长足的进步,上海工匠培育选树千人计划也取得了可喜的成绩。社会对工匠的关注度越来越高,影响力越来越大。据统计,2018年,已有50多个区局(产业)工会和行业协会在区域或行业内开展了工匠选树活动,全市范围掀起了宣传工匠、学习工匠、争当工匠的热潮。但不可否认,目前上海工匠人才队伍的发展还面临着诸多问题和挑战,需要进一步加以重视和解决。

(一) 非公企业和农民工中的工匠人才培育选树工作明显滞后,还存在技能人才浪费与流失现象

2017年市总工会开展的职工队伍大调研数据显示,国有企业职工占比从2011年的17.2%下降至2016年的16.1%。280名上海工匠中,非公企业仅有72人,占总数的26%;与非公企业从业人员比例相比,明显占比过低。同时,《上海市来沪人员就业状况报告(2018)》数据显示,截至2018年3月底,共有463.3万来沪人员在上海办理就业登记。而280名上海工匠中,农民工仅有28人。上海的产业工人队伍构成已由20世纪八九十年代以本地户籍、以国有企业为主,变为被农民工、非公企业所替代。多年来,非公企业和农民工为上海发展作出了积极贡献,但在工匠人才培育选树上明显滞后。调查显示,全市大多数单位,尤其是多数国有企业相当重视工匠人才的培育选树,坚持工匠选树的先进性、示范性原则,按照新时代工匠所具有的良好政治素养、精湛技能技艺和超凡创新能力的要求,积极开展工匠人才培育选树工作。但也有部分单位,尤其是部分非公企业不重视工匠人才的培育选树工作,怕麻烦、怕占用工作时间、怕影响正常工作、怕工匠评上后要增加工资,甚至怕工匠因此另谋高就等。此外,在上海经济转型升级、结构调整去产能化进程中,亦使相当多的产业工人被动调整,有的岗位轮换、有的另谋职业,这使其积累数年甚至数十年的技能技艺付诸东流,造成了技能人才浪费与流失,这也是必须引起重视的,需要建立技能人才大数据、技能人才流动服务平台等,有助于有技能的职工找到发挥一技之长、能人尽其才的岗位。

(二) 工匠人才的收入水平虽有提高,但与其自身付出及对企业、对社会的贡献相比仍有较大差距

据对前两届部分工匠收入跟踪调查发现,2016年有57人被评为工匠时,个人月平均可支配收入约9 859元,2018年为11 187元,月收入增长1 328元,增幅达13.5%;2017年有65人被评为工匠时,个人月平均可支配收入约10 087元,现为11 003元,月增长916元,增幅达9.1%。调研反映,上海工匠人才收入虽有提高,但其整体收入水平与相应的工程技术人员相比仍有一定的差距,更与

其自身付出及对企业、对社会的贡献有较大差距。280名工匠的调查数据反映,有89%的工匠希望增加收入。长此以往,既不利于工匠人才把主要精力放在对技术和工艺的探索、研究与追求上,也不利于后来者的效仿。

(三) 工匠人才选树机制和评选环节需要进一步健全

由政府主导,工会、人保、教育、行业、企业相互协调配合、资源共享、形成合力的工匠培育选树机制尚未健全,特别是目前市级层面的工匠选树仍然是工会独唱,没有形成大合唱。工匠选树激励的相关政策法规制定、制度机制健全亟须跟进。比如:上海工匠没有与高技能人才落户积分政策相挂钩等。崇尚劳模精神、劳动精神、工匠精神的社会氛围尚未形成,亟须大力倡导和弘扬。还有少数单位、系统、地区在工匠人才的推荐、申报、选树、评审等环节存在论资排辈、轮流坐庄等现象。在工匠评选中,我们也常常面临参评对象的确定、评价科学等问题,比如医生能不能评工匠?科技人员能不能评工匠?工匠涉及不同领域,在市级层面统一评价缺乏相对专业性,分组评审,不同行业、领域在一起,未必科学。如何加强专业性、行业性鉴定评审,提高评价的有效性;如何加强实地考察和现场答辩相结合,提高评审的科学性等都有待进一步探索。

(四) 工匠人才后续培养及作用发挥需要进一步加强

在工匠选树以后,市总工会和开放大学联合建立了工匠学院,每年举办工匠研修班,但效果一般。包括课程设计、时间安排、活动方式等有待进一步改进和充实。比如:针对每年工匠学历程度的提高,工匠对提高文化程度的愿望不是很紧迫,反而对一些专业知识的更新更为迫切。前期也探索了工匠俱乐部的组织设置,但如何真正适应各行各业工匠的实际需求,摸准工匠"胃口",有针对性地搭建平台、开展活动显得尤为重要。工匠选树中,已要求工匠必须在师徒带教上有所建树,但如何发挥工匠示范引领带动作用,发挥"1+1群"的效应,通过建立工作室、工作室联盟等方式,有组织、有载体、有平台、有目标地在更高层级上发挥工匠作用等方面有待提升和加强。目前280名上海工匠中,已建立创新工作室的还不到半数。

五、加强上海工匠人才队伍建设的对策建议

2018年10月24日,李克强总理在中国工会第十七次全国代表大会上作经济形势报告时指出:"中国制造"要尽早变为"中国精造",无论日常消费品生产,还是高精尖制造,都需要有一大批"身怀绝技"的大国工匠。市委市政府《关于推进新时期上海产业工人队伍建设改革的实施意见》关于加大高技能产业工人培养力度,要求叫响做实"大国工匠",发挥首席技师工作室、技能大师工作室、劳模创新工作室以及千名"上海工匠"选树计划等项目的引导作用,大力培育高技能人才。上海市委书记李强指出:按照习近平总书记对上海工作的指示要求,我们正在加快建设"五个中心",全力打响上海"四大品牌"。"上海制造"是上海这座城市传承的重要基因,更是构筑未来发展战略优势的坚实支撑。面对新形势、新任务、新要求,必须大力弘扬劳模精神、劳动精神、工匠精神,加快建设一支宏大的知识型、技能型、创新型劳动者大军,力争在核心关键技术上取得重大突破,加快推动上海制造业向中高端迈进,这是一项重大而紧迫的战略任务。

在认真总结上海工匠培育选树取得成效的同时,我们必须以面对现实、尊重规律、讲究科学的态度,清醒认识和把握工匠人才队伍发展所面临的问题和挑战,提出具有针对性、前瞻性、可操作性的对策和建议。

(一)夯实工匠人才成长基础

一是完善劳动用工政策。对已经在一线工作岗位上并具有相应高技能的从业人员,不论其来源与出身,在用工性质、工资收入、福利待遇等方面给予上海户籍职工同等待遇。二是注重提升农民工技能素质。各行各业尤其是企业要将生产一线的农民工纳入技能提升培养体系,制订规划,全面加强技能培训、技术练兵、技能竞赛,系统提升技能水平。三是注重非公企业的高技能人才培养。各级工会要聚焦经济园区、开发区,广泛开展职工素质工程、群众性经济技术创新活动。加强从业人员尤其是非公企业职工的职业道德教育,激发学习知识、提升技能的自觉性、积极性和主动性,为打造一支数量充足、结构合理、素质优良、技能高超的高技能产业工人队伍提供丰富的人力资源。上海工匠选树活动要向非公

企业倾斜,给予地区非公企业更多机会和平台,推荐选树更多来自非公企业的上海工匠。四是建立技能人才信息服务平台。各级工会组织要会同有关方面,搭建信息和服务平台,对于因产业结构调整等原因而变动工作岗位的从业人员,为其继续发挥原有技能特长创造条件、提供便利。

(二)健全工匠人才选树机制

一是发挥各级政府在工匠人才培育选树中的主导作用。按照市委市政府《关于推进新时期上海产业工人队伍建设改革的实施意见》要求,市人力资源社会保障局、市总工会、市发展改革委、市经济信息化委、市国资委、市财政局、市工商联、市企联等部门和组织联手,加强宏观指导、政策协调、组织推进、督促检查,形成相关部门协同,行业、企业和社会力量共同参与的工匠人才培育选树格局。工匠选树活动,变工会独唱为政府、工会、企业、社会大合唱。二是聚力汇源提升工匠选树的含金量。要汇聚人保、工会、教育、行业、企业等各方之力,构建系统的工匠培育选树机制,严控工匠人才选树标准,在更高层次、更大平台上拓展优势,合力推进工匠人才队伍建设。探索建立工匠纳入高技能人才居住证积分、积分落户、享受公租房等政策。2016年、2017年上海工匠都同时授予了上海市五一劳动奖章,基层工会和工匠自身都很看重,2018年不再同时授予五一奖章。建议在工匠评选的次年的五一奖集中评选中,明确优先推荐工匠参评市五一奖章。三是建立工匠选树层级体系。发挥产业、行业技术技能专业优势,推动各地区、各产业、各集团公司普遍开展工匠培育选树活动,夯实上海工匠选树基础,建立上海工匠选树的逐级晋升推荐制度,建立市、区(产业)等多级多层推荐体系,真正把行业领军人物选树出来。四是切实履行工会的桥梁纽带作用。各级工会要深入基层、深入班组、深入一线,了解掌握基层信息,及时反映一线职工提升技能所思、所想、所需,借助于人大、政协的谏言渠道,积极反映,主动建议,推动有利于高技能人才培养、工匠人才选树的法规政策出台。

(三)提升工匠选树工作质量

一是继续实施"上海工匠"培养选树千人计划。广泛征求意见,修订完善工匠选树条件和标准,坚持向操作一线职工倾斜、向高技能工人倾斜、向产业工人队伍聚焦,同时兼顾"四新"经济的发展,以包容的心态探索性扩大外延,以覆盖更多行业、更大人群;二是严控工匠人才选树标准。严把"资格审核和自荐面试""集中复审""评审发布""社会公示"和"征求意见"五道关口,确保工匠人才评选质量。三是完善工匠人才的评价机制。要吸纳各个领域的专家人才,不断充实评审专家库,体现评审专业性;要发挥各级工会组织联动作用,加强实地考察评审工作;要借鉴外省市工匠选树经验,借鉴科技进步奖等评选手法,提升评审工作的科学性。四是加大工匠人才社会宣传力度。树立一个工匠"一面旗"的鲜明形象,倡导工匠就是学习榜样,使工匠人才更具突出的示范引领作用,并经得起实践和历史的检验。集中全社会力量,统筹各方资源,收集历史资料,筹建上海工匠展示馆。通过展现各个历史时期、各个领域行业的工匠、成果、事件,讲述工匠故事,宣传工匠精神,引领青年成才。要由工会系统走向全社会,由工会宣传媒体拓展到更多社会传统媒体和新媒体,广泛宣传工匠精神的时代意义,树立大国工匠先进典型,在全社会形成尊重工匠、崇尚工匠精神的良好氛围。

(四)注重工匠人才作用发挥

一是大力推进工匠创新工作室创建工作。深入贯彻落实《新时期产业工人队伍建设改革方案》,要求上海工匠普遍建立创新工作室,发挥工匠人才的示范引领作用,更好地传播劳动技能、创新方法、管理经验,培养造就更多"大国工匠";同时鼓励开展创新工作室结对联盟活动,倡导工匠创新工作室与劳模创新结对,相同领域、相关行业创新工作室联盟,扩大示范效应、集群效应、辐射效应。二是探索建立工匠学堂。中国工会第十七次全国代表大会提出:加强劳模和工匠创新工作室创建,深化新时代工匠学院建设。要联合开放大学等高等院校,联手教委、人社等部门,借助于社区学校、高技能人才培训基地、职工培训示范点等阵地资源,发挥上海工匠的技能人才优势资源,以上海工匠学院为牵引,通过布点扩面建体系、线上线下相融合,建设一批示范性工匠学堂,搭建工匠发挥作用的平台和舞台,提升产业工人队伍技能素质和创新能力,为上海工匠根植新苗、夯实基础。同时完善工匠人才"高师带徒"机制,积极推进企业内高技能人才培养工作,充分发挥他们在企业技能岗位的关键作用。三是进一步改善工匠人才的福利待遇。加大对工匠人才表彰奖励力度,使工匠人才得到充分的尊重和重用。相关部门要加强顶层设计,搞好统筹协调,建立符合工匠人才特点的工资分配制度、补助性津贴制度和工匠人才工资正常增长机制,以及与其能力与水平相匹配的相关福利待遇。职工技协和市总保障部正联手开展高技能人才的收入状况跟踪调研,探索建立高技能人才收入年度发布制度,树立高技能人才收入方向标,营造劳动光荣的社会风尚和精益求精的敬业风气。四是建立工匠人才职业发展助推计划。针对工匠人才的特点、兴趣、需求以及能力等,结合行业、企业及经济社会发展趋势,制订个性化的职业生涯发展规划,引导帮助工匠人才对个人技能提升和作用发挥有定位、有目标、有路径,推动工匠人才队伍全面发展,建设一支有理想守信念、懂技术会创新、敢担当讲奉献的宏大的产业工人队伍,为上海全力打响"四大品牌"、加快建设"五个中心"、卓越的全球城市和具有世界影响力的社会主义现代化国际大都市提供人力资源保障。

附录2 2016—2019年上海工匠名录

2016年上海工匠

编号	姓名	性别	单位	职位
1	蒋国兴	男	上海供春陶业有限公司	总工艺师
2	朱海鸿	男	上海优爱宝机器人技术有限公司	总经理、技术总监
3	高金明	男	玛戈隆特骨瓷(上海)有限公司	技术厂长
4	杨震	男	上海高桥捷派克石化工程建设有限公司	钳工专业部副经理
5	徐培成	男	上海市徐汇区牙病防治所	牙病防治所所长
6	王海斌	男	上海徐房房屋维急修中心	党支部书记、主任
7	陶巍	男	上海幼狮汽车销售服务有限公司	总经理
8	刘根敏	男	上海英雄金笔厂有限公司	组长
9	黄卫国	男	普陀区房屋维修应急中心	维修班长
10	施泽淞	男	上海尤埃建筑设计有限公司	公司合伙人
11	陆亚明	男	上海豫园旅游商城股份有限公司绿波廊酒楼	总经理
12	沈国兴	男	上海老凤祥有限公司	大件组组长
13	陈林兴	男	上海新人民摄影有限公司	技术总监、副总经理
14	吴德昇	男	上海现代钟表珠宝商会吴德升工作室	艺术总监
15	肖文浩	男	上海亨生西服有限公司	技术总监

(续表)

编号	姓名	性别	单位	职位
16	朱臻原	男	上海二十冶建设有限公司	工人
17	胡振球	男	上海神舟汽车节能环保股份有限公司	车间主任
18	曹荣	男	上海民族乐器一厂	拉弦乐器制作工
19	王梅	女	上海连成(集团)有限公司双吸泵	产品经理
20	李林根	男	金山区枫泾镇中国农民画	1号画师
21	蔡蕴敏	女	复旦大学附属金山医院创面诊疗中心	中心副主任
22	程美华	女	上海市金山丝毯厂	厂长、总工艺师
23	翁永平	男	上海耀江实业有限公司技术中心	主任
24	李西岳	男	上海浦宇铜艺装饰制品有限公司	技术总监、设计总监
25	顾德先	男	上海真静古典家具有限公司	生产主管
26	王红梅	女	上海玖开电线电缆有限公司	技术工程师
27	黄成超	男	上海崇明花菜研发中心	主任
28	李斌	男	上海电气液压气动有限公司	数控工段工段长
29	俞建民	男	上海三菱电梯有限公司	职工
30	朱健儿	男	上海美多通信设备有限公司	工人
31	楼宇峰	男	上海造币有限公司	手工雕刻工序负责人
32	刘忠荣	男	上海忠荣玉典艺术品工作室大师原创工作室主任	工作室主任
33	龚杜弟	男	上海汽车地毯总厂有限公司	副总经理兼技术中心经理
34	张雄毅	男	上海雷允上药业有限公司	组长
35	杨庆华	男	国网上海市电力公司检修公司	专业工程师
36	钱忠	男	国网上海市电力公司嘉定供电公司	带电作业组组长
37	张新军	男	上海电力安装第二工程公司	项目工地主任
38	孔利明	男	宝山钢铁股份有限公司	运输部技能专家
39	王康健	男	宝山钢铁股份有限公司	冷轧厂技能专家
40	王军	男	宝山钢铁股份有限公司	热轧厂技能专家

(续表)

编号	姓名	性别	单位	职位
41	毛琪钦	男	上海宝冶工程技术有限公司	焊培中心副部长
42	陆定良	男	中国石化上海石油化工股份有限公司	塑料部主任技师
43	王曙群	男	上海航天设备制造总厂	对接机构总装组长
44	苗俭	女	上海航天控制技术研究所	首席技师
45	张翼飞	男	沪东中华造船(集团)有限公司	首席技师
46	陈志农	男	江南造船(集团)有限责任公司	技术调试室调试长
47	秦毅	男	沪东中华造船(集团)有限公司	工人
48	徐小平	男	上汽大众汽车有限公司	高级经理
49	张生春	男	上海赛科利汽车模具技术应用有限公司	模具事业部调试车间主任
50	任建新	男	上海柴油机股份有限公司	组长
51	张华	男	上海铁路局	上海动车段电气调试工长
52	张彦	男	上海盛东国际集装箱码头有限公司	桥吊司机
53	水涌	男	中国移动通信集团上海有限公司	线路抢修班班长
54	徐珺	男	中国电信上海公司	西区局工程师
55	吴志华	男	东海航海保障中心上海航标处	上海航标处养护中心副主任
56	李增红	男	中铁上海工程局集团市政工程有限公司	施工员
57	石长江	男	中铁二十四局集团有限公司	工人
58	陆凯忠	男	上海市基础工程集团有限公司	电工组长
59	王斌	男	上海市机械施工集团有限公司	工程测量总监
60	李杰	男	上海市机械施工集团有限公司	工人
61	魏顶峰	男	上海辰山植物园温室中心	副主任
62	黄德彪	男	中建八局上海矗鑫建筑工程有限公司	钢筋工
63	陈忠明	男	中国科学院上海矽酸盐研究所	正高级工程师
64	吴颖健	男	万达资讯股份有限公司	总工程师

(续表)

编号	姓名	性别	单位	职位
65	陈勤泉	男	上海光机所恒益公司	环抛加工组组长
66	许迅	男	上海市第一人民医院眼科中心	眼科中心主任
67	蒋跃年	男	上海长江企业发展合作公司	首席工艺美术师
68	王刚	男	上海市龙华殡仪馆	业务科副科长
69	郭予文	男	上海锦江饭店	主厨
70	严惠琴	女	上海新锦江大酒店	行政总厨
71	孙志涌	男	上海东郊宾馆	行政总厨
72	蓝金康	男	上海三联(集团)有限公司茂昌眼镜公司	副经理
73	李鹃伟	男	上海地铁维护保障有限公司车辆分公司	班组长
74	严如珏	女	上海地铁第一运营有限公司	技术工人
75	宣建岚	男	上海城投污水处理有限公司	石洞口污水处理厂车间主任
76	严琳	女	上海上电电力运营有限公司	化学主管
77	李建伟	男	上海隧道工程有限公司机械制造分公司	总装车间主任
78	张亮	男	上海隧道工程有限公司盾构分公司	副总经理
79	胡双钱	男	上海飞机制造有限公司	班组长
80	张振晖	男	上海美术电影制片厂有限公司	影视动画导演、美术设计
81	卢长春	男	中冶宝钢技术服务有限公司第二分公司	卢长春焊接工作室负责人
82	陈国庆	男	上海电力高压实业有限公司	工程管理组副组长
83	樊成辉	男	上海住总集团建设发展有限公司	施工员
84	朱道义	男	上海静安园林绿化发展有限公司	花店经理
85	洪新华	男	弘艺轩玉器工作室	高级工艺美术师
86	陆籽豪	男	上海正章实业有限公司	技术主管
87	马如高	男	上海博物馆	职工
88	王本洪	男	上海正伟印刷有限公司	工程师

2017 年上海工匠

编号	姓名	性别	单位	职业
1	魏钧	男	上海振华重工(集团)股份有限公司	电焊工
2	朱邦范	男	上海浦东建筑设计研究院有限公司	总建筑师
3	侯晓磊	男	上海赛飞航空线缆制造有限公司	高级线束安装设计工程师
4	洪程栋	男	上海立悦旅游汽车服务有限公司	技术总监
5	杨致俭	男	上海炳蔚文化传播有限公司	艺术总监
6	钱文昊	男	上海市徐汇区牙病防治所	口腔医师
7	何东仪	男	上海市光光华中西医结合医院	关节内科主任
8	夏银桂	男	上海埃波激光仪器有限公司	灯光制造师
9	颜桂明	男	上海联合拍卖有限公司	高级工艺美术师
10	毛蔚瀛	男	上海易城工程顾问股份有限公司	总设计师
11	陈林声	男	上海陈林声美容美发有限公司	高级技师
12	吴公保	男	上海静安建筑装饰实业股份有限公司	保留保护事业部经理
13	吴昊	女	上海雷允上药业西区有限公司	经理助理
14	陈健	男	上海鸿翔制衣有限公司	生产部副经理
15	杨前	男	中国二十冶集团有限公司建筑分公司	副部长
16	周建华	男	上海宝隆宾馆有限公司	行政副总厨
17	陆忠明	男	大金空调(上海)有限公司	设备维修课长
18	翟念卫	男	上海翟倚卫文化发展有限公司	高级工艺美术师
19	巩洪亮	男	上海紫丹食品包装印刷有限公司	制造部经理
20	李建钢	男	上海古猗园小笼食品有限公司	行政总厨
21	曹秀文	女	中国农民画村	农民画师
22	常延沛	男	上海中联重科桩工机械有限公司	产品经理
23	黄拥军	男	上海江河幕墙系统工程有限公司	总工程师
24	钱月芳	女	上海松江顾绣研究所	质量总监
25	施克松	男	上海崇明百叶水仙花专业合作社	农艺师
26	华建国	男	上海电气核电设备有限公司	钳工

(续表)

编号	姓名	性别	单位	职业
27	赵黎明	男	上海锅炉厂有限公司	电焊工
28	原金疆	男	上海汽轮机厂	副工段长
29	朱熙华	男	上海造币有限公司	钱币设计师
30	冯忠耀	男	上海德福伦化纤有限公司	技术中心主任
31	雍 飞	男	上海璞利服饰有限公司	生产部副经理
32	毕琳丽	女	上海上药华宇药业有限公司	饮片质量员
33	谢邦鹏	男	国网上海市电力公司浦东供电公司	运检部副主任
34	王和杰	男	国网上海市电力检修公司	特高压交直流运检中心副主任
35	洪 华	女	宝山钢铁股份有限公司	电厂技能专家
36	杨 磊	男	宝钢特钢有限公司	特材事业部熟悉操作
37	季益龙	男	上海梅山钢铁股份有限公司	炼铁厂高级操作
38	钱 国	男	上海宝冶集团有限公司	高炉工程事业部电气安装专家
39	张 华	男	中国石化上海外高桥石油化工有限公司	燃料油系统首席技师
40	徐 俊	男	上海航天动力技术研究所	首席技师
41	周恩杰	男	上海卫星设备研究所	卫星总装班组长
42	朱云飞	男	上海航天精密机械研究所	组长
43	俞洪昌	男	沪东中华造船(集团)有限公司	首席技师、班组长
44	陈景毅	男	江南造船(集团)有限责任公司	副作业长
45	丁钺宗	男	上海烟草上海卷烟厂	首席技师
46	陆恩斌	男	上海汽车制动系统有限公司	工作室长
47	熊 俊	男	上海汽车集团乘用车分公司	设计部模型科高级经理
48	朱东鹰	男	上海铁路局	上海电务段高级技师
49	刘 树	男	冠东国际集团集装箱码头有限公司	桥吊司机
50	李 军	男	交运汽车零部件制造分公司	模具中心主任

(续表)

编号	姓名	性别	单位	职业
51	周纪东	男	中国电信股份有限公司上海分公司	客户工程师
52	周学明	男	中国电信股份有限公司上海分公司	一级技术专家
53	吴震东	男	东航技术有限公司	主管工程师
54	徐万鹏	男	中铁十五局集团有限公司	测试中心主任
55	胡建平	男	中交第三航务工程勘察设计院有限公司胡建平技师创新工作室	主任
56	王恒栋	男	上海市政工程设计研究院地下综合管廊项目	负责人
57	顾军	男	上海市园林工程有限公司	瓦泥工
58	袁正峰	男	上海市建筑装饰工程集团有限公司	施工员
59	杨飞飞	男	上海普陀区园林建设综合开发有限公司	管理员、行道树队队长
60	贾水钟	男	上海建筑设计研究院有限公司	院总师助理
61	姜炳清	男	中建八局装饰工程有限公司	艺术总监、环艺部经理
62	童庆	男	万达信息股份有限公司	云计算中心技术总监
63	周平红	男	复旦大学附属中山医院	内镜中心主任
64	耿道颖	女	复旦大学附属华山医院	教授、主任医师
65	郑民华	男	交通大学医院附属瑞金医	胃肠外科主任
66	万小平	男	上海市第一妇婴保健院	妇科主任医师
67	李嵩	男	上海商务数码图像技术有限公司	扫描技术员
68	罗开峰	男	中国核工业第五建设有限公司	首席技能专家
69	门光德	男	中海油田技术事业部上海作业公司	测井工技师
70	赵迪文	男	上海幻维数码创意科技有限公司	高级特效师
71	苏米亚	女	光明乳业股份有限公司	研究院配方部部长
72	徐军	男	上海市宝兴殡仪馆业务副科长、技术总监	业务副科长、技术总监
73	翁建和	男	上海锦江汤臣洲际大酒店	中餐运营总监
74	张超	男	上海西郊宾馆	主厨
75	张品芳	女	上海图书馆	文献保护修复部主任

(续表)

编号	姓名	性别	单位	职业
76	汤红云	女	上海市计量测试技师研究院	材质中心珠宝检测室主任
77	陈文兆	男	上海燃气市北销售有限公司	施工部副经理
78	花茂飞	男	上海市强生集团汽车修理有限公司	维修工
79	金卫国	男	上海开创远洋渔业有限公司	总船长
80	陆鑫源	男	上海地铁维护保障有限公司通号分公司	设备管理部副经理
81	刘必胜	男	上海环境物流有限公司	总船长
82	李晓峰	男	上海上电漕泾发电有限公司	副总工程师
83	王峰	男	上海隧道工程有限公司	研发中心主任
84	傅星军	男	上海耀皮玻璃集团股份有限公司	熔窑主管
85	王伟	男	上海飞机制造有限公司	班组长
86	赵浙卫	男	上海飞机制造有限公司	班组长
87	何建强	男	上海市水利工程集团有限公司	技术负责人
88	蔡能斌	男	刑侦总队刑技中心	照录像室民警
89	苏伟	男	上海市南电力(集团)有限公司	带点班班长
90	干文华	女	上海市现代食品职业技能培训中心	西式面点师
91	李要朋	男	上海澎美实业有限公司	技术总监
92	顾慧明	男	明恒建筑装潢有限公司	木工
93	李强涛	男	深圳中广核工程设计公司上海分公司	核岛工艺系统设计调试工程师
94	周耀斌	男	上海市质量监督检验技术研究院	技术专家

2018 年上海工匠

编号	姓名	性别	单位	职业
1	杨铁毅	男	上海市浦东新区公利医院	骨外科主任
2	曹毅然	男	上海众材工程检测有限公司	高级工程师
3	刘立全	男	上海康耐特光学股份有限公司	专业技术人员

(续表)

编号	姓名	性别	单位	职业
4	卢秋红	男	上海合时智能科技有限公司	高级工程师
5	陈珺	女	上海市徐汇职业高级中学	中西点专业教师
6	刘宗军	男	上海市普陀区中心医院	心内科主任
7	陈爱华	女	上海正章实业有限公司	技术总监
8	郭乃根	男	上海申丰地质新技术应用研究所有限公司	研发部技术组长
9	崔磊	男	青藤玉舍（上海九畴艺术品设计中心）	艺术总监
10	熊朝林	男	上海阿为特精密机械股份有限公司	技术主管
11	倪振刚	男	中国二十冶集团上海二十冶建设有限公司	副部长
12	洪永楠	男	上海吴安综合服务中心	汽车修理厂高级技师
13	蒋中庆	男	上海雅典娜家具设计有限公司	高级技师
14	张真玉	男	上海之禾时尚实业集团有限公司	立裁版师
15	毛伊荣	男	中国科学院上海光学精密机械研究所	制灯组长
16	朱士昇	男	大陆泰密克汽车系统（上海）有限公司	设备高级工程师
17	毛严根	男	上海石库门酿酒有限公司	首席技师
18	金凤雷	男	上海市梨研究所	技术主管
19	孙刚	男	上海金发科技发展有限公司	工程师
20	程小磊	女	上海沪工焊接集团股份有限公司	高级技师
21	孙爱喜	男	上海海利生物技术股份有限公司	生产部技术主任
22	陈斌	男	上海市崇明区招待所	餐饮部副经理兼副厨师长
23	金德华	男	上海电气上海锅炉厂有限公司	设备维护技术主管
24	许志平	男	上海电站辅机厂有限公司	焊接班组长
25	黄红雄	男	双钱轮胎有限公司	上海轮胎研究所技术员
26	曹春祥	男	上海三枪（集团）有限公司	针织技术开发负责人
27	李跃雄	男	上海上药神象健康药业有限公司	参茸鉴别管理人
28	邵奇	男	上海上药信谊药厂有限公司	制剂部主任

(续表)

编号	姓名	性别	单位	职业
29	乔亚兴	男	国网上海市电力公司市南供电公司	变电运维一班班长
30	张国强	男	华东送变电工程有限公司	工程管理部主任
31	宋俊	男	宝山钢铁股份有限公司	高级技师
32	金国平	男	宝山钢铁股份有限公司	高级技师
33	幸利军	男	宝山钢铁股份有限公司	高级技师
34	张晓东	男	中冶宝钢技术第三分公司	电焊技师
35	王学珍	女	上海宝冶集团工业工程公司	技术专家
36	邢玉辉	男	上海无线电设备研究所	首席技师
37	李琦凤	女	上海航天控制技术研究所	首席技师
38	王耀生	男	上海航天能源股份有限公司	高级工程师
39	李勇	男	上海外高桥造船有限公司	电焊工班组长
40	朱建华	男	沪东中华造船(集团)有限公司	首席技师
41	王浩	男	上海王宝和大酒店有限公司	行政总厨
42	方少非	男	上海汽车变速器有限公司	首席技师
43	蔡炯	男	上汽通用汽车有限公司	工程师
44	陈广龙	男	上海华力微电子有限公司	研发部部长助理
45	陶建良	男	上海大型养路机械运用检修段	大机司机
46	黄华	男	上港集团尚东集装箱码头分公司	桥吊远程操作员
47	王玎	男	上海交运起凌汽车销售服务有限公司	技术总监
48	徐玲	女	中国邮政集团公司上海研究院	副总工程师
49	刘欣川	男	中国移动通信集团上海有限公司	工程师
50	吴文巍	男	中国电信上海公司	南区局一级电信服务专家
51	华静	男	中国电信上海公司	信息网络部一级专家
52	谷银远	男	上海交通建设总承包有限公司	高级技师
53	夏显文	男	中交第三航务工程局有限公司	高级主管
54	黄燕华	女	上海东航美心食品有限公司	生产运行部门店制作副主管

(续表)

编号	姓 名	性别	单 位	职 业
55	顾智勇	男	浦东海事局安检中心	处长
56	杨 宇	男	上海发电设备成套设计研究院有限责任公司	副所长
57	朱祥明	男	上海市园林设计研究总院有限公司	总工程师
58	谷志旺	男	上海建工四建集团有限公司研究院	副院长
59	卢 航	男	上海浦东新区杨高公共交通有限公司修理分公司	高级技师
60	李德成	男	上海静安城发集团静环分公司	设备科科长
61	翁其平	男	华东建筑设计研究院有限公司	副总工程师
62	梁永辉	男	上海申元岩土工程有限公司	所长、主任工程师
63	孙晓阳	男	中国建筑第八工程局有限公司	总承包公司项目技术负责人
64	王东东	男	上海出版印刷高等专科学校	平版印刷工
65	周建明	男	核工业第八研究所	车工
66	王永良	男	中国科学院上海微系统与信息技术研究所	工程师
67	夏 强	男	上海交通大学医学院附属仁济医院	副院长
68	符伟国	男	复旦大学附属中山医院	血管外科主任
69	钦伦秀	男	复旦大学附属华山医院	外科主任
70	卢 奕	男	复旦大学附属眼耳鼻喉科眼科	主任
71	虞先濬	男	复旦大学附属肿瘤医院	胰腺外科主任
72	刘少稳	男	上海市第一人民医院	心内科主任
73	陆金根	男	上海中医药大学附属龙华医院	肛肠科主任
74	王佳俊	男	上海歌舞团有限公司	首席演员
75	俞剑燊	男	上海金枫酒业股份有限公司	总工程师
76	黄 琴	女	上海市第三社会福利院	养老护理培训员
77	许 冬	男	上海市五角场监狱	副科长
78	任介平	男	上海锦江通永汽车销售服务有限公司	技术总监

(续表)

编号	姓名	性别	单位	职业
79	陆春凤	女	上海瑞金宾馆	中点厨师长
80	张 李	男	上海虹桥迎宾馆	中厨房厨师长
81	吕勇根	男	上海申能临港燃机发电有限公司	机械点检长
82	刘齐山	男	上海磁浮交通发展有限公司	班组长
83	许学平	男	上海地铁维护保障有限公司车辆分公司	检修人员
84	杨戌雷	男	上海城投污水处理有限公司白龙港污水处理厂	车间主任
85	顾士杰	男	上海市城市排水有限公司	技师
86	陈柳锋	男	上海隧道工程有限公司	电气室（生产）常务副主任
87	唐 彬	男	上海电力股份有限公司	吴泾热电厂高级技师
88	孟见新	男	上海飞机制造有限公司	高级技师
89	戴 渊	男	上海飞机制造有限公司	首席技师
90	马开军	男	上海市公安局刑侦总队	刑技中心副主任
91	马 浩	男	华能国际电力股份有限公司	上海石洞口第一电厂热控专工
92	曲云飞	男	上海商务数码图像技术有限公司	项目主管
93	项一鸣	男	上海罗唯花艺设计有限公司	花艺负责人
94	刘同意	男	上海徽红农产品有限公司	国家评茶师
95	张开华	男	上海电力实业有限公司	技术班班长
96	朱开荣	男	上海吾衫科技有限公司	服装技术总监
97	陈秋生	男	上海市浦东新区陈秋生工作室	职业画家
98	邵 竞	男	上海市解放日报社	视觉设计负责人

2019 年上海工匠

编号	姓名	性别	单位	职业
1	蔡丽妮	女	上海微创电生理医疗科技股份有限公司	高级技师
2	顾庆华	男	上海浦江缆索股份有限公司	技术部副经理

(续表)

编号	姓名	性别	单位	职业
3	何冬梅	女	上海市浦东新区高桥镇文化服务中心	绒绣师
4	曾红林	男	中芯国际集成电路制造(上海)有限公司	研发处技术总监
5	周向争	男	普天轨道交通技术(上海)有限公司	技术总监
6	胡玉娟	女	上海市杨浦职业技术学校	烹饪专业教师
7	涂意辉	男	上海市杨浦区中心医院	关节外科主任
8	赵赟	男	上海申厦物业有限公司	工程部经理
9	张卫东	男	上海老凤祥有限公司	首席高级技师
10	罗玉麟	男	上海老饭店	厨房主管
11	吴有伟	男	上海建筑装饰(集团)有限公司	技术总监
12	吴灶发	男	上海尚凡玉舍工艺品有限公司	玉雕技师
13	张鹏举	男	美钻能源科技(上海)有限公司	副总经理,水下工程作业队队长
14	于相武	男	众宏(上海)自动化股份有限公司	技术总监
15	裴成凤	女	伊斯特伟斯(上海)金刚石模具有限公司	金线组组长
16	潘阿锁	男	上海爱登堡电梯集团公司	资深总工程师
17	袁野	男	袁野(上海)陶瓷科技有限公司	董事法人
18	钱建宏	男	上海科世达—华阳汽车电器有限公司	装配车间设备组组长
19	郭秀玲	女	上海沙涓时装科技有限公司	总经理
20	沈云金	男	上海丁义兴食品股份有限公司	总经理助理兼生产部经理
21	殷书伟	男	上海荟珍屋文化发展有限公司	木艺匠人
22	王辉	男	上海青翼建设工程有限公司	总经理
23	何建忠	男	上海天阳钢管有限公司	董事长
24	王平	男	上海德华国药制品有限公司	质量负责人
25	赵有中	男	上海康达化工新材料股份有限公司	技术中心主任
26	金伟国	男	崇明区东滩国家级鸟类自然保护区	管理处野外巡护管理员
27	庄秋峰	男	上海电气电站设备有限公司上海汽轮机厂	数控立车总领班

(续表)

编号	姓名	性别	单位	职业
28	陈勇	男	上海电气液压气动有限公司	数控调试工
29	李君	女	上海华谊新材料有限公司	高级技师
30	陆育明	男	上海德福伦化纤有限公司	首席质量官、技术中心主任
31	丁金国	男	上海上药第一生化药业有限公司	助理总经验、药物研究所副所长
32	吴家华	男	国网上海市电力公司奉贤供电公司	运检部主任
33	沈冰	男	国网上海市电力公司电力科学研究院	电网技术中心副主任
34	陈杰	男	宝山钢铁股份有限公司	高级技师
35	杨建华	男	宝山钢铁股份有限公司炼钢厂	连铸浇钢技能大师
36	彭辉	男	上海宝冶冶金工程有限公司	北京2022年冬奥会国家雪车雪橇中心赛道混凝土喷射项目组负责人
37	冯林明	男	中国石化上海石油化工股份有限公司腈纶部	碳纤维装置主任技师
38	曹毅	男	上海航天设备制造总厂有限公司	总装组组长
39	宋华辉	男	上海卫星装备研究所	卫星结构装配主岗
40	顾威	男	上海空间电源研究所	首席技师
41	周蔚慈	女	沪东中华造船集团船舶配套设备公司船用管件厂	电焊首席技师
42	樊冬辉	男	上海外高桥造船有限公司	搭载部支持作业区划线定位精度管理员
43	陈宜峰	男	江南造船(集团)有限责任公司	制造一部装焊五区现场工程师
44	柳捷	男	上海海烟物流发展有限公司	技能鉴定专家组成员
45	邵满良	男	上海汽车制动系统有限公司	工业工程部主任工程师
46	严海桥	男	上汽大众汽车有限公司	维修经理
47	夏樑	男	上汽通用汽车有限公司	车间技师

(续表)

编号	姓 名	性别	单 位	职 业
48	田 明	男	上海华力集成电路制造有限公司	研发副总监
49	许 力	男	上港集团尚东分公司	工程技术部经理
50	徐 健	男	中国移动通信集团上海公司信息系统运营部	总工程师
51	陈兆波	男	中国电信股份有限公司上海分公司	无线网络维护管理
52	邱莉娜	女	中国电信股份有限公司上海分公司	崇明电信局销售组织现场管理
53	林绍萱	男	上海核工程研究设计院有限公司	工程设备所总工程师
54	张治宇	男	上海建科检验有限公司	高级工程师
55	扶新立	男	上海建工集团工程研究总院	工程装备研究所副所长
56	万连环	男	上海建工材料工程有限公司湖州新开元公司	副总工程师
57	陈海英	女	中交上海航道勘察设计研究院有限公司	长江口滩涂整治创新工作室负责人
58	孟若轶	男	中交上海港湾工程设计研究院有限公司	预算员
59	陈忠华	男	中石化海洋石油工程有限公司上海钻井分公司	上海海洋石油局首席技师
60	邓春林	男	中石化海洋石油工程有限公司上海船舶分公司	航海技术专家
61	朱彬彬	男	上海市林业总站	果科管理科技术带头人
62	范一飞	男	华东建筑集团股份有限公司上海建筑科创中心	一级建筑师
63	向云国	男	中建八局上海公司	建造工
64	唐立宪	男	中建八局轨道交通建设有限公司	总工程师
65	单 毅	男	中国科学院上海微系统与信息技术研究所	高级工程师
66	姜 锋	男	万达信息股份有限公司	董事、高级副总裁
67	徐文东	男	复旦大学附属华山医院	副院长、手外科副主任
68	刘颖斌	男	上海交通大学医学院附属新华医院	副院长

(续表)

编号	姓名	性别	单位	职业
69	赵　强	男	上海交通大学医学院附属瑞金医院	副院长
70	许剑民	男	复旦大学附属中山医院	直肠癌中心主任、结直肠外科主任
71	华克勤	女	复旦大学附属妇产科医院	党委书记
72	张陈平	男	上海交通大学医学院附属第九人民医院	口腔颌面-头颈肿瘤科主任
73	柴益民	男	上海市第六人民医院	骨科教授
74	孙武权	男	上海中医药大学附属岳阳中西医结合医院	推拿科主任
75	华一志	男	上海音乐学院	"古琴研制"代表性传承人、教师
76	万世琴	女	上海印刷技术研究所有限公司	汉字印刷字体书写技艺传承人
77	郑名川	男	上海朵云轩集团有限公司	副总经理、木版水印传承人
78	谢渝熙	男	上海舞台技术研究所	首席灯光设计师
79	花　荣	男	中国人民解放军四八〇五集团上海船厂	首席技师
80	孙智君	男	中国航发上海商用航空发动机制造公司	理化计量中心员工
81	李　俊	男	航空工业上海航空电器有限公司	在册技师
82	池　坚	男	上海种业(集团)有限公司	花博园区负责人
83	吕永兵	男	上海假肢厂有限公司	高级技师
84	马浩成	男	上海和平饭店有限公司	中餐主厨
85	俞冯兴	男	上海东湖宾馆	行政总厨
86	林　宏	男	上海申通地铁集团有限公司轨道交通培训中心	运营培训部经理
87	顾锦昕	男	上海老港废弃物处置有限公司	桥修班副班长
88	宋兴宝	男	上海隧道工程有限公司	盾构施工队长
89	宋　云	男	上海外高桥隧道机械有限公司	创新工作室负责人
90	姚赛彬	男	中国联合网络通信有限公司上海市分公司	优化建设处经理

(续表)

编号	姓名	性别	单位	职业
91	陈夏萍	女	上海飞机制造有限公司	质量管控中心检验检测组高级技师
92	张在鹏	男	上海水利工程集团公司	经营部副经理
93	黄晓春	男	上海市公安局刑事侦查总队刑技中心照录像室	民警
94	施永海	男	上海市水产研究所（上海市水产技术推广站）	副所长
95	汪强	男	华东送变电工程有限公司	高级技师
96	赵斌	男	上海久隆电力(集团)有限公司	超高压接头三班班长
97	唐方东	男	上海市计量测试技术研究院	化学电离所电离辐射室主任
98	王继锋	男	上海市特种设备监督检验技术研究院	管道检验室高级工程师
99	卢晨明	男	上海迪爱克思美发技术咨询有限责任公司	美发师
100	刘成林	男	上海成林园艺设计有限公司	总经理
101	朱俊江	男	上海和黄药业有限公司	麝香保心丸技术专员
102	华国津	男	上海工艺美术职业学院	副教授

后 记

本书由上海社会科学院中国马克思主义研究所组织团队调研并撰稿。上海市委宣传部原副部长、上海社会科学院原院长尹继佐教授在选题确定、研究重点、上海实践等方面多次给予指导，上海社会科学院出版社原副社长陈军老师也多次提供有益建议。课题组在多次召开座谈研讨会的基础上确定基本框架和写作提要。实地调研过程中，得到上海市委宣传部、市文明办、市总工会和相关企业的支持与协助。

本书关注并分析工匠精神的一般内涵，更重视新时代对工匠精神的变革、更新和重塑，强调工匠精神的当代价值，更注意观照上海近年来的人格示范和遴选实践。希望在理论与实践的结合处进行深入的思考和探索，也希望能为相关职业教育提供培训和教学方面的参考。

具体分工如下：董汉玲承担第一章（多维视野中的工匠精神）和第五章"先进制造业"案例写作；陈祥勤承担第二章（信息技术革命时代的工匠精神）、第五章"科技创新""民生服务"案例写作；胡彦珣承担第三章（工匠精神的当代价值）和第五章"时尚文体"案例写作；居蓓玲承担第四章"新时代培育工匠精神的载体和途径"和第五章"传统工艺"案例写作。陈祥勤在本书前期思路设计中多有付出，董汉玲配合完成书稿的汇总整理和相关联络工作。黄凯锋承担前言写作、总体思路和结构安排、部分章节的内容改写和全书统稿工作。

成果的研究和出版得到 2019 上海市哲学社会科学规划特别委托项目资助，特致谢忱！

编　者

2021 年 3 月

图书在版编目(CIP)数据

新时代上海工匠精神研究 / 上海社会科学院中国马克思主义研究所编 .— 上海:上海社会科学院出版社,2021

ISBN 978-7-5520-3472-1

Ⅰ.①新… Ⅱ.①上… Ⅲ.①职业道德—研究 Ⅳ.①B822.9

中国版本图书馆 CIP 数据核字(2021)第 097059 号

新时代上海工匠精神研究

编　　者:上海社会科学院中国马克思主义研究所
出 品 人:佘　凌
责任编辑:董汉玲
封面设计:夏艺堂艺术设计
出版发行:上海社会科学院出版社
　　　　　上海顺昌路 622 号　邮编 200025
　　　　　电话总机 021 - 63315947　销售热线 021 - 53063735
　　　　　http://www.sassp.cn　E-mail:sassp@sassp.cn
排　　版:南京展望文化发展有限公司
印　　刷:上海龙腾印务有限公司
开　　本:710 毫米×1010 毫米　1/16
印　　张:14.75
插　　页:2
字　　数:230 千字
版　　次:2021 年 5 月第 1 版　2021 年 5 月第 1 次印刷

ISBN 978-7-5520-3472-1/B·300　　　　　定价:75.00 元

版权所有　翻印必究